Martin Lehnert

Energieversorgung und Betrieb eines Nahverkehrssystems mit on-board-Speicher und Nachladepunkten

AF664636

TUDpress

Verkehrstelematik | 1

Hg. von Jürgen Krimmling und Martin Lehnert

Technische Universität Dresden
Fakultät Verkehrswissenschaften „Friedrich List“
Institut für Verkehrstelematik
Lehrstuhl für Verkehrsleitsysteme und -prozessautomatisierung
Prof. Dr.-Ing. Jürgen Krimmling
Tel.: (0351) 463-36784
E-Mail: Juergen.Krimmling@tu-dresden.de
http://tu-dresden.de/vlp

Martin Lehnert

Energieversorgung und Betrieb eines Nahverkehrssystems mit on-board-Speicher und Nachladepunkten

TUD*press*
2012

Die vorliegende Arbeit wurde mit gleichlautendem Titel am 08. April 2011 an der Fakultät Verkehrswissenschaften „Friedrich List“ der Technischen Universität Dresden als Dissertation eingereicht und am 04. Januar 2012 erfolgreich verteidigt.

Gutachter:
Prof. Dr.-Ing. Arnd Stephan
Prof. Dr.-Ing. Jürgen Krimmling

Bibliografische Information der Deutschen Nationalbibliothek
Die Deutsche Nationalbibliothek verzeichnet diese Publikation in der Deutschen Nationalbibliografie; detaillierte bibliografische Daten sind im Internet über http://dnb.d-nb.de abrufbar.

Bibliographic information published by the Deutsche Nationalbibliothek
The Deutsche Nationalbibliothek lists this publication in the Deutsche Nationalbibliografie; detailed bibliographic data are available in the Internet at
http://dnb.d-nb.de.

ISBN 978-3-942710-83-1

© 2012 TUDpress
Verlag der Wissenschaften GmbH
Bergstr. 70 | D-01069 Dresden
Tel.: 0351/47 96 97 20 | Fax: 0351/47 96 08 19
http://www.tudpress.de

Alle Rechte vorbehalten. All rights reserved.
Gesetzt vom Autor.
Printed in Germany.

Vorwort

Die weltweit wachsende Verkehrsnachfrage steht vor allem in hoch entwickelten Regionen stark begrenzten Verkehrsressourcen gegenüber. Um eine Überlastung der Verkehrswege mit allen negativen Auswirkungen hinsichtlich Verkehrssicherheit, Umweltbelastungen und Komforteinschränkungen zu begegnen, müssen Verkehrssysteme wohl überlegt gestaltet und gezielt genutzt sowie verkehrsträgerübergreifend betrachtet werden.

Die Verkehrstelematik, im Englischen als Intelligent Transport Systems (ITS) bezeichnet, kann durch die Verbindung von Telekommunikation, Informatik und Automatisierung wesentlich zur Sicherung der Mobilität beitragen. Dabei kann durch Erfassen, Übermitteln, Verarbeiten und Darstellen von Verkehrsdaten in Telematiksystemen der Verkehr prognostiziert, gesteuert, gelenkt, geleitet und organisiert werden.

An der Fakultät Verkehrswissenschaften „Friedrich List" der TU Dresden beschäftigt sich das Institut für Verkehrstelematik bereits seit vielen Jahren mit verkehrstelematischen Fragestellungen und Anwendungen. An der Professur für Verkehrsleitsysteme und -prozessautomatisierung stehen dabei Lehre und Forschung in den Themengebieten Verkehrs- und Betriebsleitsysteme, Verkehrssteuerungstechnik, Verkehrsprozessautomatisierung und Verkehrsmanagement sowohl des schienengebundenen als auch des straßengebundenen Verkehrs im Vordergrund.

Um aktuelle Forschungs- und Entwicklungsergebnisse einem breiten Fachpublikum verfügbar zu gestalten, wird die Professur mit der neuen Reihe „Verkehrstelematik" künftig in loser Folge interessante Beiträge aus ihrem unmittelbaren Wirkungsfeld, der Verkehrstelematik allgemein und darüber hinaus auch Beiträge zu interdisziplinär aufgestellten Fragestellungen veröffentlichen. Damit verbunden ist die Hoffnung, dass die aktuellen Forschungsergebnisse in die Praxis einfließen und dabei helfen, den Verkehr flüssiger, ressourcenschonender und effizienter zu gestalten.

Mit dem vorliegenden ersten Band der Reihe wird der fachübergreifende Brückenschlag zwischen energetischen, technischen, betrieblichen und verkehrstelematischen Aspekten geschlagen. Mittels eines stochastischen Ansatzes zur Beschreibung des Energiebedarfs wird eine Prozessmodellierung und -optimierung zur Auslegung eines Traktionsenergiespeichers bei Nahverkehrsbahnen vorgestellt.

Dresden im Juli 2012 — Prof. Dr.-Ing. Jürgen Krimmling

Danksagung des Autors

In den Jahren 2007-2010 war ich als wissenschaftlicher Mitarbeiter am Fraunhofer-Institut für Verkehrs- und Infrastruktursysteme (IVI) unter der Leitung von Herrn Dr.-Ing. Matthias Klingner tätig und arbeitete vorrangig am Forschungsprojekt „Das *DockingPrinzip* – Klimaschutz durch emissionsreduzierte Nahverkehrssysteme“ mit. Dieses Projekt ist ein Teil des Förderprogramms „klimazwei“ des Bundesministeriums für Bildung und Forschung. Neben der Arbeit am Fraunhofer IVI habe ich promoviert.

Für die Durchsetzung des Forschungsprojekts „*DockingPrinzip*“, sowie die Möglichkeit, ein darauf aufbauendes Promotionsthema bearbeiten zu dürfen, gilt Herrn Dr.-Ing. Matthias Klingner mein besonderer Dank. Insbesondere bin ich ihm für die Ideen und Anregungen zur Beschreibung des Energiebedarfs als stochastische Größe und den daraus abgeleiteten Modellen zur Dimensionierung sowie für die Manuskriptdurchsicht zu Dank verpflichtet.

Mein außerordentlicher Dank gilt meinem Doktorvater Herrn Professor Dr.-Ing. Arnd Stephan für die Übernahme der Betreuung, die Förderung meiner Arbeit und für sein Verständnis bezüglich der Rahmenbedingungen einer Promotion in einem außeruniversitären Forschungsinstitut. Seine ständig neue Motivation und seine wertvollen Hinweise und Anregungen haben die Arbeit immer wieder bereichert und vorangebracht.

Nicht minder herzlicher Dank gebührt überdies Herrn Professor Dr.-Ing. Jürgen Krimmling für das der Arbeit entgegengebrachte Interesse, seine Anregungen und Hinweise zu verkehrstechnischen Fragen und die Übernahme des Zweitgutachtens.

Für die zahlreichen fruchtbringenden Diskussionen und die Durchsicht des Manuskripts, ebenso wie für seine Bereitschaft, mir auch in schwierigen Bearbeitungsphasen stets mit hilfreichem Rat zur Seite zu stehen, möchte ich besonders herzlich Herrn Dr.-Ing. Thomas Albrecht danken.

Sehr viel verdanke ich meinem langjährigen und geschätzten Kollegen Herrn Dipl.-Ing. (FH) Sven Klausner, der mit mir gemeinsam wesentliche Teile des oben genannten Forschungsprojekts gestaltete und mir in vielen Fragen ein äußerst wertvoller Diskussionspartner war. Dank gebührt überdies meinen Kollegen Herrn Dipl.-Math. oec. Axel Simroth und Herrn Dipl.-Math. Birk Baumbach, die mich an vielen Stellen bei der mathematisch korrekten Formulierung unterstützten. Diese Kollegen sowie Herr Dr.-Ing. Marek Junghans haben außerdem als kritische Leser zum Gelingen des Manuskripts beigetragen. Auch dafür mein herzlicher Dank.

Abschließend möchte ich auch allen nicht genannten Kolleginnnen und Kollegen danken, die durch ein freundschaftliches Arbeitsklima und eine angenehme Zusammenarbeit auf jeweils ganz eigene Weise zum Gelingen dieser Arbeit beigetragen haben.

Dresden im April 2011 — Martin Lehnert

Inhaltsübersicht[I]

[I] Im Interesse der Übersichtlichkeit erfolgt hier eine Beschränkung auf die Angabe der mit drei Ziffern gekennzeichneten Abschnitte.

1 Einleitung

1.1 Ausgangssituation

Rund ein Drittel des Energieverbrauchs in Deutschland und ebenso in der Europäischen Union entfallen auf den Verkehrssektor [63, 293]. Damit einher geht ein erheblicher Anteil an Emissionen klimarelevanter Gase. Hauptverursacher dafür ist der Straßenverkehr [63]. Wesentliche Potentiale zur Verringerung von Energiebedarf und Schadstoffausstoß im Straßenverkehr liegen vor allem in:

- der Minimierung des Kraftstoff- und Energieverbrauchs und
- der Verringerung des Aufkommens des Individualverkehrs.

In urbanen Bereichen leisten öffentliche Verkehrsmittel zu beiden Zielen einen entscheidenden Beitrag. Die wichtigsten Entwicklungsziele sind dabei:

- energieeffizientere Antriebssysteme unter Beachtung der gesamten Energiekette beginnend bei der Primärenergie und
- Vermeidung von lokalem Schadstoffausstoß vor allem in sensiblen Innenstadtbereichen.

Für beide Ziele weisen elektrisch betriebene Fahrzeuge deutliche Vorteile gegenüber Verkehrssystemen mit Verbrennungsmotoren auf. Als Synergieeffekt solcher attraktiven Lösungen für den öffentlichen Personennahverkehr (ÖPNV) wird die Verlagerung eines Anteils vom Individualverkehr hin zum öffentlichen Verkehr erwartet.

Konventionelle elektrische ÖPNV-Systeme, wie Straßenbahnen, Obusse und U- und S-Bahnen besitzen eine kontinuierliche wegseitige elektrische Stromzuführung über Fahrleitungen (Oberleitungen oder Stromschienen) und weisen die Vorteile der lokalen Emissionsfreiheit und der Rekuperationsmöglichkeit[1] bereits auf. Ein Nachteil ist jedoch die Notwendigkeit der aufwendigen Infrastruktur mit starken Einschränkungen hinsichtlich der Flexibilität in der Streckengestaltung und der Einordnung in das Stadtbild sowie hohen Investitionen und Betriebskosten.

Im Gegensatz dazu verkehren konventionelle verbrennungskraftmotorisch betriebene Busse zwar hoch flexibel in der Linienführung und bei Verkehrsbehinderungen und Umleitungen, sie stehen jedoch wegen des Ausstoßes klimarelevanter Gase und der Emission gesundheitsschädlicher Rußpartikel in der Kritik (z. B. [137]).

[1] Rekuperation ist die Rückgewinnung der kinetischen Energie eines Fahrzeugs beim Bremsen

Die Idee eines alternativen Antriebskonzepts ist es, die Vorteile beider Verkehrssysteme miteinander zu verbinden und für beide Systeme nutzbar zu machen. Es sollen damit die konventionellen elektrischen Bahnsysteme des ÖPNV in einen fahrleitungs- bzw. oberleitungsfreien Betrieb (OFB) überführt, die konventionellen Bussysteme mit einem elektrischen Antriebsstrang und damit lokal emissionsfrei ausgestattet werden (siehe Abbildung 1.1). Diese Idee wird seit dem Jahr 2003 vom Fraunhofer-Institut für Verkehrs- und Infrastruktursysteme (IVI) mit dem Versuchsfahrzeug AutoTram® umgesetzt [245].

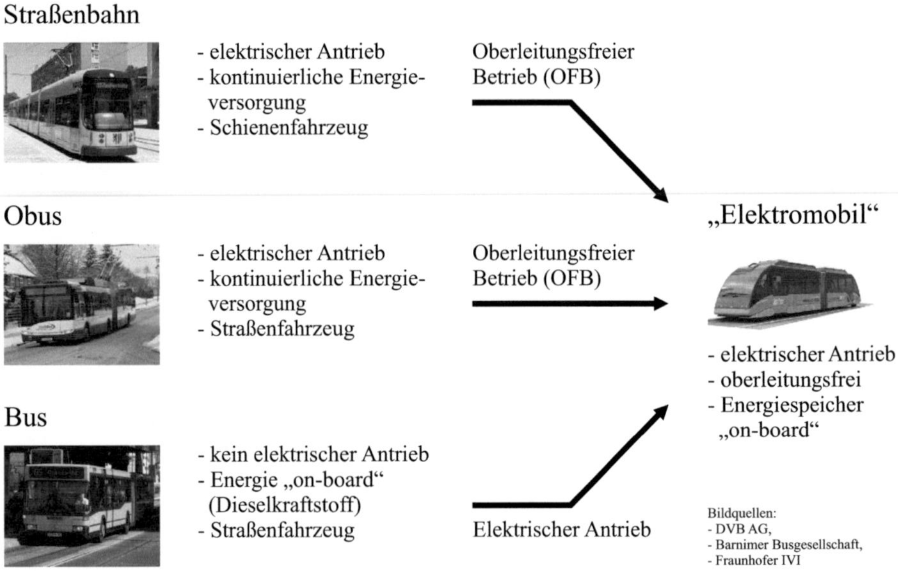

Abbildung 1.1: Wege zu einem alternativ angetriebenen ÖPNV-System

In diesem alternativen Antriebskonzept für den ÖPNV, dem *DockingPrinzip* (Abbildung 1.2) [70], werden deshalb zwei zentrale Systemkomponenten miteinander gekoppelt:

- das fahrzeugseitige Energiespeichersystem in einem Fahrzeug mit elektrischem Antriebsstrang und Rekuperationsmöglichkeit sowie
- die wegseitig punktuell installierte Schnellladeeinrichtung des Fahrzeugenergiespeichersystems.

Dabei erhöht der Fahrzeugenergiespeicher den Grad der rekuperierten Bremsenergie und ermöglicht den OFB. Die Schnellladeeinrichtungen sind mit geringerem Aufwand für die Energieversorgungsinfrastruktur verbunden als Fahrleitungssysteme und sorgen für Flexibilität auch in städtebaulich sensiblen Bereichen.

Für die Planung eines derartigen OFB nach dem *DockingPrinzip* mit elektrischen ÖPNV-Fahrzeugen können verschiedene Optimierungsebenen betrachtet werden (Abbildung 1.3). Die oberen drei Ebenen betreffen die Planung, einerseits die strategische Planung bei der Konzeption des Systems (Ebenen 1 und 2), andererseits die betriebliche (operative) Planung

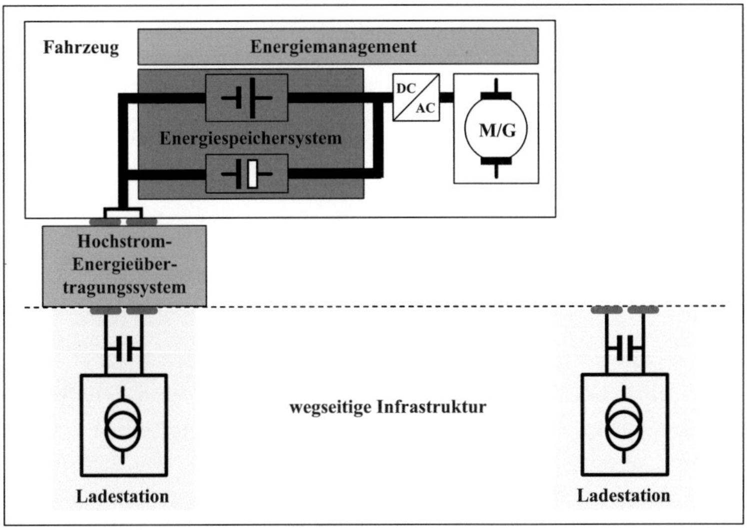

Abbildung 1.2: Systemaufbau des *DockingPrinzips* (nach [70])

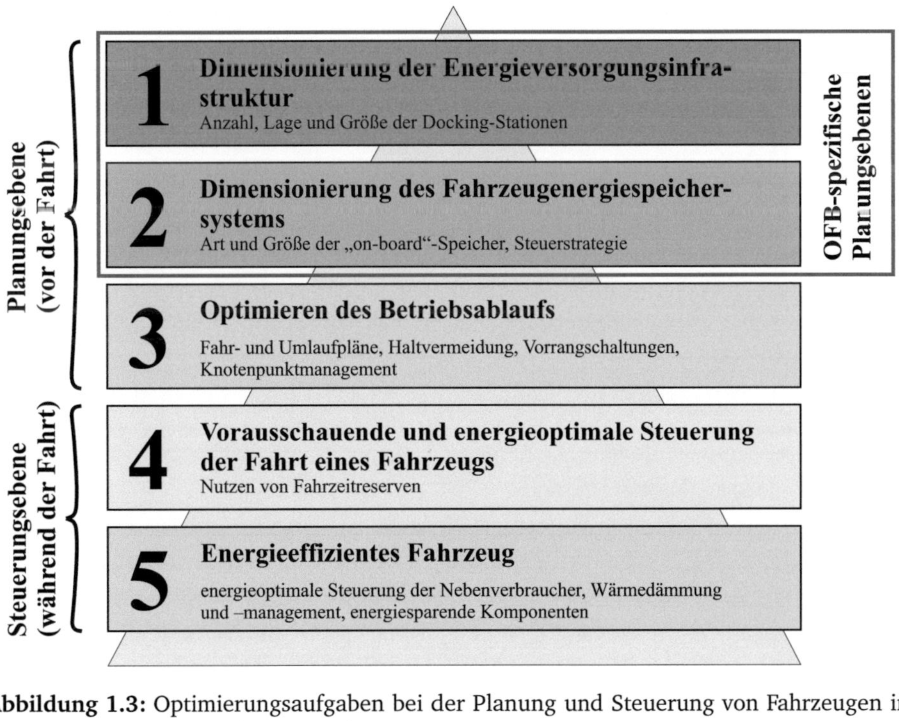

Abbildung 1.3: Optimierungsaufgaben bei der Planung und Steuerung von Fahrzeugen im OFB nach dem *DockingPrinzip*

(Ebene 3). Die Optimierungsaufgaben dieser drei Ebenen sind vor dem Durchführen einer Fahrt zu lösen. Die unteren zwei Ebenen betreffen die Steuerung der Fahrt. Hier ist das Ziel, durch energiesparende Maßnahmen einen möglichst geringen Energiebezug aus dem Fahrzeugenergiespeicher zu erreichen.

Die fünf Ebenen sind im Einzelnen:

1. Ebene: *Dimensionierung der Energieversorgungsinfrastruktur*
   Dafür sind die Anzahl, die Lage, die Ausführungsart und die Größe der Nachladestationen auf die örtlichen Bedingungen optimal abzustimmen, damit eine zuverlässige Versorgung erreicht wird.

2. Ebene: *Dimensionierung des Fahrzeugenergiespeichersystems*
   Ein Fahrzeug im OFB muss die gesamte benötigte Energie für die Fahrt zwischen zwei Nachlademöglichkeiten mit sich führen. Das Energiespeichersystem muss dafür so bemessen und optimiert werden, dass das Erreichen der nächsten Nachlademöglichkeit mit einer gegebenen Zuverlässigkeit immer gewährleistet ist.

3. Ebene: *Optimierung des Betriebsablaufs*
   Um unnötige Halte eines OFB-Fahrzeugs zu vermeiden, muss der Betrieb möglichst flüssig gestaltet werden. Dies kann zum Einen beim Erstellen der Fahr- und Umlaufpläne oder z. B. durch Beeinflussung von Lichtsignalanlagen berücksichtigt werden. Diese Ebene wird unabhängig vom OFB bei den Verkehrsunternehmen aus verschiedenen Gründen bereits umgesetzt. In der Literatur finden sich dazu vielfältige Ansätze und Praxisbeispiele, z. B. in [39, 52, 78, 160, 209, 229, 231, 232, 276, 312].

4. Ebene: *Energieoptimale Steuerung einer Fahrt*
   Während der Fahrt soll das Fahrzeug hinsichtlich einer energieoptimalen Fahrweise gesteuert werden. Auch diese Ebene ist prinzipiell unabhängig vom OFB und wird ebenso umfangreich in der Literatur, insbesondere bei S-Bahnen und Vollbahnen, betrachtet. Darüber hinaus kann die energieoptimale Steuerung auch in Verbindung mit weiteren Optimierungszielen, wie z. B. der Anschlusssicherung, behandelt werden. Einige Beispiele aus der Literatur sind in [2, 21, 77, 78, 139, 159, 174, 175, 176, 177, 204] enthalten.

5. Ebene: *Energieeffizientes Fahrzeug*
   Die unterste Ebene hat das energieeffiziente und energiesparende Fahrzeug zum Gegenstand. Dabei soll durch ein intelligentes Energiemanagement und die gezielte Steuerung der Nebenaggregate auf dem Fahrzeug ein möglichst geringer Energiebedarf des einzelnen Fahrzeugs erreicht werden. Diese Problematik ist ebenfalls unabhängig von OFB und *DockingPrinzip*. Verschiedenste Verfahren, Algorithmen, Untersuchungen und Messungen werden dazu in der Literatur sowohl für elektrische als auch verbrennungskraftmotorische Fahrzeuge aller Fahrzeugklassen diskutiert, beispielsweise in [69, 164, 184, 185, 207, 270, 272, 292].

Die vorliegende Arbeit soll einen Beitrag zur Lösung der OFB-spezifischen Optimierungsprobleme der ersten und zweiten Ebene leisten.

Hierbei scheinen die sehr komplexen Optimierungsaufgaben beider Ebenen recht unterschiedlicher Natur. Es soll jedoch gezeigt werden, dass beide durch das gleiche methodische Instrumentarium, der Modellierung des Energiebedarfs als Kombination von Markov-Kette[2] und Semi-Markov-Prozess basierend auf Wahrscheinlichkeitsverteilungsdichten und anschließender Faltung dieser Energiebedarfs-Wahrscheinlichkeitsverteilungsdichten, erfolgreich gelöst werden können.

1.2 Optimierungsebene 2: Auslegung von Fahrzeugenergiespeichersystemen

Bei einem OFB für eine gesamte Linie ist die gesamte benötigte Energie für diese Fahrt in einem Energiespeicher auf dem Fahrzeug mitzuführen. Dem entgegen stehen durch die Fahrzeugkonzeption vorgegebene Grenzen für Einbauvolumen, Zusatzmassen und zulässige Achslasten sowie technologiebedingte Grenzen hinsichtlich Leistungs- und Energiedichten verfügbarer Energiespeicher (siehe Abschnitt 2.1 und 3.1). Deshalb ist das Nachladen des Energiespeichersystems während des Fahrzeugumlaufs nötig. Allerdings darf aus betrieblicher Sicht das Nachladen des Energiespeichersystems keinen nennenswerten Einfluss auf die Fahrzeugumlaufzeiten und damit die Betriebskosten der Linie haben [132]. Folglich sind Nachladungen so selten und kurz wie möglich vorzunehmen.

Besondere Beachtung muss dabei der Zuverlässigkeit der Energieversorgung aus dem Fahrzeugspeicher geschenkt werden. Anders als bei leitungsgebundenen elektrischen Fahrzeugen besteht im OFB keine Möglichkeit, einen Mehrenergiebedarf, z. B. aufgrund von Zusatzhalten wegen ungünstiger Verkehrsbedingungen, positionsunabhängig auszugleichen. Ein Nachladen des Fahrzeugenergiespeichers kann immer nur an festen Positionen im Netz, den Nachladepunkten, erfolgen. Folglich ist bei der Dimensionierung des Energiespeichersystems sowohl das stochastische Verhalten des Energiebedarfs als auch eine entsprechende Zuverlässigkeit für die Missionserfüllung (Erreichen des Nachladepunkts) zu berücksichtigen.

Untersuchungen und praktische Anwendungen zu einem OFB sind bisher nur von wenigen Lösungen bekannt (siehe dazu Abschnitt 2.1.2.3). Bei diesen Anwendungen gelten meist andere Randbedingungen hinsichtlich Energiebedarf, Ladezeit und Ladeströmen, Kontaktausführung und Automatisierungslösung, die einem Vergleich mit europäischen und vor allem deutschen Einsatzbedingungen eines OFB nach dem *DockingPrinzip* nicht Stand halten.

Darüber hinaus wurden keine Untersuchungen zur Auslegung der Größe eines Energiespeichersystems für ÖPNV-Fahrzeuge bei vollständigem OFB nach dem *DockingPrinzip* gefunden. Ein Ziel der vorliegenden Arbeit ist es deshalb, diese Lücke durch die Entwicklung

[2] benannt nach Andrej Andreevič MARKOV (1856-1922); auch als Andrei Andrejewitsch MARKOW oder MARKOFF transkribiert.

eines Dimensionierungsverfahrens, insbesondere in methodischer Hinsicht, zu füllen. Dabei wird das skizzierte Spannungsfeld mit den Faktoren:

- Speichergewicht – Bauraum – Achslasten,
- Speicherladezeit – Betriebsablauf und
- stochastischer Energiebedarf der Fahrzeuge auf einer Strecke – Zuverlässigkeit der Energiebereitstellung aus dem Fahrzeugspeicher

in geeigneter Weise berücksichtigt.

1.3 Optimierungsebene 1: Auslegung von Nachladestationen

In herkömmlichen elektrisch betriebenen Verkehrssystemen mit kontinuierlicher Energieversorgung werden für einen zuverlässigen Betrieb hohe Anforderungen an die beteiligten Komponenten der Energieversorgung gestellt. In [123] sind diese Anforderungen so zusammengefasst:

- Bereitstellung der erforderlichen Traktionsleistung am Stromabnehmer ohne Unterbrechung,
- Einhaltung standardisierter Spannungsgrenzwerte am Stromabnehmer,
- Aufnahme von Bremsenergie der Fahrzeuge im Energieversorgungsnetz ohne Unterbrechung.

Beim OFB sind diese Anforderungen weiterhin prinzipiell gültig, jedoch leiten sich Modifikationen durch die Eigenheiten des OFB ab. Zum Einen sind die Anforderungen fahrzeugseitig nicht mehr auf den Stromabnehmer zu beziehen, da beim OFB keine kontinuierliche Energieübertragung über einen Stromabnehmer stattfindet. Als Bezugspunkt ist hier die Fahrzeugstruktur zu wählen, an der nach einem Eingangskondensator die verschiedenen Umrichter der Fahrzeugaggregate angeschlossen werden. Sie wird fortan Fahrzeugzwischenkreis genannt. Zum Anderen sind wegseitig die veränderten Anforderungen aufgrund des Wegfalls der Fahrleitung und aufgrund des Schnellladens der fahrzeugseitigen Energiespeicher im Aufbau der Energieversorgungsinfrastruktur zu berücksichtigen. Die kontinuierliche, enge Kopplung von Netz und Fahrzeugen traditioneller Bahnenergieversorgungssysteme wird beim OFB auf die Punkte der Energiespeichernachladung reduziert. Zwischen den Nachladestationen ist die Energiebereitstellung für das Fahrzeug vollständig vom Netz entkoppelt. Im Sinne einer Systembetrachtung von Netz und Fahrzeugen [22] muss von einem neuen Systemaufbau ausgegangen werden, der die Eigenheiten des OFB abbildet (Abbildung 1.4). Eine Dimensionierung der wegseitigen Anlagen nach herkömmlichen Methoden ist damit nicht mehr möglich.

Ein zweites Hauptanliegen der Arbeit besteht deshalb in der Entwicklung einer Methodik für die Auslegung der Nachladestationen unter Berücksichtigung der Belastung ihrer

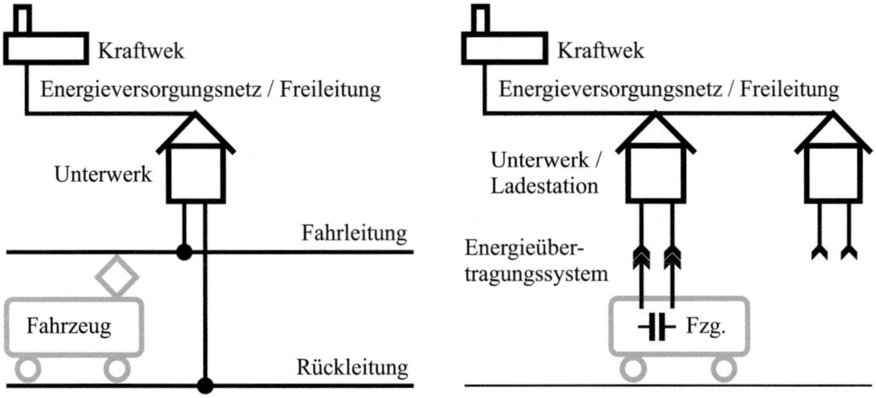

Abbildung 1.4: Das System „Elektrische Bahn" – links: konventionell, rechts: OFB mit *DockingPrinzip*

kritischen Bauelemente (Stromrichter und Transformatoren) bei einem OFB. Dabei ist neben dem nachzuladenden Energiebedarf als stochastische Größe auch die Zuverlässigkeit der Energieversorgung (Versorgungssicherheit) für den gewünschten Betrieb zu berücksichtigen.

1.4 Gewählter Lösungsweg

Die beschriebenen Probleme bei der Planung eines OFB nach dem *DockingPrinzip* (siehe Abbildung 1.3 – Ebenen 1 und 2) sind sehr komplex und hinsichtlich der Berücksichtigung der Zuverlässigkeit für den Betrieb sehr ähnlich. Bisher konnten jedoch keine Anwendungen, Erfahrungen und Untersuchungen zu einem *DockingPrinzip* im europäischen Kontext recherchiert werden. Deshalb wird in dieser Arbeit ein strukturiertes Verfahren entwickelt, bei dem die stochastische Beschreibung des Energiebedarfs zu einer ingenieurtechnischen Lösung der praktisch bisher nicht gelösten Fragen beiträgt:

1. Dimensionierung des fahrzeugseitigen Energiespeichersystems und
2. Dimensionierung der wegseitigen Energieversorgungsinfrastruktur

Dazu wird im **zweiten Kapitel** der Arbeit zunächst der Stand der Technik betrachtet. Im Abschnitt 2.1 stehen dabei die Systembetrachtung des OFB nach dem *DockingPrinzip* und der Entwicklungsstand auf dem Gebiet der Energiespeichertechnologien im Vordergrund. Anschließend werden im Abschnitt 2.2 mit dem Fokus auf Bahnsysteme die herkömmlichen Verfahrenswege zur Ermittlung des deterministischen Energiebedarfs zusammengefasst.

Die drei folgenden Kapitel der Arbeit behandeln die OFB-spezifischen Fragestellungen und bauen, wie in der Abbildung 1.5 gezeigt, aufeinander auf.

Im **Kapitel 3** der Arbeit wird die Bestimmung des Energiebedarfs beim OFB thematisiert. Als Grundlage der Betrachtung wird vorausgesetzt, dass ein Fahrzeug im OFB prin-

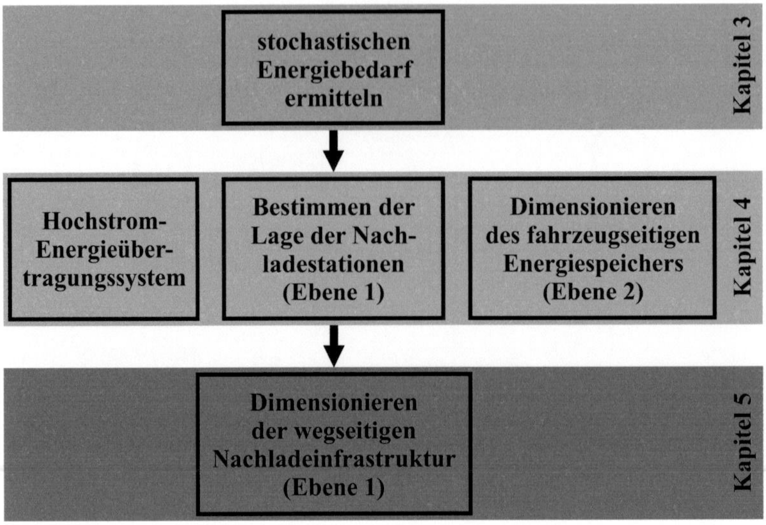

Abbildung 1.5: Aufbau der Arbeit

zipiell dieselben Fahranforderungen wie ein konventionelles Fahrzeug zu erfüllen und vergleichbare Fahreigenschaften (wie z. B. Geschwindigkeit, Beschleunigung) aufzuweisen hat. Folglich sind die Geschwindigkeitsanforderungen und der Leistungsbedarf am Fahrzeugzwischenkreis von konventionellen Fahrzeugen auf OFB-Fahrzeuge prinzipiell übertragbar. Ein Übertragen der existierenden Methoden und Konzepte zur Energiebedarfsermittlung auf den OFB erzielt jedoch keine verwertbaren Ergebnisse, wie im Abschnitt 3.1 gezeigt wird. Deshalb wird im Abschnitt 3.2 der Energiebedarf als stochastische Größe beschrieben und somit eine Vielzahl von Einflussparametern einbezogen. Mit Hilfe von Markov-Ketten und Semi-Markov-Prozessen können die stochastisch auftretenden Zusatzhalte einer Fahrt (z. B. durch Verkehrsbehinderungen) bei der Energiebedarfsermittlung angemessen berücksichtigt werden. Diese Beschreibung liefert die Grundlage für die weiteren Betrachtungen zur Zuverlässigkeit der Energiebereitstellung aus Fahrzeugenergiespeichern und Nachladestationen.

Das Dimensionieren der fahrzeugseitigen Energiespeicher (siehe Optimierungsebene 2 in Abbildung 1.3) bildet den Gegenstand von **Kapitel 4** der Arbeit. Bei der Betrachtung des Optimierungsraums (Abschnitt 4.1) wird deutlich, dass diese Optimierungsaufgabe sehr komplex und nicht ohne Kenntnis der Lage der Nachladestationen (siehe Optimierungsebene 1 in Abbildung 1.3) zu lösen ist. Die Komplexität würde zwar Ansätze einer mehrkriteriellen Optimierung rechtfertigen, im Sinne eines ingenieurtechnisch anwendbaren und überschaubaren Gesamtverfahrens wird zur Lösung jedoch ein einfacherer Weg, orientierend an Verfahren der lexikographischen Ordnung, gewählt. Die dabei zu beachtenden Restriktionen aus dem konstruktiven Aufbau der Hochstrom-Übertragungssysteme und der Linientopologie fasst der Abschnitt 4.1 zusammen.

Mit diesen Grundlagen wird im Abschnitt 4.2 zunächst auf die optimale Lage der Nachladepunkte für eine Linie und nachfolgend auf die Größe der Energiespeicher bei Einsatz einer einzelnen Speicherart und bei Verwendung eines hybriden Energiespeichersystems eingegangen. Aufbauend auf der stochastischen Beschreibung des Energiebedarfs findet die Zuverlässigkeit der Energiebereitstellung bei beiden Optimierungen Berücksichtigung. Die prinzipielle Eignung und Wirksamkeit des vorgestellten Verfahrens soll anschließend, im Abschnitt 4.3, anhand einer mit Messdaten untersetzten, vereinfachten Fallstudie demonstriert werden.

Das **Kapitel 5** der Arbeit beinhaltet die infrastrukturelle Seite des OFB nach dem *Docking-Prinzip* und ist damit der wegseitigen Energieversorgung gewidmet. Nach einer Darstellung der prinzipiellen Herangehensweise im Abschnitt 5.1, wird im Abschnitt 5.2 die Bestimmung der Leistungsanforderung auf Grundlage der stochastischen Energiebedarfsbestimmung für unterschiedliche, netzstrukturabhängige Einsatzfälle der Nachladestationen gezeigt. Der so ermittelte Lastgang an den Nachladepunkten setzt in der Form der zeitgewichteten Belastungsdauerkurve eine wichtige Randbedingung für die Auswahl und Bemessung der Ausführungsart der Nachladestation. Während bei einer Versorgung aus einem klassischen Gleichrichterunterwerk dafür vergleichende Standards definiert sind, ist der Energiebezug über eine Docking-Station individuell zu bemessen (Abschnitt 5.3).

In Abschnitt 5.4 wird danach anhand eines Fallbeispiels der Nachweis erbracht, dass bei einer gewöhnlichen städtischen Siedlungsstruktur die Anbindung von Docking-Stationen an den Umspannstationen zwischen Mittel- und Niederspannungsebene mit vertretbarem Aufwand möglich ist.

Ein abschließendes **Kapitel 6** fasst die wesentlichen Erkenntnisse der Arbeit zusammen und gibt einen Ausblick auf weiterführende Untersuchungen und Entwicklungen. Der anschließende Anhang ergänzt und vertieft einige Aspekte der Arbeit in Form von Abbildungen, Tabellen und Zusammenstellungen.

2 Stand der Technik

2.1 Oberleitungsfreier Betrieb (OFB) und Energiespeicher

2.1.1 Historische Einordnung

2.1.1.1 Straßenbahnen und ihre Energiezuführung

Die Wurzeln der elektrischen Lokomotive reichen bis ins Jahr 1835 zurück, als auf einer Ausstellung in Springfield, Massachusetts, und später in Bosten eine von Thomas DAVENPORT gebaute elektrische Lokomotive gezeigt wurde. Auch der drei Jahre später auf der Strecke Edinburgh – Glasgow durchgeführte Betrieb mit einer elektrischen Lokomotive von Robert DAVIDSON fußte auf einem Strombezug aus galvanischen Elementen, also Batterien. Diese und weitere Versuche des elektrischen Bahnbetriebs blieben jedoch wenig erfolgreich. [13, 140, 250]

Als Durchbruch für die „Elektrische Bahn“ gilt die Gewerbeausstellung 1879 in Berlin. Werner VON SIEMENS präsentierte eine mit Gleichstrom betriebene elektrische Lokomotive mit einem 3 PS-Motor, die drei Wagen mit je sechs Personen auf 300 m Gleislänge und einer Geschwindigkeit von 7 km/h beförderte. Zwei Jahre später eröffnete die erste Straßenbahn der Welt in Lichterfelde bei Berlin. Die Stromzuführung erfolgte dabei über die beiden Fahrschienen und war damit entsprechend anfällig für Kurzschlüsse. [13, 140, 250]

Schnell hatte man „bei diesen Bahnen erkannt, daß die Stromzuführung unbedingt durch eine Oberleitung erfolgen müsse, und dies war für die weitere Einführung der elektrischen Bahnen insofern ein Hinderungsgrund, als die Städte an der Überspannung der Straßen mit den Oberleitungsdrähten Anstoß nahmen.“ [250]

Die erste Erfindung zur Realisierung einer Oberleitung im Jahr 1882 durch die Firma Siemens und Halske war ein Kontaktwagen auf zwei Fahrdrähten. Auf der Strecke Berlin-Charlottenburg – Spandau konnte sich dieses System aufgrund der Neigung zum Entgleisen und den Problemen beim Befahren von Abzweigungen nicht durchsetzen. Wenig später wurde die Schlitzrohrfahrleitung entwickelt und 1883 in Österreich die Lokalbahn von Mödling nach Hinterbrühl (bei Wien) sowie 1884 in Deutschland die Frankfurt-Offenbacher Trambahn-Gesellschaft (FOTG) damit ausgerüstet. Andere Straßenbahnbetriebe, wie Berlin (1885) und Hamburg (1887) setzten auf Akkumulatorenbetrieb ihrer Bahnen, da aus ihrer Sicht keine vernünftige Stromübertragung verfügbar war. [13, 140]

Mit der Erfindung des Rollenstromabnehmers 1885 bzw. 1888 durch Charles Joseph VAN DEPOEL und Frank Julian SPRAGUE, des Lyrastromabnehmers 1892, des Bügelstromabnehmers durch Walter REICHEL 1897/1898 und des Stangenstromabnehmers mit Schleifschuh durch Max SCHIEMANN um 1901 nahm die Elektrifizierung mit Oberleitungen bei den Straßenbahnbetrieben deutschlandweit und weltweit eine rasante Entwicklung [12, 13, 277].

So erfolgten die Elektrifizierungen beispielsweise in den USA in Richmond, Virginia, ab 1888 (Rollenstromabnehmer von SPRAGUE) und in Deutschland bei den Straßenbahnen in Halle 1891 (Rollenstromabnehmer), in Gera und Bremen 1892, in Dresden und Hannover (erste Lyrastromabnehmer) sowie Chemnitz und Remscheid 1893, in Aachen, Bochum, Dortmund, Erfurt, Gotha, Hamburg, Plauen/Vogtland und Zwickau ab 1894, in Altenburg und Stuttgart ab 1895 usw. [12, 13, 20, 26, 55, 140, 250, 277, 279, 321]. Um 1900 waren nahezu alle Pferdebahnen der USA elektrifiziert worden. Auch in Deutschland gingen noch vor der Jahrhundertwende fast alle Straßenbahnen zum elektrischen Betrieb über. [13]

Die weitere Entwicklung führte dazu, dass heute unter Straßenbahnen nahezu ausschließlich elektrisch betriebene Bahnen verstanden werden, die bis auf Ausnahmen aus einer Oberleitung oder Stromschiene die elektrische Energie beziehen.[3]

Derzeit gibt es deutschlandweit 57 elektrisch betriebene Straßen- und Stadtbahnen mit einer Gesamtstreckenlänge von rund 2850 km [303]. Europaweit verkehren Straßen- und Stadtbahnen in 170 Betrieben auf 8060 Strecken-km (Stand 2004) [64]. Die weltweite Anzahl wird je nach Quelle mit rund 380 bis 420 Light-Rail-Systemen (Stand 2010) angegeben [225, 252, 278, 324]. Die Anzahl der Obusbetriebe ist in Deutschland mit drei Betrieben und rund 100 km Streckenlänge sehr gering [96, 233]. Innerhalb Europas übersteigt die Anzahl mit ca. 250 Betrieben jedoch diejenige der Straßenbahnen [236]. Weltweit werden ja nach Quelle rund 330 bis 360 Betriebe angegeben [96, 236, 324].

Der „Anstoß“, den die „Städte an der Überspannung der Straßen mit den Oberleitungsdrähten“ [250] nahmen, ist jedoch nie ganz verstummt. Vor dem Hintergrund verbesserter Energiespeichertechnik werden derzeit Forderungen nach oberleitungsfreiem Straßenbahnbetrieb nicht nur in historisch oder städtebaulich sensiblen Stadtbereichen sowie elektromagnetisch sensiblen Umfeldern (z. B. Krankenhäuser, Forschungsinstitute etc.) verstärkt an die Fahrzeughersteller herangetragen. Auch über einen Betrieb ganzer Linien ohne Oberleitung wird nachgedacht.

2.1.1.2 Energierückgewinnung

Sehr zeitig hatte man erkannt, dass einerseits die Beheizung der Wagen durch die Abwärme der Bremswiderstände erfolgen, andererseits jedoch auch ein Rückgewinn der kinetischen Energie eines Fahrzeugs beim Bremsen (Rekuperation) sinnvoll sein kann. Schon 1894 beschreibt Ludwig BAUMGARDT die „Nutzbremsung elektrischer Wagen“ [14], wenn auch zunächst nur theoretisch. Zehn Jahre später werden erste Systeme in den Fachzeitschriften vorgestellt [186, 194]. Aus den zwanziger Jahren des 20. Jahrhunderts sind erste praktische Versuche verzeichnet. Beispielsweise wurden 1925 von der AEG erste Versuche zur Energierückgewinnung in Gefällestrecken und an Haltestellen mit Rückspeisung in die Oberleitung

[3] Dabei umfasst die Definition für Straßenbahnen nach §4 PBefG im Wesentlichen nur die Schienengebundenheit, die Einordnung in den Verkehrsraum öffentlicher Straßen oder besonderer Bahnkörper sowie den Personentransport im Orts- und Nahbereich [210], nicht jedoch die Art der Energiezuführung.

bei der Chemnitzer Straßenbahn (z. B. auf der Kaßbergstrecke) unternommen. Auch aus Nürnberg mit dem System von Friedrich SCHWEND ab 1925/1926, aus Stuttgart um 1922 mit einem System von BERGMANN und aus Aachen mit einer Entwicklung von Peter SCHINGS und Marcel CREMER-CHAPÉ 1931/32 sowie international, z. B. aus Paris und Marseille, sind Nutzbremsversuche bekannt. [13, 16, 19, 20, 25, 26, 47, 168, 247]

Der Nutzen dieser Entwicklungen wird zur damaligen Zeit unterschiedlich bewertet. Wohl vorrangig aufgrund des Aufbaus der Oberleitungsnetze wurde noch 1929 von Otto HÖRING der Standpunkt vertreten, dass „der Vorteil der Stromrückgewinnung [...] nur dann voll zur Geltung [kommt], wenn die Energie eines talfahrenden Zuges sogleich von einem bergauffahrenden Zuge wieder aufgenommen werden kann." [116] Und weiter wurde eingeschätzt: „Es werden nur selten die Strecken- und Fahrplanverhältnisse so günstig liegen, daß sich die Einrichtung der Rückgewinnung lediglich der Stromersparnis halber lohnt. [...] Die Vorteile der Ersparnis an Bremsklötzen und Radreifen und die Vermeidung von Bremsstaub sind ausschlaggebend." [116] Diese Einschätzung spiegelt sich auch darin wieder, dass die Versuchsaufbauten zur Rückspeisung in Chemnitz wegen konstruktiver Mängel und hoher Anschaffungs- und Instandhaltungskosten 1939 komplett wieder aufgegeben wurden.

Auf der anderen Seite erscheint Karl TÖFFLINGER „[...] der Schluss berechtigt und durch die Erfahrung der letzten Jahre wohlbegründet, daß die allgemeine Einführung der Nutzbremse nichts weiter als eine Frage der Zeit ist." [281]

Vor dem Hintergrund der technischen Entwicklungen, z. B. wesentlich verbesserten Motoren, einem möglichen vollständigen Durchkuppeln von Oberleitungen im Nahverkehr und damit nahezu grenzenloser Übertragung von Energien zwischen Fahrzeugen und immer leistungsfähigeren Energiespeichern auf Fahrzeugen, sowie angesichts steigender Energie- und Rohstoffpreise, steht seit einigen Jahren die Rückgewinnung von kinetischer Energie „der Stromersparnis halber" wieder im Vordergrund.

Für moderne Straßenbahnen ist es heute selbstverständlich, dass sie rückspeisefähige Traktionsumrichter besitzen und somit Bremsenergie ins Netz zurückspeisen können. Die elektrische Energierückgewinnung für verbrennungskraftbetriebene Busse ist erst seit kurzem mittels hybrider Antriebsstränge möglich und befindet sich erst in der Verbreitung (siehe Abschnitt 2.1.2.3).

2.1.2 Energiespeichereinsatz

2.1.2.1 Mobile Energiespeicher

Der Wunsch, unabhängig von der Energiezuführung mit hoher Flexibilität in der Linienführung ein ÖPNV-System zu betreiben und gleichzeitig die Vorteile einer Rekuperation von Bremsenergie elektrischer Fahrzeuge nicht zu verlieren, führt, wie im Kapitel 1 beschrieben, zu einem fahrleitungs- bzw. oberleitungsfreien Betrieb (OFB) von elektrisch betiebenen ÖPNV-Fahrzeugen mit einem fahrzeugseitigen (mobilen) Energiespeicher.

Für das Vorhalten der gesamten Traktions- und Hilfsbetriebeenergie ist bei einem OFB nach dem *DockingPrinzip* auf jedem Fahrzeug ein mobiles Energiespeichersystem vorzusehen.

Bisher wurden mobile Energiespeicher bei elektrischen Bahnen vorwiegend zur Verbesserung der Energieeffizenz bei Fahrt unter der Oberleitung eingesetzt. Erste erfolgreiche Versuche dazu sind beispielsweise in [3, 4, 65, 74, 84, 87, 142, 163, 170, 180, 188, 239, 240, 242, 258, 259, 266, 267, 268, 269, 282, 283] dokumentiert. Hierbei setzen Fahrzeughersteller vor allem auf Schwungradspeicher mit Kohlefaser-Rotor [258], Superkondensatoren [170, 188, 239, 283] und Akkumulatoren mit neuartigem galvanischem Aufbau [87]. Mit Beginn des Jahres 2008 wurde vom Verkehrsverbund Rhein-Neckar (RNV) für Heidelberg erstmals eine Neufahrzeugserie von 19 Fahrzeugen mit mobilen Energiespeichern bestellt [74]. Acht Fahrzeuge dieser Serie sind bereits geliefert und im Einsatz [190, 193, 291].

Mobile Energiespeicher im Busverkehr sind hauptsächlich in Hybridbus-Anwendungen im Einsatz. Beispiele dafür werden später (Abschnitt 2.1.2.3) gezeigt.

Die Entwicklung geeigneter mobiler Speichersysteme für den OFB wird seit einigen Jahren ebenfalls mit verschiedenen Speichertechnologien intensiv vorangetrieben [87, 170, 188, 242, 258, 267, 283]. Diese Technologien werden im Abschnitt 2.1.3 näher vorgestellt.

2.1.2.2 Oberleitungsfreier Betrieb (OFB) nach dem *DockingPrinzip*

Da beim OFB die an Bord speicherbaren Ressourcen (Energie) endlich sind, können dadurch Beschränkungen der geforderten Traktionsleistung entstehen. Folglich muss das System so dimensioniert sein, dass die fahrzeugseitigen Energiespeicher in ihrer Speichergröße den Energie- und Leistungsbedarf im Einsatzfall decken. Dafür sind die konkreten örtlichen Gegebenheiten u. a. hinsichtlich Streckentopographie, Fahrzeugausrüstung, Fahrgastaufkommen und Umweltbedingungen angemessen zu berücksichtigen. Beispielsweise kann bei Straßenbahnen der Heizenergiebedarf bei Temperaturen unterhalb des Gefrierpunkts den Energiebedarf für die Traktion übersteigen. Für den Traktionsenergiebedarf steht dann nur etwa die Hälfte des nutzbaren Energiespeicherinhalts zur Verfügung. [127, 146, 147, 149, 151, 185, 267]

Um trotz Beschränkungen in der Größe des Energiespeichers längere oberleitungsfreie Strecken zurückzulegen, werden derzeit alternative Maßnahmen, beispielsweise das Abschalten von Großverbrauchern, wie z. B. der Heizung, eine Einschränkung des Fahrverhaltens (Geschindigkeits- und Beschleunigungsbegrenzung) oder ein „fliegender Start" vom oberleitungsbehafteten in den oberleitungsfreien Abschnitt, diskutiert und umgesetzt.

Einen anderen Weg geht das am Fraunhofer IVI in Dresden konzipierte *DockingPrinzip*. Es bezeichnet ein elektrisches Antriebskonzept, bei dem ein fahrzeugseitiges Energiespeichersystem aus wegseitig punktuell installierten Schnellladeeinrichtungen seine Energie aufnimmt und die Entnahme der Traktionsleistung aus dem Speicher durch ein vorausschauendes Energiemanagementsystem optimal gesteuert wird (siehe Abbildung 1.2 auf Seite 3) [70]. Ein ähnliches System für Busse ist unter dem Namen „Gyrobus" bekannt und war in den Jahren 1953 – 1960 in Yverdon-les-Bains, Gent und Kingshasa in Betrieb [121, 158, 322]. Es konnte sich aufgrund der Störanfälligkeit des Schwungmasse-Energiespeichers jedoch nicht durchsetzen. Auch Versuche mit einem batteriebetriebenen Bus und einem Nachladen an der Endhaltestelle in den 1970er und 1980er Jahren in Düsseldorf wurden eingestellt [274].

Wie für einen vollständigen OFB gefordert, kann im Konzept des Fraunhofer IVI bis auf die Schnellladeeinrichtungen auf eine aufwendige Infrastruktur zur kontinuierlichen Fahrstromversorgung in Form von Oberleitungen, Stromschienen oder straßenbündigen Stromzuführungen weitgehend verzichtet werden. Die punktuell angeordneten Schnellladeeinrichtungen dienen als wegseitige Energieversorgung zum vollständigen Nachladen der fahrzeugseitigen Energiespeicher. Die Übertragung der Energie auf das Fahrzeug erfolgt kontaktbehaftet über ein Hochstrom-Energieübertragungssystem.

Damit im Betriebsablauf keine zusätzlichen Halte nötig werden, befinden sich die Schnellladeeinrichtungen an den Haltestellen. Zur Energiebereitstellung aus dem Energieversorgungsnetz sind prinzipiell zwei verschiedene Aufbauformen vorgesehen:

- An großen Haltestellen mit vielen Übertragungsstellen ist ein hoher Leistungsbedarf in der begrenzten Nachladezeit abzudecken. Dafür kann nach wie vor die Energie direkt aus einem Unterwerk bereitgestellt werden.
- An Haltestellen mit nur wenigen Übertragungsstellen und geringer Frequentierung, z. B. auf Außenstrecken bei geringem Takt einer einzelnen Linie, würde sich ein Unterwerksbau nach ersten Abschätzungen vermutlich nicht lohnen. Hier werden wegseitige Energiespeichersysteme vorgesehen, die zeitkontinuierlich Energie auf niederem Leistungsniveau, z. B. in der Größe eines Hausanschlusses vorsammeln. Die Übertragung der vorgesammelten Energie erfolgt dann während der Ladezeit mit hoher Leistung. Diese Aufbauform wird Docking-Station genannt.

Während im Rahmen des Projekts am Fraunhofer IVI vorrangig die fahrzeugtechnischen Aspekte, Fragen der Auswahl und Integration von Energiespeichersystemen in bestehende Fahrzeuge, die konstruktive Entwicklung und Umsetzung von Hochstrom-Energieübertragungssystemen für verschiedene Randbedingungen und die wirtschaftliche Konkurrenzfähigkeit der Technologie sowie deren ökologische Potentiale behandelt wurden, stehen in der vorliegenden Arbeit die energetischen Aspekte hinsichtlich der Dimensionierung des Fahrzeugenergiespeichersystems und der Energieversorgungsinfrastruktur bei einem OFB nach dem *DockingPrinzip* im Mittelpunkt.

2.1.2.3 Internationaler Entwicklungsstand zum OFB und *DockingPrinzip*

Für die Umsetzung eines OFB nach dem *DockingPrinzip* muss der Energiebedarf eines Fahrzeugs vollständig auf diesem vorgehalten werden. Aufgrund der geforderten Emissionsfreiheit ist die Energie in Form von elektrischer Energie in elektrischen Energiespeichern mitzuführen. Für die weit verbreiteten Dieselbusse bedeutet dies ein Umstieg auf einen elektrischen Antriebsstrang; für bisher elektrisch aus der Oberleitung oder Stromschiene betriebene Fahrzeuge, wie Straßen-, Stadtbahnen und Obusse, ein Betrieb ohne kontinuierliche Stromzuführung (siehe Abbildung 1.1 auf Seite 2).

Der Migrationspfad bei Bussen führt dabei über die diesel-elektrischen Hybridbusse (Abbildung 2.1), von denen sich derzeit eine Vielzahl im Praxiseinsatz befindet [7, 37, 68, 86, 113, 114, 115, 138, 167, 187, 189, 192, 241, 254, 285, 289, 290, 317].

Abbildung 2.1: Hybridbus der Fa. Solaris bei der DVB AG [53]

Vollständig elektrisch betriebene Busse ohne kontinuierliche Stromzuführung sind bisher nur als Erprobungsfahrzeuge, mit geringer Baugröße oder mit eingeschränktem Fahrverhalten (begrenzte Geschwindigkeiten und Beschleunigungen) bekannt [8, 35, 42, 60, 89, 191, 213, 235, 263, 274, 287].

Für eine Nachladung des fahrzeugseitigen Energiespeichersystems während des Fahrzeugstillstands an Haltestellen entlang einer Linie kommen ausschließlich Systeme in Betracht, bei denen die elektrische Verbindung zwischen Wegseite und Fahrzeug nicht manuell hergestellt werden muss (keine „Stecker-Steckdose-Lösungen“). Für diese Anforderung konnten derzeit drei Systeme recherchiert werden:

- *Opbrid Bůsbaar™* der Firma Opbrid Transporte Sostenible S.L.,
- *FastFill™ Charging Station* der Firma Proterra Inc. und
- ein System der Firma Sinautec Automobile Technologies LLC.

Das System *Opbrid Bůsbaar™* der spanischen Firma Opbrid Transporte Sostenible S.L. wurde für das Laden von Energiespeichern in Elektrobussen im Rahmen ihres *Opbrid Fast Charged Hybrid (FCH)* Systems entwickelt. Ein Prototyp ist in Granada im Testbetrieb (Abbildung 2.2). Aus den Veröffentlichungen der Firma ist zu entnehmen, dass das System an den Endpunkten von ÖPNV-Linien auf vermutlich nicht öffentlichem Gelände installiert wird. Innerhalb von fünf bis sechs Minuten wird der Fahrzeugspeicher für eine Reichweite von etwa 10 km geladen. Die Energiespeicher sind Lithium-Titanat-Batterien der Firma Altair Nanotechnologies Inc. Über das Fahrprofil des Busses werden keine Angaben gemacht. [17, 88, 206]

Die US-amerikaische Firma Proterra Inc. hat den Betrieb von schweren Nutzfahrzeugen und damit auch von Bussen im Fokus. Erste Busse verkehren zu Test- und Demonstrationszwecken in verschiedenen US-Bundesländern. Die fahrzeugseitigen Energiespeicher

Abbildung 2.2: Opbrid-Bus und Nachladesystem *Opbrid Bůsbaar™* [205]

sind hier ebenfalls Batterien von Altair Nanotechnologies Inc., die mit dem System *FastFill™Charging Station* (Abbildung 2.3) in einer Ladezeit von fünf bis zehn Minuten aufgeladen werden. Die Reichweite einer Speicherladung wird mit rund 50 km angegeben. Auch hier sind keine Angaben über die Fahrprofile verfügbar. [66, 104, 105, 214]

Abbildung 2.3: Proterra-Bus und Nachladesystem *FastFill™Charging Station* [66]

Eine Anwendung eines dem *DockingPrinzip* ähnlichen Systems für Standardbusse wurde von einem Firmenverbund aus US-amerikanischer Sinautec Automobile Technologies LLC und chinesischer Aowei Technology Development Co., Ltd. auf der Expo in Shanghai vorgestellt und befindet sich in der Stadt weiterhin in Betrieb (Abbildung 2.4) [255]. Diese innerstädtische Linie ist 5,5 km lang und verfügt über acht Nachladestationen. Aus den öffentlich verfügbaren technischen Informationen über dieses System ist zu entnehmen, dass zwei verschiedene Bustypen eingesetzt werden – einerseits Busse mit ausschließlich Doppelschichtkondensatoren (*Ultracap Bus*), andererseits Busse mit einem Hybridspeicher aus Doppelschichtkondensatoren und Batterien (*Ultracap Hybrid Bus*). Der Ladevorgang erfolgt bei Spannungen um DC 600 V mit Strömen von rund 200 A an regulären Haltestellen. Über die Ladezeit sind unterschiedliche Angaben zu finden, von 30 s bis zu 6 min für den Ladevorgang der Kondensatoren an den Haltestellen und teilweise zusätzlich 5 min an den Linienenden. Für die Hybridvariante ist zusätzlich eine Ladezeit für den Batteriespeicher von sechs Stunden vorgesehen. Die Lebensdauer der Batterie wird mit 18 Monaten angegeben. Die Höchstgeschwindigkeit des Fahrzeugs beträgt rund 45 km/h, die Angabe der maximalen Beschleunigung variiert je nach Quelle zwischen 0,7 m/s^2 bis 1,2 m/s^2. [6, 255, 256, 257]

Abbildung 2.4: Ultracap-Bus in Shanghai (links: [255], rechts: [41])

Die wenigen Literaturangaben zu den recherchierten Systemen können Höchstgeschwindigkeit und Anfahrbeschleunigung, als wichtigste Parameter für ein störungsfreies Einordnen in den fließenden Verkehr, für Opbrid-Bus und Proterra-Bus nicht abschließend klären. Es ist jedoch zu vermuten, dass sie ähnlich dem Ultracap-Bus in Shanghai für in Deutschland übliche Anforderungen an Standardbusse (z. B. Höchstgeschwindigkeit deutlich über den innerorts zulässigen 50 km/h) zu gering sind. Die angegebenen Ladezeiten und Energiespeichergrößen werden in [126] für eine Anwendung des Ultracap-Busses im deutschen Maßstab ebenfalls als nicht ausreichend bewertet.

Unabhängig von diesen drei Entwicklungen sind im Fraunhofer IVI im Rahmen verschiedener Studien- und Diplomarbeiten Konstruktionsentwürfe und Prototypen entstanden, die bisher jedoch noch nicht im Testbetrieb auf einem Fahrzeug umgesetzt werden konnten [59, 75, 76]. Darüber hinausgehend sind dem Autor keine Systeme für Busanwendungen bekannt.

Für den leitungs- und verbrennungskraftmaschinenfreien Betrieb von Straßen-, Stadt- und anderen elektrischen Bahnen einschließlich Obussen sind derzeit nur Anwendungen für sehr kurze Strecken wie historische Plätze, Unterführungen, Kreuzungsbereiche oder Betriebshöfe bei einzelnen Verkehrsunternehmen umgesetzt, z. B. in Nizza (Abbildung 2.5),

Paris oder in der Nähe von Lissabon [51, 170, 258, 282, 286, 288]. Bei diesen Systemen erfolgt die Ladung des Fahrzeugenergiespeichers während der Fahrt außerhalb der OFB-Bereiche aus dem Fahrdraht.

Abbildung 2.5: OFB in Nizza auf dem Place Masséna [325]

2.1.3 Energiespeichertechnologien

2.1.3.1 Übersicht

Als mobile elektrische Energiespeicher auf Fahrzeugen kommen für abschnittsweise oberleitungsfreies Fahren nach dem Stand der Technik derzeit prinzipiell drei verschiedene Technologien in Betracht:

- Schwungmassespeicher (SMS),
- Hochleistungsbatteriespeicher (BAT) und
- Doppelschichtkondensatorspeicher (DSK).

In den nachfolgenden Abschnitten werden deren Wirkprinzipien, speziellen Randbedingungen und Haupteinsatzeigenschaften umrissen und hinsichtlich der wichtigsten Parameter kommerziell ausgeführter Systeme verglichen.

Die Anbindung der Energiespeicher an den Fahrzeugzwischenkreis erfolgt über Leistungswandler (Gleichstromsteller für BAT und DSK, Wechselrichter für SMS), wie schematisch in Abbildung 2.6 dargestellt. Dies ist nötig, um unterschiedliche Spannungsniveaus und Spannungssysteme von Fahrzeugantriebsstrang und Energiespeichersystem aneinander anzugleichen.

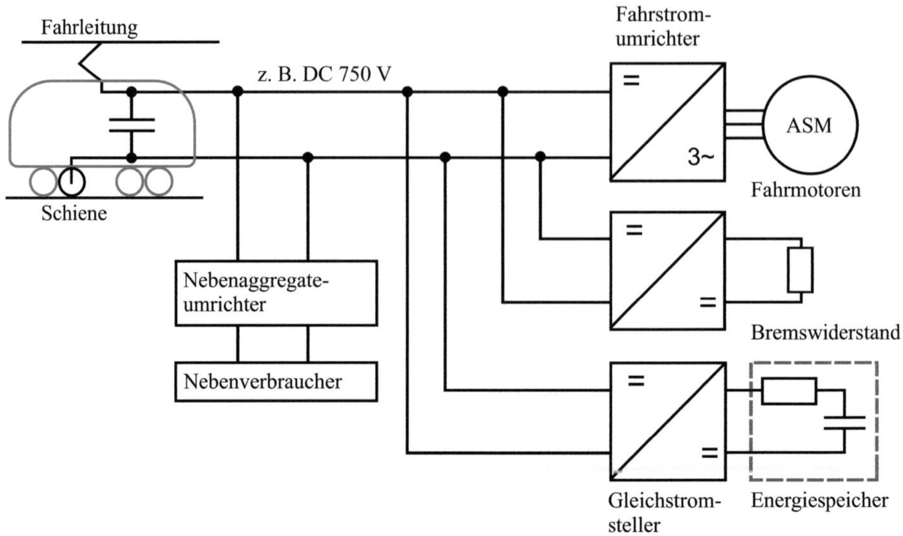

Abbildung 2.6: Einbindung des Energiespeichers in den Fahrzeugzwischenkreis (nach [33]

2.1.3.2 Schwungmassespeicher

In einem Schwungmasse-Energiespeicher (kurz: Schwungmassespeicher - SMS) wird Energie durch Rotation eines Massekörpers gespeichert. Der Massekörper kann aus unterschiedlichen Materialien gefertigt werden und rotiert mit variabler Drehzahl. Schwungmassespeicher mit einem Kohlefaser-Rotor stellten in jüngster Vergangenheit einen guten Kompromiss bezüglich Energie- und Leistungsdichte dar [163, 179, 227].

Für die Berechnung des Nutzenergieinhalts E_{SMS} eines Schwungmassespeichers gilt:

$$E_{\mathrm{SMS}} = \frac{\Theta_{\mathrm{SMS}}}{2}\left(\omega_{\mathrm{SMS,max}}^2 - \omega_{\mathrm{SMS,min}}^2\right) \tag{2.1}$$

mit dem Masseträgheitsmoment Θ_{SMS}, der oberen Betriebs-Kreisfrequenz $\omega_{\mathrm{SMS,max}}$ und der unteren Betriebs-Kreisfrequenz $\omega_{\mathrm{SMS,min}}$. Eine tiefere Entladung des Speichers als bis zur unteren Betriebs-Kreisfrequenz wird aus technischen Gründen und aufgrund des dadurch vergleichsweise nur geringfügig erhöhten Nutzenergieinhaltes bei gleichzeitig verminderter Speicherleistung nicht empfohlen. Üblicherweise liegt die untere Betriebs-Kreisfrequenz um etwa 50 % unter der oberen Betriebs-Kreisfrequenz. Da die Größe der gespeicherten Energie, wie in Gleichung (2.1) ersichtlich, durch die Drehzahl quadratisch, durch die Schwungmasse hingegen nur linear beeinflusst wird, kann bei schnell laufenden Speichern mit Kohlefaser-Rotor das Gewicht des kompletten Systems bei steigendem Energieinhalt gegenüber vormals üblichen „langsam“ laufenden Speichern mit Stahl-Rotor drastisch verkleinert werden. Ein weiterer Grund für die kompaktere Bauweise ist die Integration der zur Energieumwandlung erforderlichen, permanent erregten Synchronmaschine als Außenläufer. [163, 179, 227, 245]

Zum Betrieb des SMS ist ein Frequenzumrichter erforderlich, da sich die Spannung der Maschine mit der Drehzahl ändert. Auch werden die Fahrzeugzwischenkreise von Straßenbahnen und elektrischen Bussen heute meist als Gleichspannungszwischenkreise betrieben. Somit ist für den Anschluss eines SMS an diesen Zwischenkreis ohnehin ein Umrichter vom Dreiphasensystem der Synchronmaschine zum Gleichspannungssystem des Fahrzeugs nötig.

Als Vorteile der SMS-Technologie sind die hohe Lebensdauer von etwa 10^6 Vollentladungszyklen und der gute Wirkungsgrad moderner Geräte zu werten. Letzterer wird jedoch nur dann erreicht, wenn die Energie nur für wenige Minuten im SMS zwischengespeichert wird. Anderenfalls schmälern Verluste durch die reibungsbedingte Selbstentladung den Wirkungsgrad.

Als Nachteile der SMS-Technologie gelten die geringe Skalierbarkeit und Modularität sowie vergleichbar hohe Leerlaufverluste. Nach einem Unfall bei einem renommierten SMS-Hersteller wurde außerdem klar, dass auch die Sicherheitsstandards von ÖPNV-Anwendungen durch SMS derzeit nicht erfüllt werden [72].

Ob sich die Technologie in einzelnen Anwendungen gegenüber Doppelschichtkondensator- oder Hochleistungsbatteriespeichern künftig durchsetzen kann, wird wesentlich davon abhängen, wie schnell die SMS die Sicherheitsmängel überwinden und die Standards für Anwendungen im ÖPNV garantieren können.

2.1.3.3 Hochleistungsbatteriespeicher

Das Wirkprinzip der Hochleistungsbatteriespeicher (BAT) basiert auf einer elektrochemischen Reaktion. Bei der Entladung des Speichers wird die gespeicherte chemische Energie durch eine Redoxreaktion in elektrische Energie umgewandelt. Beim Laden verläuft die Reaktion in entgegengesetzter Richtung. Der Nutzenergieinhalt E_{BAT} einer Batterie ist maßgeblich vom zeitlichen Verlauf der Strombelastung, den Zellspannungsgrenzen und anderen Einflussgrößen, wie z. B. der Batterietemperatur, abhängig. Näherungsweise kann der Momentanwert des Energieinhaltes einer Batterie bestimmt werden mit:

$$E_{\mathrm{BAT}} \approx U_0 \cdot Q_{\mathrm{N}} - \int_{\mathrm{t}_1}^{t_2} I_{\mathrm{BAT}} \cdot U_{\mathrm{BAT}} \,\mathrm{d}t. \tag{2.2}$$

Dabei sind U_0 die Batteriekonstantspannung, Q_{N} die Batterienennladung, I_{BAT} der Batterieklemmenstrom, U_{BAT} die Batterieruhespannung und t_1, t_2 die Integrationsgrenzen der Zeit.

Für Traktionsanwendungen in Fahrzeugen des ÖPNV wird üblicherweise von einem nutzbaren Energieinhalt von rund 15 % bis 20 % des nominellen Inhalts ausgegangen. Dieser im Vergleich zu einem Einsatz im PKW recht kleine nutzbare Anteil resultiert aus der zyklischen Belastung, die hier einen weitaus größeren Einfluss auf die Gesamtlebensdauer des Batteriesystem als die kalendarische Lebensdauer hat.

Aufgrund der Vielzahl verschiedener Materialien und Technologien für Batteriespeicher (z. B. Blei-, Nickel-Cadmium- (NiCd), Nickel-Metallhydrid- (NiMH) oder Lithium-

Batterien) differieren die Energie- und Leistungsdichten, Lebensdauern und Kosten erheblich [96, 165, 220]. Die im PKW als Starter-Batterie traditionell bewährten Bleibatterien sind wegen ihrer geringen Energiedichte und Lebensdauer für die Traktionsanwendung im ÖPNV völlig unzureichend. Andere Batteriearten, wie z. B. NiCd-Batterien, kommen aus Umweltgesichtspunkten für ÖPNV-Anwendungen nicht in Betracht. Bei NiMH-Batterien zeigen erste Traktionsanwendungen gute Ergebnisse [282], allerdings mit Nachteilen hinsichtlich des thermisch sehr sensiblen Lade- und Entladeverhaltens. Derzeit am erfolgversprechendsten sind im Hochleistungsbereich Lithium-basierte Technologien. Ihr wesentlicher Vorteil ist die mit 3,6 V bis 3,8 V deutlich höhere Zellenspannung im Vergleich zu anderen Batteriearten und damit gemäß Gleichung (2.2) eine wesentlich verbesserte Energie- und Leistungsdichte.

Nachteile der BAT-Technologien sind die kalendarische Lebensdauer sowie die Zyklenfestigkeit. Die kalendarische Lebensdauer wird durch irreversible Kapazitätsverluste bestimmt, die unabhängig von der Nutzung der Zelle auftreten. Sie liegt bei heutigen Systemen auf Lithium-Basis zwischen fünf und zehn Jahren.

Die Angabe der Hersteller zur Zyklenfestigkeit erfolgt in der Regel für volle Ladungs-/Entladungszyklen. Hinlänglich bekannt ist jedoch, dass die Entladetiefe einen wesentlichen Einfluss auf die Lebensdauer der Batterie hat [118]. Darüber hinaus haben die verschiedenen Technologien unter dem Oberbegriff der Lithium-Batterie, z. B. Lithium-Ion, Lithium-Polymer, Lithium-Titanat, Lithium-Mangan oder Lithium-Eisen-Phosphat, verschiedenartige Versagensmechanismen und Lebensdauereigenschaften.

Neben diesen technologiebasierten Eigenschaften ist auch die Betriebscharakteristik der BAT für den Praxiseinsatz relevant. Speziell die Charakteristik der Lithium-Ionen-Batterien sind beispielsweise durch eine starke Abhängigkeit ihrer Lade- und Entladespannung bei gegebenem Ladezustand (Polarisationskurve) vom Lade- beziehungsweise Entladestrom gekennzeichnet.

2.1.3.4 Doppelschichtkondensatorspeicher

Eine Kondensatorzelle besteht aus zwei Elektroden, die von einem Elektrolyten benetzt werden. Beim Anlegen einer Spannung sammeln sich an beiden Elektroden Ionen umgekehrter Polarität. Sie bilden eine Zone von unbeweglichen Ladungsträgern, die so genannte Doppelschicht. Im Gegensatz zu elektrochemischen Energiespeichern, wie Batterien, speichern Doppelschichtkondensatorspeicher (DSK) die Energie elektrostatisch. Da dabei die Ladungs- und Entladungsvorgänge keine verlustbehafteten elektrochemischen Prozesse beinhalten, können eine hohe Zyklenfestigkeit sowie gute Wirkungsgrade erreicht werden. Die DSK zeichnen sich weiterhin durch eine vergleichsweise hohe Leistungsdichte aus. Die in einem Kondensator speicherbare Nutzenergie E_{DSK} ergibt sich aus der Formel:

$$E_{\mathrm{DSK}} = \frac{C_{\mathrm{DSK}}}{2}\left(U^2_{\mathrm{DSK,max}} - U^2_{\mathrm{DSK,min}}\right). \tag{2.3}$$

Dabei sind C_{DSK} die Nennkapazität, $U_{\mathrm{DSK,max}}$ die obere Betriebsspannung und $U_{\mathrm{DSK,min}}$ die untere Betriebsspannung. Für den nutzbaren Energieinhalt sind obere und untere Betriebsspannung sinnvoll zu wählen und liegen unterhalb der technisch möglichen Spannung und oberhalb von 0 V.

Im Vergleich zu Batterien können DSK aufgrund ihres veränderten konstruktiven Aufbaus mit wesentlich größeren Strömen beaufschlagt werden. Jedoch besteht auch hinsichtlich der Strombelastbarkeit von DSK eine Beschränkung, die durch die inneren Speicherverluste in Form von Stromwärmeverlusten vorgegeben wird. Verhältnismäßig hohe Stromwärmeverluste ergeben sich bei hohen Leistungsanforderungen im Bereich des unteren Speicherspannungsniveaus. Dies tritt typischerweise bei elektrischen Fahrzeugen des ÖPNV dann auf, wenn zu Beginn von Brems- und während Beschleunigungsvorgängen im DSK wenig Restenergie eingespeichert ist. Die hieraus resultierenden schlechten Gesamt-Speicherwirkungsgrade können im praktischen Betrieb durch eine intelligente Speichersteuerung vermieden werden [147].

2.1.3.5 Vergleich der Energiespeichertechnologien

Ein Vergleich der drei Energiespeichertechnologien soll anhand typischer Vertreter der jeweiligen Technologie erfolgen.

Für die Schwungmassespeicher-Technologie wird dazu die aktuelle Schwungradgeneration (*EMAFER RxV-II*) der Firma CCM ausgewählt [43, 280]. Für diesen Schwungmassespeicher gibt der Hersteller eine Dauerleistung von 250 kW an und weist einen Nutzenergieinhalt von 4 kWh bei einem Gesamtgewicht von 1100 kg aus.

Ein typischer Vertreter einer Hochleistungsbatterie auf Lithium-Basis ist eine Zelle der Firma Li-Tec vom Typ *HEI 40 High Energy*. Sie hat eine nominale Spannung von 3,6 V und eine nominale Ladung von 40 Ah [162].

Für einen typischen Doppelschichtkondensator sei hier auf die Firma Maxwell verwiesen. Deren Einzelzelle vom Typ *K2 Series BCAP3000 P270* hat eine nominale Spannung von 2,7 V und eine nominale Kapazität von 3000 F (= As/V) [169].

Für einen Vergleich der Technologien sind die in den Datenblättern bei Batterie und Kondensator angegebenen Werte für Energieinhalt, Maximalleistung sowie Energie- und Leistungsdichte jedoch meist nur gültig, wenn man Vollentladungen betrachtet. Will man die Speicherelemente sowie zugehörige Leistungsstellglieder weder thermisch überlasten noch lebensdauerschädlich beanspruchen, müssen Beschränkungen für Strom und Spannung und folglich der Entladetiefe berücksichtigt werden. Der Zusammenhang zwischen Zellspannung und Energieinhalt (bzw. Entladetiefe) für einen BAT in Lithium-Ionen-Technologie und einen DSK ist in der Abbildung 2.7 dargestellt.

In dieser Darstellung wird deutlich, dass die Speicher- und Zellspannung beim DSK stark vom Ladungszustand (State of Charge – SOC) abhängt. Folglich müssen für die gleiche Lade-/ Entladeleistung in Bereichen tiefer Entladung wesentlich höhere Ströme geführt werden, als im Bereich hoher Ladung. Dieser Zusammenhang ist zwar prinzipiell auch bei den Lithium-Ionen-Batterien zu beobachten, dort ist er jedoch auf ein wesentlich geringeres Maß beschränkt.

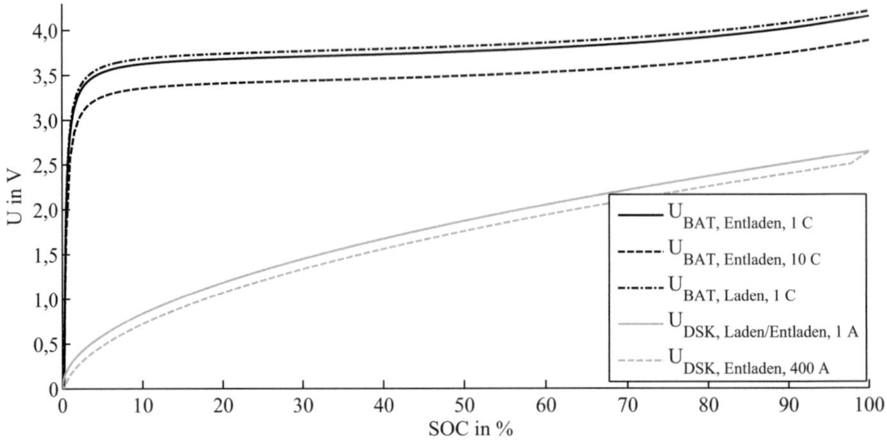

Abbildung 2.7: Lade-/Entladekurven für einen BAT in Lithium-Ionen-Technologie und einen DSK aus [124]

Bei einem Einsatz als Traktionsenergiespeicher im ÖPNV werden Entladebeschränkungen für die Batterie von 80 % bis 60 % SOC und für DSK von 98 % bis 30 % SOC angesetzt [124]. Damit ergeben sich die Werte für die Speicherzellen in Tabelle 2.1.

Für einen Traktionsenergiespeicher muss neben der Betrachtung der Energiespeichertechnologien auf Einzelzellbasis eine Bewertung der Eigenschaften des gesamten Energiespeichersystems Berücksichtigung finden. Dabei sind neben den Einzelzellen auch Tragrahmen, innere Verkabelung, Einhausung sowie Kühleinrichtungen, Überwachungssysteme, leistungselektronische Kopplungen und andere Hilfssysteme zu betrachten. In [124] wird an einem Beispiel gezeigt, wie aus den oben zitierten Datenblättern, Erfahrungen und Abschätzungen überschlägig die charakteristischen Kenngrößen für ein einsatzfähiges Gesamtspeichersystem berechnet werden können. In der Tabelle 2.1 sind die Werte für Zellen und Gesamtsystem aus den Quellen [43, 124, 125, 162, 169, 280] zusammengestellt.

Merkmal		**Schwungmassespeicher**	**Hochleistungsbatterie**		**Doppelschichtkondensator**	
		System	**Zelle**	**System**	**Zelle**	**System**
nominale Spannung	VDC		3,6		2,7	
nominale Ladung	Ah		40 Ah			
nominale Kapazität	F				3000 F	
Gewicht	kg	1100	1,05	340	0,55	420
Volumen	l	1210	0,57	440	0,48	1000
Nutzenergie	Wh	4000	31,5	6900	2,6	1,0
Leistung	kW	max. 333	0,3	40,8	0,86	250
gravimetr. Energiedichte	Wh/kg	3,6	30	20,3	4,8	2,4
gravimetr. Leistungsdichte	W/kg	300	290	120	1570	590
volumetr. Energiedichte	Wh/l	3,3	55	16	5,4	1
volumetr. Leistungsdichte	W/l	275	530	93	1800	250

Tabelle 2.1: Übersicht über die Eigenschaften verschiedener Energiespeichertechnologien auf Zell- und Systemebene [124, 125]

Die Kennwerte dieser Systeme sind in der Abbildung 2.8 in einem Ragonediagramm bezüglich ihrer:

- nominellen Zell-Eigenschaften gemäß Datenblatt,
- Zell-Eigenschaften bei einer Anwendung in einem ÖPNV-Fahrzeug und
- Eigenschaften als Speichersystem für die ÖPNV-Anwendung

dargestellt.

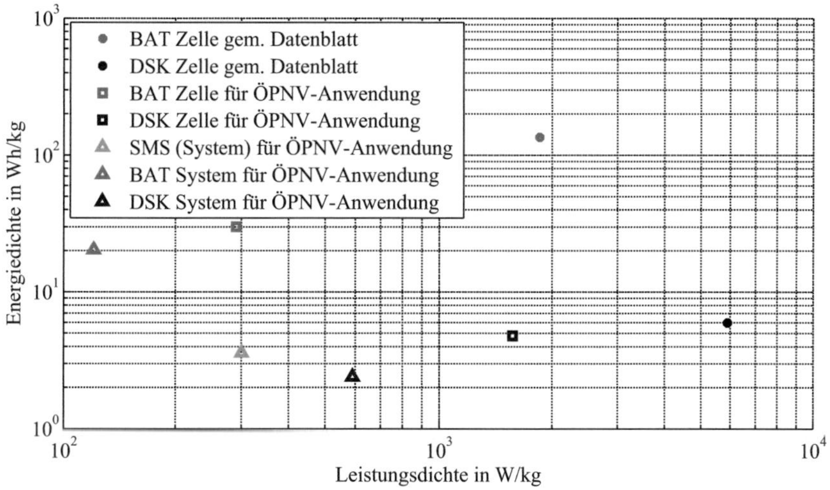

Abbildung 2.8: Ragonediagramm für Einzelzellen und Energiespeichersysteme nach Tabelle 2.1

Die spezifischen Eigenschaften der Doppelschichtkondensatoren (höchste Leistungsdichte) und der Hochleistungsbatterien (höchste Energiedichte) legen nun den Gedanken nahe, für bestimmte Anwendungen die Vorzüge beider Speichertechnologien in kombinierten Speichersystemen zu nutzen [183, 208, 244].

2.1.4 Steuerstrategien

Auch an unterschiedlichen Verfahren für das Energiemanagement von Fahrzeugantrieben mit elektrischem Energiespeicher wird seit einigen Jahren sehr intensiv gearbeitet. Dabei wurde unter anderem gezeigt, dass sich mit prädiktiven Steuerstrategien, bei denen relevante zukünftige Einflussfaktoren auf die Fahrzeugbewegung vorausschauend berücksichtigt werden, wesentlich bessere Ergebnisse hinsichtlich der Verringerung des Energiebedarfs erzielen lassen als mit nichtprädiktiven Steuerungsverfahren [9, 93, 241, 251].

In prädiktiven Steuerstrategien werden im Fahrzeug verfügbare Informationsquellen für die Vorhersage des zu erwartenden Verlaufes der Antriebsleistung genutzt. In der Regel wird ein Satellitennavigationssystem für die Positionsbestimmung des Fahrzeugs zusammen mit einer digitalen Streckenkarte verwendet, in der Höhendaten, potenzielle Fahrzeughalte und Geschwindigkeitsbeschränkungen gespeichert sind. Eine wesentliche Schwierigkeit bei der Prädiktion der Antriebsleistung besteht darin, dass das individuelle Fahrerverhalten und die konkrete Verkehrssituation wenig vorhersehbar sind.

Bei einem Stadtbahn-Linienbetrieb liegt eine besonders günstige Situation vor, da das Fahrzeug vorrangig auf gleich bleibenden Strecken verkehrt. Die wiederholten Fahrten auf wiederkehrenden Strecken ermöglichen das Anlegen einer Datenbasis, in der in Abhängigkeit von Umgebungsbedingungen (unter anderem Wochentag und Tageszeit sowie Beladungssituation des Fahrzeugs) typische Verläufe der Antriebsleistung entlang der Strecke gespeichert werden. Durch die Einbeziehung der in der Vergangenheit ermittelten Leistungsprofile entsteht ein lernendes prädiktives Energiemanagement, von dem deutlich bessere Kenngrößen zu erwarten sind als von Systemen, die diese Informationen nicht nutzen [11].

2.2 Beschreibung des Energiebedarfs als deterministische Größe

2.2.1 Wege zur Ermittlung des Energiebedarfs

Das Konzept eines OFB nach dem oben beschriebenen *DockingPrinzip* sieht ein Betreiben sowohl von Straßenfahrzeugen (elektrisch betriebenen Kraftomnibussen) als auch von Schienenfahrzeugen (Stadt- und Straßenbahnen) an derselben Nachladeinfrastruktur vor. Die benötigte Arbeit für den Bewegungsprozess ist somit für beide Fahrzeugtypen zu ermitteln. Im Bereich der Busse sind derzeit nur Obusse als elektrisch betriebene Fahrzeuge verbreitet. Deshalb werden diese als Vergleichsgröße herangezogen. Für den Bereich der elektrischen Schienenbahnen ist der OFB ebenfalls neu, jedoch kann hier auf verschiedene Wege zur Bestimmung des Energiebedarfs bei Fahrzeugen mit Oberleitung zurückgegriffen werden.

Bei den Betrachtungen muss ferner die Möglichkeit zur Rekuperation, also die Nutzbremsung und Rückgewinnung von Bremsenergie, besonders berücksichtigt werden. Bei einem gewöhnlichen Fahrspiel ohne Zwischenhalt und in der Ebene wird zu Fahrtbeginn Energie im Antrieb benötigt, um das Fahrzeug zu beschleunigen und entlang der Geschwindigkeitsbeschränkung zu fahren. Am Ende des Fahrspiels rekuperiert das Fahrzeug beim Bremsen einen Teil der bei Fahrtbeginn benötigten Energie. Damit ergeben sich zwei verschiedene Werte für den Energiebedarf eines Fahrzeugs (Abbildung 2.9).

Dies ist einerseits die zu Fahrtbeginn benötigte Energie E_{A}. Diese Energie muss auch ein Fahrzeug mit Rekuperationsmöglichkeit erst einmal aufbringen, um die Fahraufgabe zu erfüllen. Bei der Auslegung des fahrzeugseitigen Energiespeichers im *DockingPrinzip* ist folglich diese Energiemenge zu berücksichtigen.

Andererseits kann der effektive Energiebedarf eines Fahrzeugs mit Rekuperationsmöglichkeit angegeben werden. Dieser ergibt sich aus der Bilanz des Energiebedarfs E_{A} ohne Rekuperation abzüglich der rekuperierten Energiemenge E_{B}. Dieser effektive Energiebedarf kennzeichnet die Energiemenge, die während der Fahraufgabe effektiv benötigt wurde und

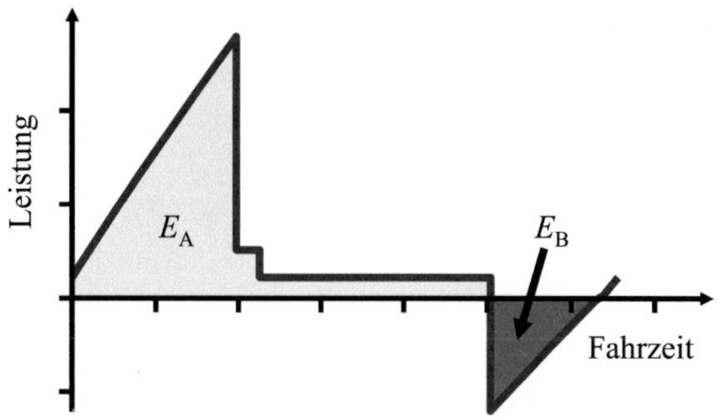

Abbildung 2.9: Prinzipdarstellung zum Energiebedarf

am Nachladepunkt dem fahrzeugseitigen Energiespeicher wieder zugeführt werden muss.

Traditionell wird für die Auslegung und Energiebedarfsermittlung eines Fahrzeugs ein deterministischer Wert gesucht und ermittelt, der für feste Randbedingungen einer Fahrt des Fahrzeugs gilt. Beim konventionellen Betrieb mit Oberleitung werden dafür die Randbedingungen oft mit einem „worst case"-Szenario (schlechtester Fall) angesetzt. Meist wird dann das Bewältigen dieses Szenarios mit maximalem Energiebedarf von der Bahnenergieversorgung netzweit gefordert. Man geht anschließend davon aus, dass jedes günstigere Szenario (Normalbetrieb) ebenfalls bewältigt wird. Im Allgemeinen führt eine derartige Auslegung jedoch zur Überdimensionierung der Energieversorgungsanlagen [112], die billigend in Kauf genommen wird.

Die Ermittlung eines deterministischen Wertes für den Fahrzeugenergiebedarf kann dabei über verschiedene Zugänge erfolgen:

1. **Theoretischer Zugang:** rechnerische Energiebedarfsbestimmung anhand des physikalischen Formelwerks, wie es in der Literatur, z. B. im Fachbereich der Fahrdynamik, verwendet wird,

2. **Messtechnischer Zugang:** Energiebedarfsbestimmung anhand von Messkampangen in der Praxis,

3. **Empirischer Zugang:** überschlägige Energiebedarfsbestimmung an Hand von Richtwerten aus der Literatur.

Diese drei Zugänge werden in den nachfolgenden Abschnitten überblicksartig vorgestellt und verglichen.

2.2.2 Theoretischer Zugang zur Energie- und Leistungsbedarfsermittlung

2.2.2.1 Arbeit am Bezugspunkt Stromabnehmer

Die Energie- und Leistungsbedarfsermittlung für Schienenfahrzeuge wird unter dem Oberbegriff Fahrdynamik in der Fachliteratur theoretisch aufgearbeitet und umfangreich dargestellt,

z. B. in [22, 67, 144, 315, 316]. Meist steht dabei die Anwendung für Vollbahnen im Vordergrund. Für das Bestimmen des Energie- und Leistungsbedarfs bei Straßenbahnen ist diese Methodik prinzipiell ebenso anwendbar, in der Literatur allerdings weit weniger ausführlich beschrieben.

Ausgangspunkt ist jeweils die Arbeit W_{AB} am Bezugspunkt Stromabnehmer für den Bewegungsprozess von einem Ortspunkt A (zum Zeitpunkt t_{A}) zu einem Ortspunkt B (Zeitpunkt t_{B}):

$$W_{\mathrm{AB}} = \frac{\sum W_{\mathrm{W}}}{\eta_{\mathrm{Tfz}}} + W_{\mathrm{n}} + W_{\mathrm{h}} \tag{2.4}$$

mit den Teilen:

W_{W} ... Arbeit für die Überwindung der Widerstandskräfte,
W_{n} ... Arbeit der Nebenverbraucher,
W_{h} ... Arbeit der Heizung und
η_{Tfz} ... Wirkungsgrad des Triebfahrzeugs.

Durch die Berechnung der Widerstandskräfte F_{W} für Fahrzeug, Strecke und Beschleunigung wird der entsprechende erste Teil der Gleichung (2.4) bestimmt. Für Nebenverbraucher und Heizung kann bei Straßenbahnen mit einer konstanten mittleren Leistung gerechnet werden, was auf einen Zeitbezug dieser Arbeitsanteile hinausläuft. Eine ausführliche Darstellung des entsprechenden Formelwerks und dabei zu verwendender Parameter ist im Anhang A zusammengefasst und in der oben aufgeführten Literatur nachzulesen.

2.2.2.2 Einfluss von Nebenverbrauchern und Heizung auf den Gesamtenergiebedarf

Unabhängig von der formelmäßigen Darstellung im Anhang soll die Größe der Energien für Nebenverbraucher und Heizung hier ausführlicher betrachtet werden, da die Größe dieses Energiebestandteils in den letzten Jahren stark zugenommen hat.

Unter dem Begriff Nebenverbraucher sind alle Hilfsbetriebe des Fahrzeugs zusammengefasst. Der Energiebedarf ist daher in erster Linie vom Ausstattungsgrad des Fahrzeugs abhängig. Übliche Hilfsbetriebeleistungen liegen in der Größenordnung von durchschnittlich 4 kW bis 50 kW [50, 54, 109, 142, 145, 180, 209, 217].

Unter dem Begriff Heizung ist sowohl die Beheizung als auch die Klimatisierung des Fahrzeugs zu verstehen. Die Größe der Leistung für die Fahrzeugheizung hängt stark von der Außentemperatur zur Einsatzzeit und der Ausrüstung des Fahrzeugs (mit oder ohne Klimaanlage) ab, siehe z. B. [101].

Ein Beheizen der Fahrzeuge bei niedrigen Außentemperaturen zählt in Deutschland zum Standard und hat somit in den Wintermonaten erheblichen Einfluss auf den Gesamtenergiebedarf des Fahrzeugs. Übliche Heizbetriebsleistungen liegen in der Größenordnung von 40 bis 130 kW [54, 109, 142, 145, 151, 180]. Damit entfällt rund die Hälfte des Fahrzeuggesamtenergiebedarfs bei Außentemperaturen unterhalb des Gefrierpunkts auf die Nebenaggregate und den Heizbetrieb [127, 151, 267]. In den Sommermonaten ist der Energiebedarf für die Beheizung der Fahrzeuge nahezu gleich Null. Bei HELLIGE [101] wurde ein auf die Fahrzeugheizung zurückzuführender Unterschied im Gesamtenergieverbrauch zwischen Sommer (Juni/ Juli) und Winter (Dezember/ Januar) von durchschnittlich 25 % bei einer Streuung von 15 % bis 32 % ermittelt.

Demgegenüber zählt in Deutschland eine Klimatisierung des Fahrzeugs oder eine Temperaturabsenkung und Entfeuchtung bei hohen Außentemperaturen nicht zum Standard der Fahrzeugausrüstung. Folglich rüsten einige Verkehrsunternehmen ihre Fahrzeuge auch aus Energieverbrauchsgründen nicht mit Fahrgastklimaanlagen aus. Andere dagegen beschaffen aus Gründen des Fahrgastkomforts teil- und vollklimatisierte Fahrzeuge. Bei Fahrzeugen mit Klimatisierung ist in den Sommermonaten mit einem Energiebedarf für die Klimatisierung in ähnlicher Höhe wie beim Beheizen in den Wintermonaten zu rechnen [151, 215, 242, 267]. Damit ist auch im Sommer von einem rund hälftigen Anteil der Klimatisierung am Gesamtenergiebedarf des Fahrzeugs auszugehen.

2.2.2.3 Berechnungsbeispiel für Straßenbahnen

Nachfolgend wird an einem Beispiel gezeigt, welcher Energiebedarf sich mit Hilfe des ersten Zugangs, der rechnerischen Energiebedarfsbestimmung, ermitteln lässt. Dabei sollen die Randbedingungen nach Tabelle 2.2 sowie eine homogene Masseverteilung auf alle Achsen gelten.

Fahrzeug:	- Typ	NGTD 12 DD
	- Spurweite	1450 mm
	- Leermasse	56,7 t
	- maximal zulässige Besetzung	260 Personen
	- Zuladung bei Beispielrechnung[a]	3,5 t
	- Anzahl Achsen / davon angetrieben	12 / 8
	- Massefaktor (siehe Anhang A)	1,2
	- Triebfahrzeugwirkungsgrad (siehe Anhang A)	0,8
	- Leistung Nebenverbraucher und Heizung	30 kW konst.
Strecke:	- Streckengeschwindigkeit	50 km/h
	- Schienenart	Rillenschiene straßenbündig
	- Streckenneigung	0 ‰
	- Bogenwiderstand	Strecke ohne Bögen
	- Haltestellenabstand	300 m bzw. 600 m
Betrieb:	- maximale Beschleunigung	1,0 m/s^2
	- Haltezeit	je 10 s

[a] ... Wert entspricht einer durchschnittlichen Besetzung für Straßenbahnen in Dresden im Jahr 2007 von 17,9 % [55] $\widehat{=}$ 46,5 Personen á 75 kg = 3,5 t

Tabelle 2.2: Randbedingungen und Parameter für die Beispielrechnung

Mit diesen Randbedingungen sind durchschnittliche Anforderungen an das Fahrzeug definiert. Entsprechend dem Formelwerk im Anhang A kann dafür der Energiebedarf für Traktion E_{W}, untergliedert nach den Anteilen für Fahrzeugwiderstände E_{WFZ}, für Streckenwiderstände E_{WS} und für die Fahrzeugbeschleunigung E_{a}, berechnet werden. Mit dem Energiebedarf für Nebenverbraucher und Heizung $(E_{\mathrm{n}} + E_{\mathrm{h}})$ ergibt sich der jeweilige Gesamtenergiebedarf E_{AB}. In der Tabelle 2.3 sind die Ergebnisse zusammengefasst.

Größe	Einheit	mittlere Anforderungen		hohe Anforderungen	
Hst.-Abstand	m	300	600	300	600
Fahrzeit	s	47	68	51	75
E_{WFZ}	kWh/km	1,14	1,23	1,24	1,35
E_{WS}	kWh/km	0	0	7,59	7,59
E_{a}	kWh/km	6,45	3,23	5,20	3,49
E_{W}	kWh/km	7,60	4,46	14,04	12,45
$E_{\mathrm{n}} + E_{\mathrm{h}}$	kWh/km	1,30	0,95	1,41	1,04
E_{AB}	**kWh/km**	**10,79**	**6,52**	**18,96**	**16,57**

Tabelle 2.3: Energiebedarf einer Straßenbahn gemäß Beispielrechnung für mittlere und hohe Anforderungen (Zuladung 3,5 t / 13 t; Steigung 0 ‰ / 40 ‰; Haltezeit 10 s) ohne Rekuperation

Für gewöhnliche mittlere Anforderungen beträgt der Gesamtenergiebedarf ohne Rekuperation im berechneten Beispiel 7 kWh/km bis 11 kWh/km. Die Energien für Nebenverbraucher und Heizung haben einen Anteil von etwa 1,0 kWh/km bis 1,3 kWh/km am Gesamtenergiebedarf.

Um die Auswirkungen von Extrembedingungen darzustellen, ist in der Tabelle 2.3 eine weitere Beispielrechnung angefügt. Diese zeigt den Energiebedarf, wenn das Fahrzeug zu 2/3 besetzt[4] ist und eine Strecke mit einer konstanten Steigung von 40 ‰ über den gesamten Weg befährt. Bei diesen Bedingungen werden ohne Rekuperation Gesamtenergien von über 16 kWh/km erreicht.

2.2.2.4 Simulationsergebnisse für elektrische Busse

Auch für Elektrobusse kann ein Formelwerk für die Berechnung der Fahrdynamik aufgestellt werden. Dabei ist im Unterschied zum Schienenfahrzeug die Paarung Gummirad und Straße zu berücksichtigen. Auf eine ausführliche Vorstellung soll hier jedoch verzichtet und auf die einschlägige Literatur, z. B. [173], verwiesen werden.

Für eine konkrete Berechnung des Energiebedarfs wird das Formelwerk üblicherweise in einem Simulationsmodell für ein bestimmtes Fahrzeug auf einer charakteristischen Strecke umgesetzt. Beispielhaft sei dafür auf [107] und [152] verwiesen. In [107] wird für Obusse der 12 m-Standardgröße ein Energiebedarf von 1,49 kWh/km angegeben. Vermutlich ist dabei die Rekuperation bereits berücksichtigt. In [152] wird der Energiebedarf von zu Elektrobussen umgerüsteten Dieselbussen ermittelt. Dabei wird der Energiebedarf ohne Rekuperation auf 1,99 kWh/km für den 12 m-Standardbus und auf 3,26 kWh/km für den 18 m-Gelenkbus beziffert.

[4] 2/3 Besetzung $\widehat{=}$ 173 Personen á 75 kg = 13 t Zuladung

2.2.3 Messtechnischer Zugang

2.2.3.1 Voraussetzungen

Bei den theoretischen Berechnungen im vorangegangenen Abschnitt ist die Kenntnis einer Vielzahl an Fahrzeug- und Streckenparametern des jeweiligen Einsatzfalls nötig. In der praktischen Anwendung sind diese konkreten Werte aus verschiedenen Gründen oftmals nicht verfügbar. Deshalb kann mit einem messtechnischen Zugang ein alternativer Weg zur Bestimmung des Energiebedarfs eines Einzelfahrzeugs gewählt werden.

Dazu ist in das bestehende Streckennetz eines Straßenbahnbetreibers entsprechende Messtechnik einzubringen. Je nach Anwendungsfall und gewünschter Detailliertheit kann dies einerseits durch stationäre Messtechnik, z. B. in den Unterwerken, erfolgen oder durch mobile Messtechnik auf bereits verkehrenden Fahrzeugen. Bei der Auswertung der gemessenen Energieverbrauchswerte sind strukturelle Unterschiede besonders hinsichtlich verschiedener Fahrzeuge, Streckentopographien, elektrischer Netztopologien und Messzeiträume zu beachten [151]. Die Ergebnisse einiger Messungen werden nachfolgend vorgestellt.

2.2.3.2 Eigene Messungen im Netz der DVB AG

Im Rahmen des Projekts *DockingPrinzip* des Fraunhofer IVI bestand die Möglichkeit, umfangreiche Messungen an einem Straßenbahnfahrzeug des Typs NGTD 12 DD im Netz der Dresdner Verkehrsbetriebe AG (DVB AG) durchzuführen. Dazu wurden das Fahrzeug mit Messtechnik ausgerüstet und die Leistungsflüsse am Stromabnehmer sowie zu den Nebenaggregaten und Bremswiderständen zeit- und ortsabhängig erfasst. Die Traktionsleistung bzw. Rekuperationsleistung ergibt sich aus den aufgenommenen Daten am Bezugspunkt Stromabnehmer/Zwischenkreis über die Gleichung

$$P_{\text{gesamt}} = P_{\text{M}} + P_{\text{NV}} + P_{\text{BW}} \tag{2.5}$$

(siehe auch Abbildung 2.10). Eine detaillierte Beschreibung von Messaufbau und Auswertung enthält [151].

Als Ergebnis dieser Untersuchungen kann man den Energiebedarf für den Straßenbahnzug je nach Einsatzort und ohne Rekuperation mit etwa 4,8 kWh/km für Traktion und durchschnittlich ca. 1,4 kWh/km für Nebenverbraucher und Heizung angeben. Sehr deutlich wurde bei den Untersuchungen, dass die Leistung für Nebenverbraucher und Heizung jahreszeitenabhängig stark differiert.

Wird zusätzlich die Rekuperation von Bremsenergie betrachtet, ist zu beachten, dass der Grad der Netzrückspeisung in Abhängigkeit von Fahrzeugausrüstungsgrad, Netzkonfiguration und -topologie sowie Umweltbedingungen stark schwankt [146]. Für die angegebene Untersuchung kann die Netzrückspeisung im Mittel mit etwa 0,7 kWh/km angegeben werden (28 % der möglichen Rekuperationsenergie). Die Nebenverbraucher werden aus der Rekuperationsenergie ebenfalls mit 0,7 kWh/km gespeist. Damit entsteht für diese Messung ein effektiver Gesamtenergiebedarf von 4,8 kWh/km. Im Mittel etwa 1,1 kWh/km der Reku-

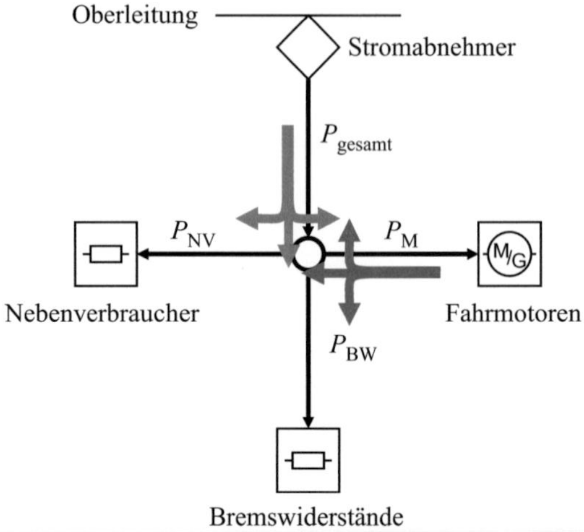

Abbildung 2.10: Auftretende Leistungsflussfälle am Bezugspunkt

perationsenergie können bei der Untersuchung weder ins Netz rückgespeist, noch auf dem Fahrzeug in Nebenverbrauchern verwendet werden und werden über die Bremswiderstände in Wärme gewandelt.

2.2.3.3 Weitere Messungen des Energiebedarfs

Messungen an Obussen

Auch von Obus-Betreibern sind Messungen zum Energieverbrauch ihrer Fahrzeuge veröffentlicht. So werden beispielsweise in [65] Ergebnisse zu einer Untersuchung zum Einsatz von Energiespeichern im Oberleitungsbus im Netz der Stadtwerke Solingen vorgestellt. Für ein 15 t-Versuchsfahrzeug wurde bei den Versuchsfahrten ein Energieverbrauch von:

- 2 kWh/km beim Betrieb ohne Netzrückspeisung und ohne Energiespeicher,
- 1,7 kWh/km beim Betrieb mit Netzrückspeisung (Netzrückspeisegrad von 16,7 %) und ohne Energiespeicher sowie
- 1,3 kWh/km bei Netzrückspeisung mit Energiespeichereinsatz

ermittelt.

Der Energiebedarf für Obusse in Mailand wird inklusive Klimaanlagenbetrieb je nach Beladung mit 1,3 kWh/km bis 2,0 kWh/km für 12 m-Busse und 2,6 kWh/km bis 5,7 kWh/km für 18 m-Busse angegeben [82]. Außerdem verkehren seit 2009 die ersten serienmäßigen Oberleitungsbusse mit Energiespeicher in Mailand. Der Hersteller der Traktionsausrüstung gibt nach ersten Messungen eine Energieeinsparung durch den Fahrzeugenergiespeicher von durchschnittlich 20 % an [32, 313].

UITP-Studie für verschiedene Netze und Fahrzeuge

In einer umfangreichen Studie zur Senkung des Energieverbrauchs in U-Bahn-Systemen, anläßlich des 52. Internationalen UITP-Kongresses 1997 in Stuttgart [284] wurden neben U-Bahnsystemen auch die Stadtbahnsysteme in fünf Städten untersucht. Von den Betreiberunternehmen erfragte man dabei mittels Fragebogen unter anderem verschiedene Kenndaten zu Netz, Fahrzeugen und Betrieb, wie Fahrzeuganzahl, Streckenlänge, Haltestellenanzahl, Gesamtenergiebedarf etc. Der durch Auswertung dieser Angaben berechnete Energiebedarf ist in Tabelle 2.4 ausgewiesen.

Stadt	Energiebedarf in kWh/Wagen-km	Energiebedarf in Wh/(t·km)	mittlere Besetzung in %
Berlin	3,202	234,1	15
Düsseldorf	1,723	118,7	24
Hong Kong	3,721	100,2	75
Nantes	5,818	319,2	6
Stuttgart	4,136	159,1	23

Tabelle 2.4: Energiebedarf von Stadtbahen und mittlere Besetzung nach [284]

Bei einem Vergleich dieser Angaben mit den bisher und nachfolgend dargestellten Werten ist zu beachten, dass jeweils in etwa ein bis zwei Wagen einen kompletten Stadtbahnzug bilden.[5]

Energiebedarfsangaben für weitere Netze und Fahrzeuge

In einer Studie zu den Lebenszykluskosten von Personenverkehrsmitteln wird für die Straßenbahn in Helsinki ein effektiver Energiebedarf für das Gesamtnetz und alle Fahrzeuge von 4,7 kWh/km angegeben [120]. Mit Fahrzeugleergewichten von 20,0 t bis 28,1 t [103] und einem Besetzungsgrad von 15 % bis 25 % [102] ergibt sich ein Energiebedarf von 147 Wh/(t·km) bis 217 Wh/(t·km).

Für die Straßenbahn in Leipzig (LVB) lässt sich aus [156] ein Energiebedarf für das Gesamtnetz von 4,4 kWh/km pro Zug ablesen; für Dresden (DVB AG) aus [56] ein Energiebedarf von 4,3 kWh/km pro Zug.

Neben diesen Energiebedarfsangaben, die sich jeweils auf alle in einem Netz verkehrenden Fahrzeugtypen beziehen, sind auch weitere fahrzeugspezifische Energiebedarfsmessungen in der Literatur beschrieben. Eine umfangreiche Zusammenstellung für unterschiedliche Fahrzeuge in verschiedenen Netzen findet sich im Anhang B. Je nach Informationsquelle unterscheiden sich dabei die öffentlich verfügbaren Angaben der untersuchten Parameter.

Zusammenfassend wird jedoch deutlich, dass ein spezifischer Gesamtenergiebedarf von Straßenbahnen ab Stromabnehmer unter Berücksichtigung der Rekuperation im Bereich von ca. 60 Wh/(t·km) bis 130 Wh/(t·km), bzw. 1,5 kWh/km bis 6 kWh/km liegt.

[5] In der zitierten Studie werden einerseits im Mittel 1,1 Wagen je Zug andererseits im Mittel 2,0 Wagen pro Fahrzeug angegeben. Ferner wird definiert, dass ein Zug aus einem oder mehreren Fahrzeugen besteht. Diese Inkonsistenz ist vermutlich auf getrennte Erfassung dieser Werte im Fragebogen zurückzuführen und konnte nicht abschließend geklärt werden.

2.2.4 Empirischer Zugang

Ein dritter Zugang sind pauschale und fahrzeugtyp- und streckennetzunabhängige Angaben zum Energiebedarf von Straßenbahnfahrzeugen in der Fachliteratur. Diese Angaben sind jedoch ob der Vielzahl an verschiedenen Fahrzeuggrößen, Fahrzeugausrüstungen und damit Fahrzeuggewichten stets nur als grober Näherungswert anzusehen, mit dem die jeweiligen Autoren versuchen, das breite Spektrum an Werten auf typische oder vergleichbare Kenngrößen zu fokussieren. Ferner beziehen sich die angegebenen Werte meist auf den Bezugspunkt Unterwerk (UW). Eine Auflistung der Angaben verschiedener Zeitepochen ist in nachfolgender Tabelle 2.5 zusammengestellt.

Jahr	**Energiebedarf in Wh/(t·km)**	**Quelle**	**Bemerkung**
1929	50 ... 55	[116]	gilt in der Ebene, in der Steigung mit zusätzlich 39 Wh/(t·km) je 10 ‰ Steigung
	89 ... 94	ebd.	im Mittel
1957	50 ... 81	[221]	
1975	60 ... 150	[5]	
1986	60 ... 80	[140]	ohne Nebenverbraucher
1988	60 ... 150	[238]	
1992	70 ... 100	[224]	
2004	80	[142]	angegebene 4 kWh/km bei geschätzter Masse von 50 t für eine 30 m-Straßenbahn
2005	40 ... 90	[67]	Werte beziehen sich jedoch vermutlich auf Quellen von 1953 bzw. 1965
2006	120	[22]	für Altbaufahrzeuge
	90 ... 110	ebd.	für Neubaufahrzeuge

Tabelle 2.5: Energiebedarf von Straßenbahnen ab UW

Berücksichtigt man die teilweise Rekuperation, die bei den neueren Werten bereits eingerechnet ist, wird anhand dieser Zahlen erkennbar, dass der Gesamtenergiebedarf während der letzten Jahrzehnte zunahm. Zum Einen wird dafür ein Zusammenhang mit der Geschwindigkeit zum Anderen mit höheren Komfortanforderungen vermutet.

Unterstellt man für die Übertragung zwischen UW und Fahrzeug Leitungsverluste von ca. 3 % bis 4 % [284] gelten die ausgewiesenen Werte in ähnlicher Größe auch für den Energiebedarf am Bezugspunkt Fahrzeug. Zusammenfassend kann damit für die empirischen Werte ein Bereich von ca. 60 Wh/(t·km) bis 150 Wh/(t·km) angegeben werden.

2.2.5 Zusammenfassung der verschiedenen Zugänge

Die in den drei dargestellten Zugängen ermittelten Werte für den Gesamtenergiebedarf sind für Straßenbahnen in einer Übersicht in Tabelle 2.6 zusammengefasst. Dabei wird als erstes die große Variationsbreite der Werte deutlich, die maßgeblich auf die unterschiedlichen Fahrzeuggrößen zurückzuführen ist.

Vergleicht man die Werte des theoretischen Zugangs mit mittleren Anforderungen mit den

Zugang	effektiver Gesamtenergiebedarf ohne Rekuperation in kWh/km	teilweise Rekuperation in kWh/km	teilweise Rekuperation in Wh/(t·km)
theoretischer Zugang			
- mittlere Anforderungen	7... 11		
- hohe Anforderungen	17... 19		
messtechnischer Zugang			
- DVB AG, NGTD 12 DD	6,2	4,8	
- UITP		1,7... 5,8	
- Helsinki		4,7	
- fahrzeugbezogene Messungen		1,5... 6	60... 130
empirischer Zugang			
- verschiedene Literatur			60... 150

Tabelle 2.6: Übersicht über den effektiven Gesamtenergiebedarf von Straßenbahnen der verschiedenen Zugänge

Messungen bei der DVB AG, stimmen die Werte für den Energiebedarf ohne Rekuperation und für den Energiebedarf der Nebenverbraucher gut überein.

Alle weiteren der ausgewerteten Messungen mit zumeist teilweiser Rekuperation fügen sich in den angegebenen Wertebereich für netzweite Durchschnittswerte und Fahrzeugauslastungen von 1,5 kWh/km bis 6 kWh/km (ca. 60 Wh/(t·km bis 130 Wh/(t·km)) ein.

Die empirischen Werte aus der Literatur treffen eine ähnliche Größenordnung.

Für elektrische Busse fasst eine ähnliche Darstellung in der Tabelle 2.7 die vorgestellten Daten zusammen.

Zugang	effektiver Gesamtenergiebedarf ohne Rekuperation in kWh/km	teilweise Rekuperation in kWh/km
theoretischer Zugang		
- Simulation 12 m-Bus [107, 152]	2,0	1,5
- Simulation 18 m-Bus [152]	3,3	
messtechnischer Zugang		
- Solingen 12 m-Bus	2	1,7
- Mailand 12 m-Bus		1,3... 2,0
- Mailand 18 m-Bus		2,6... 5,7

Tabelle 2.7: Übersicht über den effektiven Gesamtenergiebedarf von Elektrobussen

Da bisher elektrische Busse fast ausschließlich als Obusse ausgeführt sind, existieren für die wenigen so betriebenen Systeme in der Fachliteratur kaum veröffentlichte Messdaten. Empirische Angaben in der Literatur wurden nicht gefunden. Zur Energiebedarfsbestimmung wird deshalb vorwiegend auf Simulationen zurückgegriffen (theoretischer Zugang). Es ist in der Tabelle ersichtlich, dass für 12 m-Elektro-Standardbusse mit einem Energiebedarf von ungefähr 2 kWh/km zu rechnen ist.

2.2.6 Schlussfolgerungen aus dem Stand der Technik

Die vorgestellten Analysen zum OFB, zu den Energiespeichertechnologien und der Ermittlung des Energiebedarfs elektrischer ÖPNV-Fahrzeuge machen drei Sachverhalte deutlich:

1. Ein OFB von Straßenbahnen und elektrischen Bussen ist bisher nur für kurze Streckenabschnitte oder mit Einschränkungen bei der Fahrzeugbewegung (geringe Höchtsgeschwindigkeiten und Maximalbeschleunigungen) in wenigen Anwendungen umgesetzt. Beispiele für einen OFB ohne Beschränkungen für längere Streckenabschnitte und ganze Linien mit Verwendung des *DockingPrinzips* konnten nicht recherchiert werden.

2. Als Energiespeichertechnologien für einen OFB nach dem *DockingPrinzip* stehen derzeit nur Doppelschichtkondensatoren und Hochleistungsbatterien zur Verfügung. Eine Kombination beider Speichertechnologien in einem System auf dem Fahrzeug verspricht die Nutzung der Vorteile beider Speicherarten. Die Größe der jeweiligen Speicheranteile am Gesamtsystem ist in einem Optimierungsprozess zu ermitteln.

3. Die drei vorgestellten Verfahren zur deterministischen Energiebedarfsberechnung führen für elektrische ÖPNV-Fahrzeuge zu ähnlich großen Werten, zeigen dabei aber eine große Variationsbreite. Für die Größe eines fahrzeugseitigen Energiespeichersystems im OFB muss diese Variationsbreite berücksichtigt werden, ohne jedoch das System unnötig groß zu gestalten. Diese Forderungen können durch einen zuverlässigkeitsgetriebenen Ansatz vereint werden, der eine Modellierung des Energiebedarfs in Form von stochastischen Verteilungsfunktionen voraussetzt.

3 Energiebedarf beim OFB – Beschreibung als stochastische Größe

3.1 Herausforderungen beim Bestimmen des Energiebedarfs im OFB

3.1.1 Erfordernis der Energiespeicher-Nachladung

Die Größe eines fahrzeugseitigen Energiespeichersystems beim OFB richtet sich nach dem Energiebedarf, der für die Fahrt zwischen zwei Nachlademöglichkeiten des Speichers benötigt wird. Im zweiten Kapitel der Arbeit wurde dazu auf den Energiebedarf von ÖPNV-Fahrzeugen, insbesondere Straßenbahnen, im herkömmlichen Betrieb und die verfügbaren Speichertechnologien für einen OFB eingegangen.

Nun sollen in einer einfachen, überschlägigen Rechnung die energetischen Anforderungen der Fahrzeuge den Möglichkeiten der Energiespeichertechnologien gegenüber gestellt werden, um prinzipielle Aussagen zum zeitlichen und räumlichen Abstand der Energiespeicher-Nachladungen zu erhalten.

Dazu wird ein mittelgroßes Straßenbahnfahrzeug betrachtet, welches gemäß Tabelle 2.6 bei Berücksichtigung der Rekuperation einen spezifischen Energiebedarf von rund 4 kWh/km aufweist. Als maximale Leistung wird von ca. 600 kW während der Beschleunigungsphase ausgegangen. Dies entspricht den üblicherweise installierten Motor-Nennleistungen.

Um die Anzahl der Punkte mit Nachladeinfrastruktur gering zu halten, sei in einer ersten Betrachtung unterstellt, dass Energiespeicher-Nachladungen nur im Depot nach einem Tageseinsatz bzw. während des Tageseinsatzes nur an den Linienenden erfolgen. Die entsprechend dazu üblichen Fahrweiten sind in Tabelle 3.1 zusammengefasst.

	Streckenlänge in km	Quelle
Tageseinsatz	250 ... 300	[145]
Linieneinsatz	8 ... 17	siehe Anhang C

Tabelle 3.1: Übliche Tagesfahrweiten und Linienlängen bei Straßenbahnen

Unter Zuhilfenahme der Energie- und Leistungsdichten für Energiespeichersysteme aus Doppelschichtkondensatoren und Hochleistungsbatterien gemäß der Aufstellung in Tabelle 2.1 lassen sich aus dem spezifischen Energiebedarf des Straßenbahnfahrzeugs, der Maximalleistung und dem jeweiligen Abstand der Energiespeicher-Nachladungen die theoretisch nötigen Energiespeichermassen und -volumina für diesen Einsatz bestimmen (Tabelle 3.2).

	Einheit	Linieneinsatz		Tageseinsatz	
Streckenlänge	km	8	17	250	300
Hochleistungsbatterie					
E'_m=20,3 Wh/kg; E'_V=16 Wh/l; P'_m=120 W/kg; P'_V=93 W/l					
Masse gemäß E'_m	t	1,6	3,3	49	59
Volumen gemäß E'_V	m^3	2,0	4,3	63	75
Masse gemäß P'_m	t	5,0	5,0	5,0	5,0
Volumen gemäß P'_V	m^3	6,5	6,5	6,5	6,5
maßgebende Masse	**t**	**5,0**	**5,0**	**49**	**59**
maßgebendes Volumen	**m^3**	**6,5**	**6,5**	**63**	**75**
Doppelschichtkondensator					
E'_m=2,4 Wh/kg; E'_V=1 Wh/l; P'_m=590 W/kg; P'_V=250 W/l					
Masse gemäß E'_m	t	13,3	28,3	417	500
Volumen gemäß E'_V	m^3	32,0	68,0	1000	1200
Masse gemäß P'_m	t	1,0	1,0	1,0	1,0
Volumen gemäß P'_V	m^3	2,4	2,4	2,4	2,4
maßgebende Masse	**t**	**13,3**	**28,3**	**417**	**500**
maßgebendes Volumen	**m^3**	**32,0**	**68,0**	**1000**	**1200**

Tabelle 3.2: Theoretisch nötige Energiespeichermassen und -volumina für Linien- und Tageseinsatz

Anhand der berechneten Werte in dieser Tabelle ist ersichtlich, dass ein Konzept mit einer Energiespeicher-Nachladung ausschließlich nach dem Tageseinsatz im Fahrzeugdepot aufgrund der nötigen Energiespeichergrößen und -massen derzeit vollständig ausscheidet.

Für ein Nachladen an den Linienenden wären auf dem Fahrzeug Zusatzmassen von rund 5 t bei Hochleistungsbatterien und rund 13 t bis 28 t bei Doppelschichtkondensatoren mitzuführen. Diese Zusatzmassen sind aus Gründen der Beschränkung von Fahrzeuggewicht und Achslasten im Allgemeinen ebenfalls nicht in Straßenbahnfahrzeuge integrierbar. Selbst Zusatzmassen von nur ein bis zwei Tonnen stellen derzeit eine konstruktive Herausforderung dar.

Anhand dieser einfachen, überschlägigen Rechnung wird klar, das ein OFB ohne ein Nachladen des fahrzeugseitigen Energiespeichers während des Linienverlaufs mit den verfügbaren Energiespeichertechnologien nicht möglich ist. Für den Betrieb einer Straßenbahn im OFB ist somit ein Nachladen des Fahrzeugenergiespeichers entlang der Linie vorzusehen, was auf einen OFB nach dem *DockingPrinzip* hinausläuft.

Wird das Nachladen entlang der Linie zugelassen, darf aus betriebstechnologischer Sicht die gewöhnliche Umlaufzeit eines Fahrzeugs durch dieses Nachladen nicht oder nur sehr wenig verlängert werden [132]. Deshalb ist dann das **Nachladen** an planmäßigen Halten (im Wesentlichen also **an den Haltestellen**) vorzusehen, an denen die Speicherladung während der gewöhnlichen Haltezeit realisiert werden kann.

3.1.2 Abkehr von einer „worst case"-Betrachtung

Überträgt man die oben dargestellte „worst case"-Dimensionierung der Energieversorgung auf den OFB, bedeutet das, den theoretisch maximal auftretenden Energiebedarf als Mindestgröße für den fahrzeugseitigen Energiespeicher anzusetzen. Dies gestaltet sich insbesondere dadurch schwierig, dass keine kontinuierliche Energieversorgung vorliegt.

Um einen vergleichbaren „worst case"-Fall im OFB zu konstruieren, sind hinsichtlich des Energiebedarfs besonders energieaufwendige Randbedingungen anzusetzten. Dies wären beispielsweise:

- Fahrt mit größtmöglicher Fahrzeugbesetzung,
- Fahrt in der Steigung,
- größtmögliches Nebenverbraucheraufkommen (einschließlich Heizung) und
- häufige unplanmäßige Halte mit längeren ungeplanten Standzeiten zwischen den Nachladepunkten (z. B. Stop-and-Go-Verkehr oder Stau).

Ein derartiges Szenario führt sehr schnell zu einem Fahrzeugenergiebedarf, der um ein Vielfaches größer ist, als die im Abschnitt 2.2 mit verschiedenen Zugängen ermittelten Werte.

Wie jedoch im vorhergehenden Abschnitt bereits gezeigt wurde, stellen Gewicht und Größe des Energiespeichers eine wesentliche Randbedingung beim OFB dar. Ein sehr hoch angesetzter Fahrzeugenergiebedarf durch eine „worst case"-Betrachtung führt beim OFB entweder zu Speichergrößen und Speichermassen, die nur schwerlich in ein Fahrzeug integrierbar sind, oder zum Vorsehen einer Nachlademöglichkeit an jedem planmäßigen Halt (Haltestelle). Letzteres zöge einen erheblichen infrastrukturellen Aufwand nach sich, der wirtschaftlich kaum vertretbar erscheint.

Aus diesen Überlegungen resultiert der Bedarf, beim OFB von der üblichen Auslegungspraxis des „worst case"-Szenarios abzuweichen und alternative Modelle und Zugänge zur Beschreibung des Energiebedarfs sowie neuartige Auslegungsverfahren zu finden. Die Versorgungssicherheit das Fahrzeugs mit Energie darf dadurch jedoch nicht in Frage gestellt werden. Deshalb ist die Energiebedarfsbestimmung beim OFB differenzierter zu betrachten.

Aufgrund der sehr komplexen Wirkungszusammenhänge und stochastischen Einflüsse scheint bei der Bestimmung des Energiebedarfs im OFB ein zuverlässigkeitsbasierter Beschreibungsansatz als erfolgsversprechende Alternative zur „worst case"-Betrachtung. Zuverlässigkeits- und verfügbarkeits-orientierte Beschreibungsansätze sind im Bahnverkehr nicht gänzlich unbekannt. Nicht nur in englischen und amerikanischen Verkehrsunternehmen, auch in Deutschland werden zunehmend die Ergebnisse von Verfügbarkeitsuntersuchungen, z. B. bei Neuanschaffungen von Fahrzeugen in Form von Forderungen an die Lebenszykluskosten, berücksichtigt [31, 40, 108, 319]. Für die Bahnstrombelastung werden stochastische Beschreibungsverfahren bereits seit den 1970er Jahren angewendet [101, 110, 112].

Die Beschreibung der Eingangsdaten als Zufallsgrößen mit ihren stochastischen Verteilungen bildet die Grundlage einer zuverlässigkeitsbasierten Darstellung. Bezogen auf den Energiebedarf, aus dem sich später die Energiespeichergröße ableitet, bedeutet dies eine Darstellung, die nicht nur einen deterministischen Wert liefert, sondern das gesamte Spektrum der stochastischen Einflüsse abbildet. Dieser Weg soll nachfolgend beschritten werden.

3.2 Beschreibung des Energiebedarfs als stochastische Größe

3.2.1 Einflussfaktoren und Verteilungsfunktionen

3.2.1.1 Einflussfaktoren auf den Energiebedarf

Mit den bisher dargestellten Zugängen wird für den Energiebedarf ein deterministischer Wert ermittelt, der für die meisten Betrachtungen ausreicht. Diese deterministische Berechnung kann den unmittelbaren Einfluss einer Vielzahl von Parametern auf den Energiebedarf eines Fahrzeugs jedoch nicht berücksichtigen. Ohne Anspruch auf Vollständigkeit sind dies beispielsweise [15, 85, 98, 101, 147, 267]:

- Parameter der Streckentopographie und -topologie, wie Steigung und Haltestellenabstand,
- Parameter im Zusammenhang mit dem Fahrzeug selbst, wie die zuladungsbedingte Gesamtfahrzeugmasse oder die Hilfsbetriebeleistung,
- Parameter im Zusammenhang mit den Umgebungsbedingungen, z. B. großer Energieverbrauch zur Beheizung, Kühlung oder Beleuchtung des Fahrzeugs,
- Parameter im Zusammenhang mit dem Fahrplan und Fahrverhalten des Fahrers, z. B. hohe Anfahrt- und Bremsbeschleunigungen, Wahl der Höchstgeschwindigkeit,
- Beeinflussung des Fahrspiels durch Lichtsignalanlagen und andere Verkehrsteilnehmer, z. B. Anzahl und Dauer von Bremsvorgängen und ungeplanten Halten aufgrund Behinderung durch den motorisierten Individualverkehrs (MIV).

Betrachtet man die vielfältigen Einflüsse in ihrer Gesamtheit, wird der Energiebedarf eines Fahrzeugs zwischen zwei Nachladepunkten in der Realität sehr stark streuen und kann damit prinzipiell auch als zufällige (stochastische) Größe angesehen werden. In [101] erfolgte eine derartige Beschreibung für den Energiebedarf von Unterwerken und Speiseabschnitten eines konventionellen Straßenbahnbetriebs mit kontinuierlicher Stromzuführung. Insbesondere für zuverlässigkeitsbasierte Betrachtungen der Energieversorgung ist die stochastische Beschreibung eine wichtige Grundlage. Dabei ist es das Ziel, den Energiebedarf eines Fahrzeugs als stetige Wahrscheinlichkeitsverteilungsdichte $f(x)$ darzustellen.

3.2.1.2 Aufstellen von Wahrscheinlichkeitsverteilungsdichten für den Energiebedarf

Bei praxisbezogenen Untersuchungen liegen aus Messungen oft Ausgangsdaten für den zufälligen Energiebedarf E auf einem Streckenstück vor. Diese Daten können für das Aufstellen empirischer Häufigkeitsverteilungen über dem Energiebedarf und als Grundlage für eine Approximation der Verteilungen durch geeignete Wahrscheinlichkeitsverteilungsdichten $f(x)$ verwendet werden.

Als Beispiel ist aus den oben beschriebenen Messungen im Netz der Dresdner Straßenbahn in Abbildung 3.1 der Geschwindigkeitsverlauf von 491 Fahrten zwischen zwei Haltestellen über dem Weg visualisiert. In der Abbildung 3.2 ist dazu die Häufigkeitsverteilung über dem Energiebedarf gezeigt.

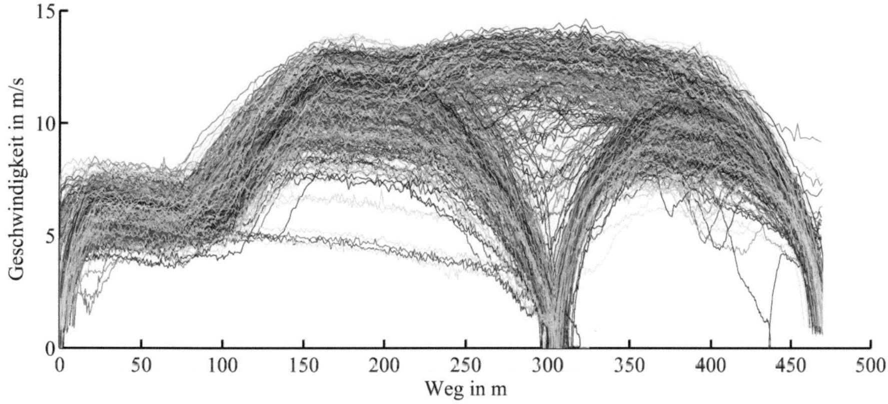

Abbildung 3.1: Geschwindigkeit über dem Weg für eine Beispielstrecke

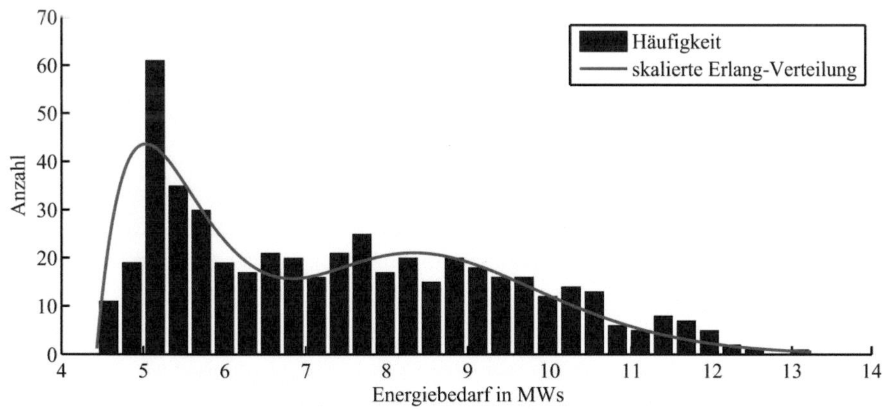

Abbildung 3.2: Verteilung des Energiebedarfs für eine Beispielstrecke

Deutlich erkennbar ist in dieser Abbildung, dass die Wahrscheinlichkeitsverteilung für den Energiebedarf im Allgemeinen keiner einfachen Normal- oder Exponentialverteilung genügt und eine alternative Wahrscheinlichkeitsverteilungsdichte zur Beschreibung gefunden werden muss. Für die Beschreibung des Energiebedarfs schwach belasteter Unterwerke greift HELLIGE in [101] beispielsweise auf logarithmische Normalverteilungen und Erlang-Verteilungen[6] zurück.

Als besonders geeignet für die weiteren Berechnungen in der vorliegenden Arbeit erweist sich eine Beschreibung durch Erlang-Verteilungen:

$$\gamma(x, \lambda, k) = \frac{\lambda^k}{(k-1)!} x^{k-1} \mathrm{e}^{-\lambda x} \quad \text{mit} \quad k \in \mathbb{N} \text{ und } x, k, \lambda > 0 \tag{3.1}$$

und eine Summe aus diesen (gemischte Erlang-Verteilungen):

$$f(x) = \sum_{m=1}^{l} w_m \, \gamma(x, \lambda_m, k_m) \quad \text{mit} \quad \sum_{m=1}^{l} w_m = 1. \tag{3.2}$$

Vorteilhaft ist dabei, dass die Erlang-Verteilung durch unterschiedliche Wahl der Parameter die Modellierung eines sehr großen Bereichs an den im Verkehrswesen vorkommenden Häufigkeitsverteilungen abdeckt. So entspricht die Erlang-Verteilung bei der Wahl des „Form"-Parameter $k = 0$ der Exponentialverteilung; bei $k \to \infty$ strebt sie gegen die Gaußsche Normalverteilung.

Für die Häufigkeitsverteilung der Beispielstrecke in Abbildung 3.2 wurde eine gemischte Erlang-Verteilung mit den Parametern $m = 2$, $w_1 = 0,51$, $k_1 = 2$, $\lambda_1 = 1/600000$, $w_2 = 0,49$, $k_2 = 10$ und $\lambda_2 = 1/450000$ (Berechnung in SI-Einheiten) geschätzt und als signifikant (χ^2-Test bei Sicherheit 95 %) bestätigt. Diese Wahrscheinlichkeitsverteilungsdichte ist in der Abbildung skaliert eingezeichnet. Im Weiteren soll davon ausgegangen werden, dass für den Energiebedarf auf allen Teilstrecken eine Wahrscheinlichkeitsverteilungsdichte in der Form einer gemischten Erlang-Verteilung vorliegt oder berechnet werden kann.

3.2.2 Abstraktion und allgemeines Modell für den Energiebedarf zwischen zwei Nachladepunkten

3.2.2.1 Zusätzliche Fahrzeughalte

Ein wesentlicher Einflussfaktor auf den Energiebedarf des Fahrzeugs zwischen zwei Nachladepunkten ist der Energiemehrbedarf durch zusätzliche Fahrzeughalte [78, 101, 209, 222].

Im Unterschied zu Stadtbahnen fahren Straßenbahnen und Elektrobusse vor allem in den Stadtzentren vielfach nicht auf eigenem und unabhängigem Gleiskörper oder Fahrweg, sondern teilen sich die Verkehrsflächen mit dem motorisierten Individualverkehr. Eine gegenseitige Behinderung, insbesondere bei Verkehrsstau in den Hauptverkehrszeiten, ist die Folge. Zusätzlich haben Straßenkreuzungen und Lichtsignalanlagen (LSA) einen Einfluss auf den Verkehrsfluss und damit das Fahrprofil der Verkehrsmittel.

Diese Behinderungen erzwingen neben dem Halt an Haltestellen zusätzliche Halte der Bahnen und Busse. Bei der Rekuperation von Bremsenergie wird aufgrund der Wirkungs-

[6] benannt nach Angner Krarup ERLANG (1878-1929); auch als Gamma-Verteilung mit natürlichem „Form"-Parameter k, oder als Erlang-k-Verteilung bezeichnet.

grade weniger Energie gewonnen, als zur Wiederbeschleunigung benötigt wird. Außerdem verlängert sich die Betriebszeit der Nebenaggregate. Somit erfordert jeder Halt zusätzliche Energie im Vergleich zu Fahrten ohne diesen Halt.

Um den Einfluss der Fahrzeughalte bei der Bestimmung des gesamten Energiebedarfs zwischen zwei Nachladepunkten zu berücksichtigen, kann die Fahrt eines Fahrzeugs als zufälliger Prozess bezüglich der Zwischenhalte modelliert werden. Eine allgemeine analytische Beschreibung eines derartigen wahrscheinlichkeitstheoretischen Modells stellt KLINGNER in [129, 130] vor. Orientierend an diesen Arbeiten wird die Modellierung als zufälliger Prozess im Folgenden gezeigt. Die besonderen Eigenschaften des Prozesses werden anhand eines Graphen anschaulich erläutert. Beispielhaft sind diese zwei Abstraktionsstufen im Bild 3.3 anhand von Messdaten (siehe [151]) verdeutlicht. Mit der Ermittlung der Pfade im Graphen und der Definition von Kantengewichten werden danach die Grundlagen für die Ermittlung des Energiebedarfs, basierend auf dem entwickelten Modell, geschaffen.

3.2.2.2 Modell der Zusatzhalte

Betrachtet man den Geschwindigkeitsverlauf zwischen zwei Nachladepunkten über dem zurückgelegten Weg (im Bild 3.3 im mittleren Teil) für eine große Anzahl an Fahrten, sind markante Wegpunkte entlang der Strecke erkennbar, an denen Halte (z. B. durch Haltestellen, LSA oder Stau) auftreten.

Der Halt eines Fahrzeugs an einem dieser markanten Wegpunkte sei ein Zustand $i \in \mathrm{Z}$ des zufälligen Prozesses. Die Menge aller Zustände

$$\mathrm{Z} = \{1, 2, \ldots, N\}, \qquad N \in \mathbb{N} \tag{3.3}$$

ist endlich und bildet den Zustandsraum. Der Prozess beschreibt den zufälligen Wechsel der diskreten Zustände $Z(\theta)$ zu diskreten Zeiten θ bei der Fahrt zwischen den Nachladepunkten. Weiterhin wird die Markov-Eigenschaft für den Prozess unterstellt. Das heißt, dass das Verhalten des Systems nur vom aktuellen Zustand und nicht von den vorhergehenden Zuständen abhängt:

$$Z(\theta)|Z(\theta-1), \ldots, Z(0) = Z(\theta)|Z(\theta-1). \tag{3.4}$$

Einschränkungen der Markov-Eigenschaft können auftreten, wenn auf Strecken durch verkehrssteuernde Maßnahmen, z. B. durch die Koordinierung einer Folge von Lichtsignalanlagen (LSA), das Übergangsverhalten beeinflusst wird. Da dies nur in seltenen Fällen auftritt, wird diese Einschränkung fortan außer Acht gelassen.

Um den Prozess als zeitdiskrete Markov-Kette vollständig zu beschreiben, sind laut KLINGNER noch die Definition der Übergangswahrscheinlichkeiten (Übergangsmatrix) und der Anfangsverteilung nötig.

Die Übergangswahrscheinlichkeit $p_{ij}(\theta)$ gibt für jedes Paar $i, j \in \mathrm{Z}$ an, mit welcher Wahrscheinlichkeit die betrachtete Fahrt aus dem Zustand i in den Zustand j zum „Zeitpunkt“ θ

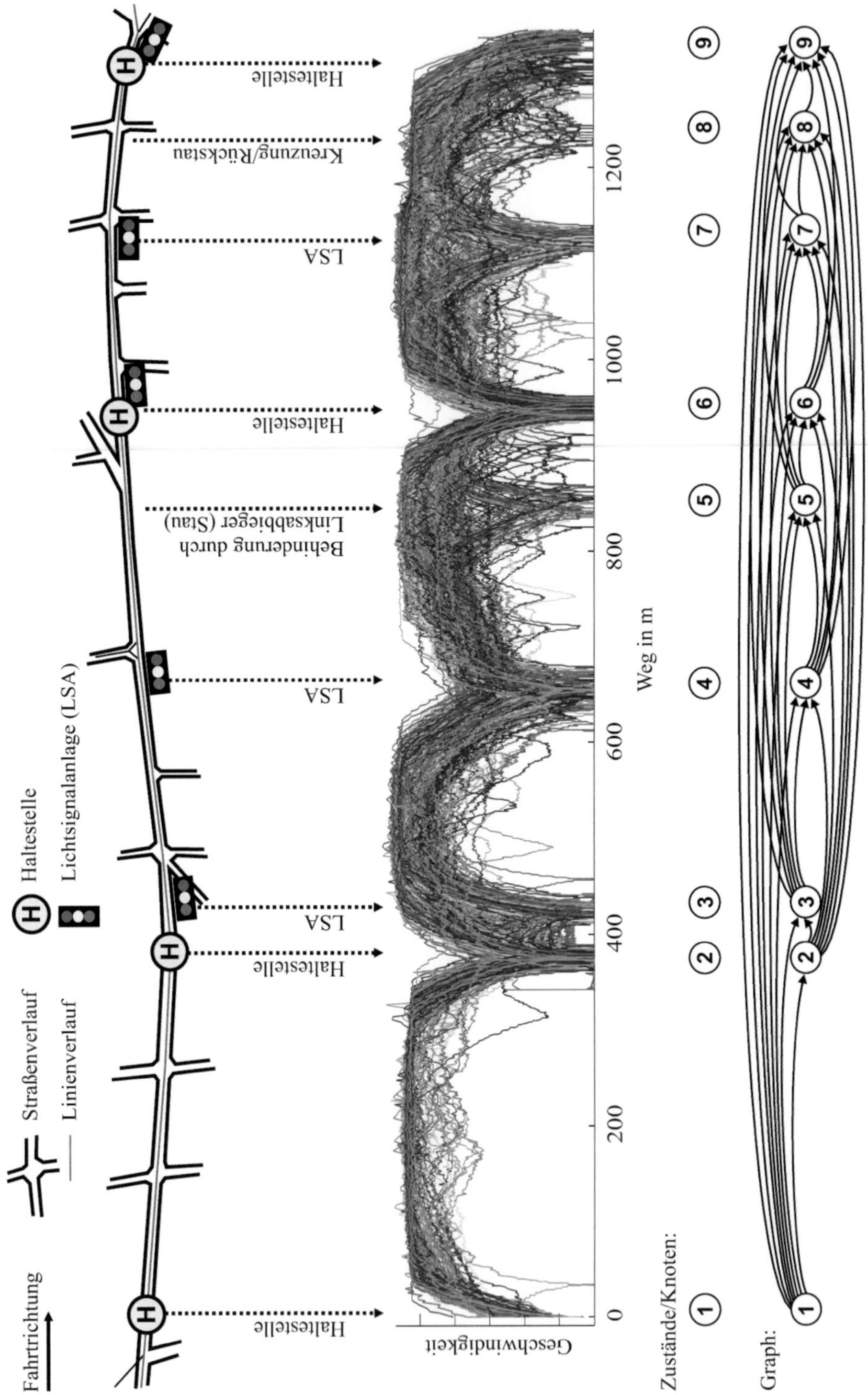

Abbildung 3.3: Abstraktion zur Aufstellung des Graphen

übergeht[7]:

$$p_{ij}(\theta) = \mathrm{P}(Z(\theta+1) = j \mid Z(\theta) = i). \tag{3.5}$$

Diese Übergangswahrscheinlichkeiten können in der Matrix

$$\mathbf{P}(\theta) = \begin{bmatrix} p_{11}(\theta) & p_{12}(\theta) & \cdots & p_{1N}(\theta) \\ p_{21}(\theta) & p_{22}(\theta) & & \vdots \\ \vdots & & p_{ij}(\theta) & \vdots \\ p_{N1}(\theta) & \cdots & \cdots & p_{NN}(\theta) \end{bmatrix} \tag{3.6}$$

zusammengefasst werden. Für jede Zeile i dieser Matrix gilt:

$$\sum_{j=1}^{N} p_{ij}(\theta) = 1. \tag{3.7}$$

Da die Übergangswahrscheinlichkeiten in der vorliegenden Untersuchung unabhängig vom „Zeitpunkt“ θ sind und somit

$$p_{ij} = p_{ij}(\theta) \tag{3.8}$$

für alle θ gilt, liegt eine homogene Markov-Kette vor.

Die Übergangswahrscheinlichkeiten p_{ij} können bei vorhandenen Messdaten einer Strecke sehr einfach aus dem Quotienten

$$\frac{\text{Anzahl Fahrten, die den Zustand } i \text{ in Richtung Zustand } j \text{ verlassen}}{\text{Gesamtanzahl Fahrten, die den Zustand } i \text{ verlassen}} \tag{3.9}$$

bestimmt werden.

Die Anfangsverteilung wird folgendermaßen definiert. Für jedes $i \in \mathrm{Z}$ sei d_i die Wahrscheinlichkeit, dass sich das System zum „Zeitpunkt“ $\theta = 0$ im Zustand i befindet, wobei

$$d_i \in [0, 1], \qquad \sum_{i=1}^{N} d_i = 1 \tag{3.10}$$

[7] Zur einfacheren Unterscheidung der Formelzeichen für Wahrscheinlichkeiten und Verteilungen gegenüber der physikalischen Größe Leistung werden Wahrscheinlichkeiten mit einem aufrechten P, Leistungen mit einem kursiven P bezeichnet.

vorausgesetzt wird. Dann heißt der Wahrscheinlichkeitsvektor

$$\mathbf{d} = \begin{bmatrix} d_1 \\ d_2 \\ \vdots \\ d_N \end{bmatrix} = \begin{bmatrix} \mathrm{P}(Z(0) = 1) \\ \mathrm{P}(Z(0) = 2) \\ \vdots \\ \mathrm{P}(Z(0) = N) \end{bmatrix} \tag{3.11}$$

Anfangsverteilung der Markov-Kette. Da in der vorliegenden Untersuchung immer vollständige Fahrten zwischen zwei Nachladepunkten betrachtet werden, ist die Anfangsverteilung stets auf den ersten Zustand konzentriert:

$$\mathbf{d} = \begin{bmatrix} 1 \\ 0 \\ \vdots \\ 0 \end{bmatrix}. \tag{3.12}$$

3.2.2.3 Graph

In Anlehnung an Modelle aus der Graphentheorie kann die Markov-Kette auch mittels eines Graphen $G = (\mathrm{V}, \mathrm{K})$ mit einer Menge von Knoten V und einer Menge von Kanten K modelliert werden. Die Menge der Knoten V besteht aus N Elementen, und entspricht der Zustandsmenge $\mathrm{Z} = \{1, 2, \ldots, N\}$ des Prozesses. Dabei ist der Nachladepunkt, an dem eine Fahrt gestartet wird, am Zustand $Z(0) = 1$ und der Nachladepunkt, an dem eine Fahrt endet, der Zustand $Z(\theta) = N$. Die Kanten K des Graphen sind allgemein durch

$$\mathrm{K} \subseteq \mathrm{V} \times \mathrm{V} \tag{3.13}$$

definiert. Da die Zustände mit der Fahrtstrecke aufsteigend geordnet sein sollen und keine Rückwärtsfahrten zugelassen werden, kann die Definition der Kanten des Graphen zu

$$\mathrm{K} \subseteq \mathrm{V} \times \mathrm{V}, \qquad (i, j) \in \mathrm{K} \Rightarrow i < j \tag{3.14}$$

ergänzt werden. Diese Definition schließt ebenso Übergänge von einem Knoten in sich selbst aus. Der damit entstehende Graph G besitzt keine Mehrfachkanten und ist gerichtet, endlich und schleifenlos.

Als Erweiterung dieses Graphen wird anhand der Fallstudie im Abschnitt 4.3.2.3 skizziert, dass die hier ausgeschlossenen Selbstübergänge bei der Modellierung von Staus bzw. Stop-and-Go auftreten und im Modell berücksichtigt werden können. Für die weitere Darstellung bleibt diese Erweiterung des Graphen jedoch vorerst unberücksichtigt.

3.2.2.4 Pfadsuch-Algorithmus

Durch einen Weg[8] A wird eine Folge von Knoten aus V beschrieben:

$$A = (v_1, \ldots, v_i, \ldots, v_n) \quad \text{mit Paaren } (v_i, v_{i+1}) \in \mathrm{K} \tag{3.15a}$$

$$\text{für alle } i \in \{1, \ldots, N-1\} \text{ und } n \leq N. \tag{3.15b}$$

Weiterhin gilt dabei $v_i < v_j$ für $i < j$. Üblicherweise werden dann als Pfade diejenigen Wege A bezeichnet, bei denen alle Knoten voneinander verschieden sind. Da hier von einem gerichteten und schleifenlosen Graphen ausgegangen wird, sind alle Wege auch Pfade.

Abweichend von dieser allgemeinen Definition soll im Weiteren von einem Pfad B_l nur dann gesprochen werden, wenn der erste Knoten v_1 der Kantenfolge dem Knoten am Starthalt ($v_1 = 1$) des untersuchten Streckenabschnitts zwischen zwei Nachladepunkten entspricht und der letzte Knoten v_n der Kantenfolge auch der Zielhalt des Streckenabschnitts ist ($v_n = N$).

Mit Hilfe eines Algorithmus können im Graphen alle m Pfade $B = \{B_l : l = 1, \ldots, m\}$ gemäß obiger Definition gefunden werden. Dafür sind verschiedene Suchverfahren verwendbar. Im Rahmen der vorliegenden Arbeit soll ein Verfahren, basierend auf dem Prinzip der Tiefensuche, herausgegriffen und skizziert werden.

Ausgangspunkt ist die Adjazenzmatrix[9] $\mathbf{A}$ des Graphen, in der alle auftretenden Kanten folgendermaßen verzeichnet sind. Existiert eine Kante von i nach j, wird dies in der i-ten Zeile und j-ten Spalte der Matrix mit einer '1' gekennzeichnet. Existiert von i nach j keine Kante, erhält die entsprechende Stelle der Matrix den Wert '0'.

Für die oben beschriebene spezielle Form der Graphen (gerichtet, schleifenlos, nur vorwärts, Zustände mit der Fahrtstrecke aufsteigend geordnet) ist $\mathbf{A}$ nur oberhalb der Diagonale gefüllt. Unterhalb und in der Diagonale selbst sind alle Werte gleich '0'.

Der Algorithmus zur Pfadsuche beginnt am Startknoten $v_1 = 1$ mit einer Knotenliste, die den Startknoten bereits enthält, und läuft rekursiv in folgenden Schritten ab:

---

1. Falls mit dem aktuellen Knoten v_i der Zielknoten $v_i = N$ erreicht ist, ist die Folge in der Knotenliste ein gültiger Pfad B_l.
2. anderenfalls suche zum aktuellen Knoten alle Nachfolger (v_j mit $\mathbf{A}(i,j) \neq 0$) und speichere sie in einem Zwischenspeicher (Stack).
3. Falls der Stack leer ist, ist die aktuelle Knotenliste kein Pfad.
4. Falls der Stack nicht leer ist, rufe für jedes Element v_j des Stacks den Algorithmus mit diesem Element als aktuellen Knoten und einer um das Element ergänzten Knotenliste auf.

Mit diesem Algorithmus werden alle m Pfade B_l des Graphen gefunden.

[8] Der Weg kann auch als Kantenzug oder Kantenfolge bezeichnet werden.

[9] adjazent … aus dem lateinischen: „bei oder neben etwas liegend", angrenzend [57].

3.2.2.5 Berücksichtigung des Energiebedarfs im Modell

Die bisherigen Betrachtungen hatten zum Ziel, den zufälligen Prozess der Fahrt entlang einer Strecke mit verschiedenen Halten und damit die zufällige Wahl der Pfade im Graph zu beschreiben. Dieses Modell kann nun so modifiziert werden, dass der Energiebedarf für die Fahrt zwischen zwei Nachladepunkten bestimmt werden kann.

Dazu wird der Graph zu einem Tripel $G = (\mathrm{V}, \mathrm{K}, D)$ erweitert, wobei D eine Abbildung von K in eine noch genauer zu spezifizierende Menge M ist:

$$D : \mathrm{K} \rightarrow \mathrm{M}. \tag{3.16}$$

Der Graph heißt damit kantengewichtet; $D(d)$ wird als Gewicht der Kante d oder auch kurz als Kantengewicht bezeichnet.

Das Kantengewicht soll nun durch den Energiebedarf E für die Fahrt zwischen den begrenzenden Knoten (Zuständen) der Kante beschrieben werden. Dabei kann der Energiebedarf als:

- deterministische Größe ($\mathrm{M} = \mathbb{R}$), wie beispielsweise dem mittleren Energiebedarf (siehe Abschnitt 3.2.3), oder als
- Zufallsgröße (M ist ein Raum von Verteilungsfunktionen – siehe Semi-Markov-Prozess im Abschnitt 3.2.4),

betrachtet werden.

Mit dem deterministischen bzw. zufälligen Energiebedarf je Kante und der zufälligen Wahl der Pfade im Graph kann der Energiebedarf im Knoten/Zustand N und damit für die Fahrt zwischen den Nachladepunkten berechnet werden. Für beide Betrachtungsweisen des Energiebedarfs wird in den nächsten Abschnitten jeweils eine Berechnungsmöglichkeit vorgestellt.

3.2.3 Modellierung als Graph mit deterministischen Kantengewichten

Der einfachste Fall, den Energiebedarf im Modell der Markov-Kette bzw. des Graphen zu berücksichtigen, ist die Betrachtung eines deterministischen Energiebedarfs als Kantengewicht. Beispielhaft soll nachfolgend der mittlere Energiebedarf E_{ij} als dieser konstante Wert für die Kante vom Knoten i zum Knoten j verwendet werden.

Die Kantengewichte $D_{ij} = E_{ij}$ werden in der Matrix

$$\mathbf{E} = \begin{bmatrix} E_{11} & E_{12} & \cdots & E_{1N} \\ E_{21} & E_{22} & & \vdots \\ \vdots & & E_{ij} & \vdots \\ E_{N1} & \cdots & \cdots & E_{NN} \end{bmatrix} \tag{3.17}$$

zusammengefasst.

Nun ergibt sich der Energiebedarf der Fahrt zwischen zwei Nachladepunkten aus der Betrachtung der Wahrscheinlichkeiten p_l für die zufällig gewählten Pfade B_l und dem auf diesen Pfaden benötigten Energiebedarf E_l. Für alle m Pfade $B_l = (v_1, \ldots, v_{n_l})$ des Graphen wird deshalb die Wahrscheinlichkeit p_l und der Energiebedarf E_l für den l-ten Pfad durch:

$$p_l = \prod_{i=1}^{n_l-1} p_{v_i v_{i+1}} \quad \text{und} \quad E_l = \sum_{i=1}^{n_l-1} E_{v_i v_{i+1}} \tag{3.18}$$

ermittelt.

Der mittlere Energiebedarf $\widetilde{E}$ für die Fahrt zwischen den Nachladepunkten ist dann:

$$\widetilde{E} = \sum_{l=1}^{m} p_l \cdot E_l. \tag{3.19}$$

Um den Einfluss der verschiedenen Pfade auf den erhaltenen Mittelwert für den Energiebedarf der gesamten Strecke bildlich zu verdeutlichen, wird er als diskrete Wahrscheinlichkeitsfunktion im Bild 3.4 beispielhaft dargestellt. Hierzu wird über der Abszisse mit den diskreten Energiebedarfswerten E_l aller Pfade B_l die zugehörige Wahrscheinlichkeit p_l der Pfade aufgetragen.

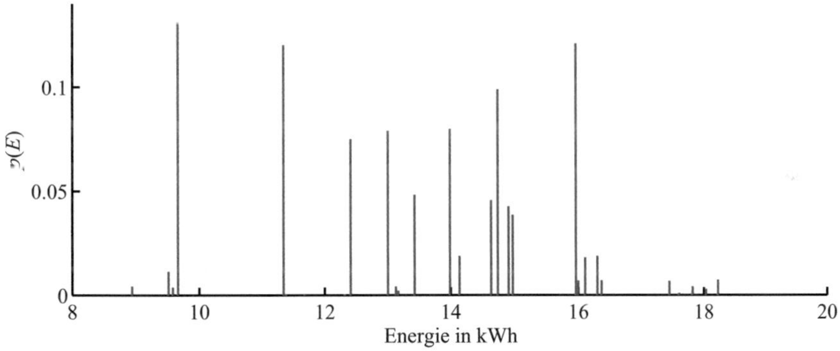

Abbildung 3.4: Beispiel für eine diskrete Wahrscheinlichkeitsfunktion des Energiebedarfs

Mit diesem einfachen Verfahren der Markov-Kette und deterministischen Kantengewichten kann für eine Speicherdimensionierung nur eine sehr eingeschränkte Aussage (nur Mittelwert, Maximalwert u. ä.) zum Energiebedarf und zur vorzusehenden Energiespeichergröße gemacht werden. Im Sinne einer Aussage zur „Missionserfüllung" ist für die Speichergrößendimensionierung jedoch eine zuverlässigkeitsbasierte Darstellung des Energiebedarfs nötig. Dies kann durch eine Erweiterung des dargestellten Ansatzes erreicht werden. Die Kantengewichte werden dabei nicht mehr vereinfacht als konstant angesehen, sondern werden als Zufallsgrößen modelliert. Der Prozess wird damit zu einem Semi-Markov-Prozess.

3.2.4 Modellierung als Semi-Markov-Prozess

3.2.4.1 Grundlagen des Semi-Markov-Prozesses

Der Energiebedarf auf einer Kante im Graph ist aufgrund vielfältiger Einflussparameter nicht konstant, sondern kann als zufällig verteilt aufgefasst werden. Die Wahrscheinlichkeitsverteilung des Energiebedarfs genügt dann im Allgemeinen nicht der Exponentialverteilung. Damit liegt definitionsgemäß kein homogener Markov-Prozess mehr vor.

In der Abbildung 3.5 ist zum besseren Verständnis ein Ausschnitt aus dem Graph (Abbildung 3.3) zu sehen, dem die unterschiedlichen Wahrscheinlichkeitsverteilungsdichten für den Energiebedarf auf den Kanten beispielhaft zugeordnet sind.

Eine Markov-Kette mit Kantengewichten, die als beliebige Wahrscheinlichkeitsverteilungsdichten ausgeprägt sind, kann als Semi-Markov-Prozess betrachtet werden. Eine theoretische Einführung der Semi-Markov-Prozesse wurde in den 1960er Jahren durch eine Erweiterung der bekannten homogenen Markov-Prozesse vorgenommen [216]. In der Fachliteratur ist eine ausführliche Darstellung dieser Prozessklasse zu finden (z. B. in [195, 273]). Die für das Verständnis wichtigen Grundlagen der Semi-Markov-Prozesse werden nachfolgend zusammengefasst.

Ein Semi-Markov-Prozess S kann durch ein Paar von Prozessen $W = (X, Y)$ beschrieben werden. Dabei ist X eine Markov-Kette mit dem Zustandsraum Z und der Übergangsmatrix $\mathbf{P}$, der so genannten steuernden Kette. Sie beschreibt, welche Zustände der Prozess annimmt. Der Prozess Y ist für alle $Y(\theta)$ nur von $i = X(\theta - 1)$ und $j = X(\theta)$ abhängig und durch eine Verteilung F_{ij} gegeben. Er beschreibt das Kantengewicht D_{ij} des Graphen. Üblicherweise wird in der Wahrscheinlichkeitsrechnung und Zuverlässigkeitstheorie durch den Prozess Y die Verweildauer T in einem Zustand beschrieben. Folglich ist der Semi-Markov-Prozess S dann derjenige Prozess, dessen Zustand zum Zeitpunkt θ aus Z gemäß $X(\theta)$ bestimmt wird, wobei die Verweildauer von $X(\theta - 1)$ bis $X(\theta)$ durch $Y(\theta)$ gegeben ist. Da die Verweildauer T in einem Zustand damit sowohl vom aktuellen Zustand $X(\theta - 1)$ als auch vom Folgezustand $X(\theta)$ abhängt, ist im Allgemeinen die Markov-Eigenschaft nicht mehr erfüllt. Dennoch ist der Prozess $W(\theta) = (X(\theta), Y(\theta))$ ein Markov-Prozess. Damit ist auch der Name Semi-Markov-Prozess (also „Halb"-Markov-Prozess) erklärbar. Sind in einem Semi-Markov-Prozess alle Verweildauern T exponentiell verteilt, entsteht ein homogener Markov-Prozess.

Im Rahmen der vorliegenden Arbeit ist jedoch nicht die bei Semi-Markov-Prozessen üblicherweise betrachtete Verweildauer T in einem Zustand, sondern die bis zu einem Zustand benötigte Energie E von Interesse. Deshalb wird statt der Zeit t die kontinuierliche Größe der benötigten Energie u eingeführt. Folglich beschreibt der Prozess Y in der oben angeführten allgemeinen Definition nun die bis zu einem Zustand i benötigte Energie und wird durch die Verteilungsfunktion

$$F_{ij}(u) = \mathrm{P}\left(Y(\theta) = u | X(\theta) = i, X(\theta + 1) = j\right) \tag{3.20}$$

beschrieben.

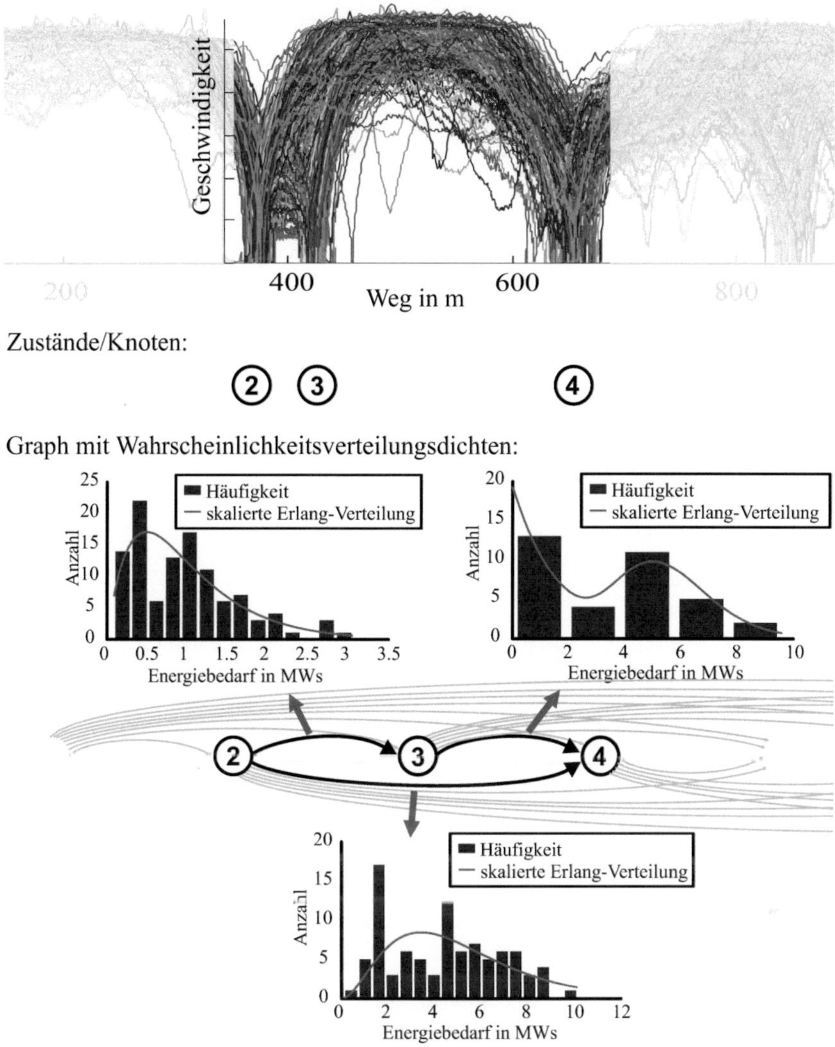

Abbildung 3.5: Wahrscheinlichkeitsverteilungsdichten des Energiebedarfs für verschiedene Kanten des Graphen aus Abbildung 3.3

In Analogie zu den Ausführungen im Abschnitt 3.2.3 (Gleichungen (3.18) und (3.19)) müssen für die Berechnung der Verteilungsdichte des Energiebedarfs im Zielzustand N alle möglichen Pfade, die zum Zielzustand führen können, mit ihrem Energiebedarf und ihrer Auftretenswahrscheinlichkeit erfasst werden. Dazu ist jeweils die Summe der Energien auf einem Pfad zu bilden. Da es sich hierbei jetzt jedoch um Verteilungsfunktionen $F_{ij}(u)$ für jede Kante im Pfad handelt, ist eine einfache Summation von deterministischen Werten wie in Gleichung (3.18) nicht möglich. Es muss vielmehr die Verteilung der Summe der zufälligen Energien berechnet werden. Dazu ist aus der Wahrscheinlichkeitstheorie bekannt, dass die

Dichte der Summe zweier Zufallsgrößen aus der Faltung der Dichten der Einzelergebnisse berechnet werden kann. Somit gilt für den Energiebedarf für einen Pfad $B_l = (v_1, \ldots, v_{n_l})$ des Graphen das nachfolgende Faltungsintegral. Dabei wird zur übersichtlicheren Darstellung für die n_l Elemente des Pfades der Index l unterdrückt und nur kurz n geschrieben:

$$E_l(u) = E_l(x_1) = \int_0^{x_1} \ldots \int_0^{x_{n-2}} F_{n-1,n}(x_{n-1}) \cdot F_{n-2,n-1}(x_{n-2} - x_{n-1}) \, \mathrm{d}x_{n-1} \cdot \\ \cdot F_{n-3,n-2}(x_{n-3} - x_{n-2}) \, \mathrm{d}x_{n-2} \cdot \ldots \cdot F_{1,2}(x_1 - x_2) \, \mathrm{d}x_2 \quad (3.21)$$

Diese mehrfachen Faltungsintegrale für alle Pfade aufzustellen und zu lösen ist sehr aufwendig[10] und für numerische Lösungsverfahren oft auch problematisch. Es ist jedoch aus der Systemtheorie bekannt, dass aus Faltungen (Faltungsintegralen) bei einer Transformation in den Laplace[11]-Bereich Produkte werden und sich das Problem damit wesentlich vereinfacht. Für einen derartigen analytischen Lösungsweg gibt es jedoch zwei wichtige Randbedingungen:

1. die Verteilungsdichte muss eine (einfache) Laplace-Transformierte haben und

2. die Rücktransformation in den Originalbereich muss sichergestellt werden.

Auf beide Bedingungen wird bei der Vorstellung dieses Lösungswegs nachfolgend eingegangen. Dabei wird für die Laplace-Rücktransformation ein numerisches Verfahren, der Gaver-Stehfest-Algorithmus, verwendet. Die Darstellung erfolgt anhand der analytischen Beschreibung von KLINGNER [129, 130] und einer anwendungsorientierten Veröffentlichung von KNIGHT UND RAICHE [131].

Es sei bemerkt, dass die unter Abschnitt 3.2.3 behandelte Modellierung mit deterministischen Kantengewichten einen Sonderfall des hier behandelten Falls mit stochastischem Energiebedarf darstellt, da ein deterministischer Energiebedarf als Zufallsgröße mit Einpunktverteilung aufgefasst werden kann.

3.2.4.2 Transformation in den Laplace-Bereich und Berechnung der Zustandswahrscheinlichkeiten

Ausgangspunkt für die Betrachtungen sind bei KLINGNER die konstanten Übergangswahrscheinlichkeiten p_{ij} der Markov-Kette (siehe Gleichung (3.8)). Beim Semi-Markov-Prozess lassen sich aus diesen Übergangswahrscheinlichkeiten unter Einbeziehung der Verteilungsfunktion $F_{ij}(u)$ gewichtete Wahrscheinlichkeitsverteilungsdichten $q_{ij}(u)$ des Energiebedarfs E für den Übergang vom Zustand i zum Zustand j bilden:

$$q_{ij}(u) = p_{ij} \frac{\mathrm{d}F_{ij}(u)}{\mathrm{d}u}. \quad (3.22)$$

[10] Beispielsweise sind für die Strecke 2 der vereinfachten Fallstudie im Abschnitt 4.3 bei drei Zwischenhalten und damit acht Pfaden bereits 12 Faltungen zum Berechnen der Energieverteilungen der Pfade durchzuführen.

[11] Bildbereich der Laplace-Transformation; benannt nach Pierre-Simon LAPLACE (1749-1827).

Die Laplace-Transformierten seien $\widehat{q}_{ij}(s)$ mit:

$$q_{ij}(u) \quad \circ\!\!-\!\!\bullet \quad \widehat{q}_{ij}(s) = \mathscr{L}\left\{q_{ij}(u)\right\}. \tag{3.23}$$

Sie lassen sich im Laplace-Bereich in einer Matrix zusammenfassen:

$$\widehat{\mathbf{q}}(s) = \begin{bmatrix} 0 & \widehat{q}_{12}(s) & \cdots & \widehat{q}_{1N}(s) \\ \widehat{q}_{21}(s) & 0 & & \vdots \\ \vdots & & \ddots & \vdots \\ \widehat{q}_{N1}(s) & \cdots & \cdots & 0 \end{bmatrix}^T. \tag{3.24}$$

Weiterhin wird die gewichtete Verteilung $Q_i(u)$ des Energiebedarfs im Zustand i aus den konstanten Übergangswahrscheinlichkeiten p_{ij} der Markov-Kette und den Verteilungsfunktionen $F_{ij}(u)$ des jeweiligen zufälligen Energiebedarfs einer Kante (i, j) aufgestellt:

$$Q_i(u) = \sum_{\substack{j=1 \\ j\neq 1}}^{N} Q_{ij}(u) = \sum_{\substack{j=1 \\ j\neq 1}}^{N} p_{ij} F_{ij}(u). \tag{3.25}$$

Auch die zugehörigen Wahrscheinlichkeitsverteilungsdichten werden Laplace-transformiert:

$$\widehat{q}_i(s) = \mathscr{L}\left\{\frac{\mathrm{d}Q_i(u)}{\mathrm{d}u}\right\} = \sum_{\substack{j=1 \\ j\neq 1}}^{N} \widehat{q}_{ij}(s). \tag{3.26}$$

Diese Werte werden in der Matrix

$$\mathbf{G}(s) = \begin{bmatrix} 1-\widehat{q}_1(s) & 0 & \cdots & 0 \\ 0 & 1-\widehat{q}_2(s) & & \vdots \\ \vdots & & \ddots & \vdots \\ 0 & \cdots & \cdots & 1-\widehat{q}_N(s) \end{bmatrix} \tag{3.27}$$

zusammengefasst.

Die Anfangsverteilung des Semi-Markov-Prozesses zu Beginn der Betrachtung (Energiebedarf $u(0) = 0$) entspricht derjenigen der Markov-Kette und wird, wie im Abschnitt 3.2.2.2 erläutert, aufgestellt. Sie ist:

$$\mathbf{p}(0) = \begin{bmatrix} p_1(0) \\ \vdots \\ p_N(0) \end{bmatrix}. \tag{3.28}$$

Um den Vektor der Verteilungen

$$\widehat{\mathbf{p}}(s) = \begin{bmatrix} \mathscr{L}\{p_1(u)\} \\ \vdots \\ \mathscr{L}\{p_N(u)\} \end{bmatrix} \tag{3.29}$$

für den seit Prozessanfang insgesamt benötigten Energiebedarf in allen Zuständen zu berechnen, müssen nun alle möglichen Pfade (Übergangsfolgen) erfasst werden. Diese werden nachfolgend durch formale Betrachtung der Anzahl der für den Pfad nötigen Übergänge zusammengesetzt.

Dabei ist zu beachten, dass die für einen mehrfachen Übergang im Zeitbereich zu berechnende Dichte der Summe zweier Zufallsgrößen aus der Faltung der Dichten der Einzelgrößen berechnet werden kann. Im Laplace-Bereich wird diese Faltung schließlich zu einem Produkt. Somit gilt beispielsweise für den Übergang $i-j-k$:

$$q_{ijk}(u) = q_{ij}(u) * q_{jk}(u) = \int_0^u q_{ij}(u-x) \cdot q_{jk}(x)\mathrm{d}x \quad \circ\!\!-\!\!\bullet \quad \widehat{q}_{ijk}(s) = \widehat{q}_{ij}(s) \cdot \widehat{q}_{jk}(s). \tag{3.30}$$

Die formale Betrachtung für den Vektor $\widehat{\mathbf{p}}(s)$ ergibt folgende, nach der Anzahl der Übergänge geordnete Anteile:

1. Die Wahrscheinlichkeit, dass der Zustand i bei der Energie $u_0 = 0$ auch bei der Energie u noch anhält (**kein** Übergang):

$$\frac{1}{s}\,\mathbf{G}(s)\,\mathbf{p}(0), \tag{3.31}$$

2. Die Wahrscheinlichkeit, dass ein Zustand j bei der Energie u nach **einem** Zustandswechsel aus dem Zustand i bei der Energie $u_0 = 0$ besteht (**ein** Übergang):

$$\frac{1}{s}\,\mathbf{G}(s) \cdot \widehat{\mathbf{q}}(s)\,\mathbf{p}(0), \tag{3.32}$$

3. Die Wahrscheinlichkeit, dass ein Zustand k bei der Energie u nach k-**fachem** Zustandswechsel aus dem Zustand i bei der Energie $u_0 = 0$ besteht (k-**facher** Übergang):

$$\frac{1}{s}\,\mathbf{G}(s) \cdot \widehat{\mathbf{q}}^k(s)\,\mathbf{p}(0). \tag{3.33}$$

Werden alle möglichen Übergänge erfasst, ergibt sich der Vektor der Verteilungen des seit Prozessanfang insgesamt benötigten Energiebedarfs in allen Zuständen im Laplace-Bereich:

$$\widehat{\mathbf{p}}(s) = \frac{1}{s}\,\mathbf{G}(s) \sum_{k=0}^{\infty} \widehat{\mathbf{q}}^k(s)\,\mathbf{p}(0). \tag{3.34}$$

Die Summe der Potenzreihe in dieser Gleichung lässt sich explizit lösen, so dass schließlich die Form:

$$\widehat{\mathbf{p}}(s) = \frac{1}{s}\,\mathbf{G}(s)\left(\mathbf{I} + \frac{\widehat{\mathbf{q}}(s)}{\mathbf{I} - \widehat{\mathbf{q}}(s)}\right)\,\mathbf{p}(0). \tag{3.35}$$

entsteht ($\mathbf{I}$ ... Einheitsmatrix).

3.2.4.3 Rücktransformation in den Originalbereich

Rücktransformation durch numerische Verfahren

Eine große Anzahl von Zustandswechseln einerseits und von der Exponentialverteilung abweichende Wahrscheinlichkeitsverteilungsdichten für die Kantengewichte andererseits führen zu vielen, meist mehrfachen Polstellen in $\widehat{p}_i(s)$. Damit ist die klassische Methode der Laplace-Rücktransformation (Residuenmethode/Partialbruchzerlegung) praktisch nicht mehr brauchbar durchzuführen. Einen naheliegenden Ausweg stellt eine Rücktransformation durch ein numerisches Verfahren dar.

Von Brian Davis und Brian Martin [49] wurden 1979 sehr umfangreich verschiedene Methoden für eine numerische Laplace-Rücktransformation untersucht und bewertet. Aus diesen Methoden stellt der Gaver-Stehfest-Algorithmus, der auf einer Reihenentwicklung basiert und nachfolgend kurz vorgestellt wird, eine geeignete Rücktransformation für den vorliegenden Anwendungsfall dar.

Auch Peter P. Valkó und Joseph Abate [1, 299, 300] vergleichen Verfahren für die numerische Laplace-Rücktransformation, insbesondere auch vor dem Hintergrund der Genauigkeit und Berechnungszeit mit moderner Computertechnik. Sie kommen wie auch Davis und Martin zu dem Schluss, dass die Güte des Verfahrens von verschiedenen Einflussgrößen abhängt (v. a. der Funktionsklasse), und es ein in allen Anwendungsfällen „bestes" Verfahren für die Laplace-Rücktransformation nicht gibt. Insgesamt wird von Valkó et al. eine Reihe von Verfahren empfohlen, unter denen sich auch der Gaver-Stehfest-Algorithmus befindet. Geringfügig besser schneidet der Gaver-Wynn-Algorithmus ab, der eine andere Methode zur Konvergenzbeschleunigung verwendet. Allerdings ist für diesen Algorithmus nur die rekursive Darstellung angegeben, die bei mehrfacher Berechnung von Laplace-Rücktransformierten gegenüber einmalig zu berechnenden Koeffizienten im Gaver-Stehfest-Algorithmus aus Sicht des Autors keine wesentliche Verbesserung bringt.

Das von Donald P. Gaver, jr. entwickelte numerische Verfahren zur Laplace-Rücktransformation wurde im Jahre 1966 vorgestellt und basiert auf der Differenzbildung im Bereich großer Zahlen. Es arbeitet ausschließlich im reellen Zahlenbereich und kommt ohne die Differentiation der Bildfunktion aus [79]. Für dieses ursprünglich rekursiv formulierte Verfahren wurde 1970 von Harald Stehfest ein Algorithmus entwickelt, mit dem die benötigten Koeffizienten im Gaver-Algorithmus für eine schnelle und ausreichend genaue Berechnung direkt erzeugt werden [264, 265]. Dieser Algorithmus nutzt die Salzer-Summation bzw. Neville-Tabelle (Neville-Aitken-Extrapolation) [300]. Die Anzahl der berücksichtigten Koeffizienten sollte bei 16 bis 20 liegen, um mit den Rechengenauigkeiten herkömmlicher Software arbeiten zu können.

Von GAVER wurde das Rücktransformationsverfahren im Zuge der Theorie zu Warteschlangen bei Telefonverbindungen entwickelt. Die analytischen Beschreibung bei KLINGNER zielen auf dem Gebiet der Kraftwerkssteuerung auf die schnelle Berechnung notwendiger Reserveleistung in Energiesystemen [129] ab. Weitere Anwendungen finden sich beispielsweise auf dem Gebiet der Geothermie bei der Bestimmung der Wärmeleitfähigkeit in Bohrlöchern [310] oder bei Versicherungsrisiko-Berechnungen in der Wirtschaft und Wahrscheinlichkeitsbestimmung für Totalverlust eines Wertpapier-Portfolios [294]. Eine Anwendung im Bereich des Energiebedarfs im Verkehrswesen ist dem Autor nicht bekannt.

Teilweise unbefriedigende Ergebnisse liefert der Algorithmus bei Funktionen mit stark oszillierenden oder sprungförmigen Anteilen. Bei dem in dieser Arbeit verwendeten Zusammenhang ist jedoch nicht mit derartigen Funktionen zu rechnen.

Grundlagen des Gaver-Algorithmus

Das Rücktransformationsverfahren nach GAVER [79] wird anhand der Veröffentlichungen von KLINGNER [129, 130] dargestellt und basiert auf folgenden Überlegungen. Jede Funktion $f(u)$ kann als Faltung mit der Delta-Funktion[12] dargestellt werden:

$$f(u) = \int_0^\infty \delta(u-x) f(x) \mathrm{d}x. \tag{3.36}$$

Da die Delta-Funktion nur als Operator wirkt und keine richtige Funktion ist, kann sie in der Praxis nur durch eine ordentliche Funktion $\Delta(x, \alpha, n)$ approximiert werden, die an der Stelle $n \to \infty$ zur δ-Funktion entartet:

$$f(u) = \lim_{n\to\infty} \int_0^\infty f(x) \Delta(x, \alpha, n) \mathrm{d}x. \tag{3.37}$$

Von GAVER wurde dazu die Funktion

$$\Delta(x, \alpha, n) = \frac{(2n)!}{n!(n-1)!} \alpha (1 - \mathrm{e}^{-\alpha x})^n \mathrm{e}^{-n\alpha x}, \tag{3.38}$$

aufgestellt, die mit

$$\lim_{n\to\infty} \Delta(x, \alpha, n) = \delta(u - x) \qquad \text{für} \qquad \alpha = \frac{1}{u} \ln 2 \tag{3.39}$$

die Voraussetzung der Entartung erfüllt.

Damit kann $f(u)$ geschrieben werden als:

$$f(u) = \lim_{n\to\infty} \int_0^\infty \frac{(2n)!}{n!(n-1)!}\, \alpha \,(1 - \mathrm{e}^{-\alpha x})^n \, \mathrm{e}^{-n\alpha x} \, f(x) \mathrm{d}x. \tag{3.40}$$

[12] mathematisch korrekt: „Delta-Distribution“

Mit der Beziehung für die Entwicklung einer Binomialreihe

$$(1 - \mathrm{e}^{-\alpha x})^n = \sum_{k=0}^{n} (-1)^k \binom{n}{k} \mathrm{e}^{-k\alpha x} \tag{3.41}$$

kann das Integral vereinfacht werden. Durch Vertauschen von Summation und Integration ergibt sich:

$$f(u) = \lim_{n\to\infty} \frac{(2n)!}{n!(n-1)!} \alpha \sum_{k=0}^{n} (-1)^k \binom{n}{k} \int_0^\infty \mathrm{e}^{-(k+n)\alpha x} f(x)\,\mathrm{d}x. \tag{3.42}$$

Das Integral in dieser Gleichung kann nun als Laplace-Transformierte der Funktion $f(x)$

$$\mathscr{L}\{f(x)\} = F(s) = \int_0^\infty \mathrm{e}^{sx} f(x)\,\mathrm{d}x \tag{3.43}$$

mit der Transformationsvariablen

$$s = (k+n)\alpha \tag{3.44}$$

aufgefasst werden.

Damit ist eine Rücktransformationsbeziehung für $F(s)$ gegeben durch:

$$f(u) = \lim_{n\to\infty} \frac{(2n)!}{n!(n-1)!} \alpha \sum_{k=0}^{n} (-1)^k \binom{n}{k} F(s) \tag{3.45}$$

mit

$$s = \frac{(k+n)}{u} \ln 2. \tag{3.46}$$

Erzeugen der Koeffizienten nach Stehfest

Die Koeffizienten in Gleichung (3.45) lassen sich weiter zusammenfassen, so dass die Gleichung als

$$f(u) = \lim_{n\to\infty} \alpha \sum_{k=0}^{n} \overline{C}_k^n F((k+n)\,\alpha) \tag{3.47}$$

geschrieben werden kann. Dieser Ausdruck konvergiert jedoch sehr langsam. Deshalb wäre in der praktischen Berechnung für ein ausreichend genau berechnetes $f(u)$ ein entsprechend großes n nötig.

Stehfest hat die Eigenschaften des Gaver-Algorithmus und seiner Konvergenz untersucht und schlägt für eine gegebene gerade Anzahl J eine verbesserte, die Konvergenz beschleunigende Approximation vor [264, 265]:

$$f(u) \approx \alpha \sum_{k=1}^{J} C_k^J \cdot F(k \cdot \alpha) \tag{3.48}$$

mit den Koeffizienten

$$C_k^J = (-1)^{k+L} \sum_{i=m}^{\min(k,L)} \frac{i^L \, (2i)!}{(L-i)! \, i! \, (i-1)! \, (k-i)! \, (2i-k)!} \tag{3.49}$$

und $L = J/2$ sowie m als ganzzahliger Anteil von $(k+1)/2$.

Theoretisch wird dabei mit wachsendem J zwar die Genauigkeit des Ergebnisses besser, jedoch treten dann auch verstärkt numerische Probleme aufgrund des Prinzips der Differenzbildung im Bereich großer Zahlen auf. Eine ausreichende Konvergenz und Genauigkeit des Verfahrens im Rahmen der Berechnung Semi-Markovscher Zuverlässigkeitsmodelle wird für Werte von J zwischen 10 und 20 erreicht.

Mit der Substitution $\alpha = 1/u \cdot \ln 2$ (siehe Gleichung (3.38)) ergibt die Rücktransformation für den Vektor der Verteilungen des seit Prozessanfang insgesamt benötigten Energiebedarfs in allen Zuständen (Gleichung (3.35)) und einem beispielhaft gewählten Koeffizienten $J = 20$:

$$\mathbf{p}(u) \approx \frac{1}{u} \ln 2 \sum_{k=1}^{20} C_k^{20} \cdot \widehat{\mathbf{p}} \left(\frac{k}{u} \ln 2 \right) . \tag{3.50}$$

Eine Übersicht zu den Koeffizienten für $J = 10 \ldots 20$ ist im Anhang D zusammengestellt.

3.2.4.4 Wahl der Wahrscheinlichkeitsverteilungsdichten $q_{ij}(u)$

Als Wahrscheinlichkeitsverteilungsdichte für $q_{ij}(u)$ im vorgestellten Semi-Markov-Modell ist prinzipiell jede Funktion verwendbar, die im Laplace-Bereich in expliziter Form angegeben werden kann.

Wie im Abschnitt 3.2.1.2 bereits gezeigt wurde, lässt sich der Energiebedarf von Fahrzeugen auf einem Streckenabschnitt durch gemischte Erlang-Verteilungen gut darstellen. Ebenda wurde auch gezeigt, wie sich die stetigen Wahrscheinlichkeitsverteilungsdichten aus Messdaten und deren Häufigkeitsverteilungen approximieren lassen. Dabei ist jedoch immer zu berücksichtigen, dass die Qualität der Approximation einen wesentlichen Einfluss auf die Modellgenauigkeit hat. Um numerische Probleme zu vermeiden, muss die Streuung der verwendeten Verteilungsdichten genügend groß ausfallen. Bei Verwendung der Erlang-Verteilung bedeutet dies ein ausgewogenes Verhältnis von „Form“[13]- und „Ort“[14]-Parameter.

Die im Rahmen der vorliegenden Arbeit verwendeten gemischten Erlang-Verteilungen führen zu einer allgemeinen Form der gewichteten Wahrscheinlichkeitsverteilungsdichten

[13] Parameter k, engl.: shape-Parameter
[14] Parameter λ, engl.: scale-Parameter

$q_{ij}(u)$:

$$q_{ij}(u) = p_{ij}\ f_{ij}(u) = p_{ij} \sum_{m=1}^{l} w_m\ \gamma(u, \lambda_m, k_m) \quad \circ\!\!-\!\!\bullet \quad \widehat{q}_{ij}(s) = p_{ij} \sum_{m=1}^{l} w_m \frac{\lambda_m^{k_m}}{(s+\lambda_m)^{k_m}} \tag{3.51a}$$

$$\text{mit} \quad \sum_{m=1}^{l} w_m = 1. \tag{3.51b}$$

Wendet man diese allgemeine Form jedoch auf die Wahrscheinlichkeitsverteilungsdichten des Energiebedarfs E auf der Fahrt zwischen zwei Zuständen an, treten dabei zwei Probleme auf.

1. Durch die Rekuperation von Bremsenergie kann bei „talwärtigen" Fahrten die Gesamtenergiebilanz zwischen zwei Zuständen negativ werden. Für negative Argumente ist die Erlang-Verteilung jedoch nicht definiert.

2. Für die meisten anderen Fahrten wird der Energiebedarf E naturgemäß immer größer oder gleich eines Mindest-Energiebedarfs sein, der bei günstigster Lage aller Einflussparameter auftritt. Somit ist die Häufigkeit für alle Energien kleiner dieses deterministischen Anteils am Energiebedarf gleich Null. Bei der Approximation durch Erlang-Verteilungen entsteht in solchen Fällen ein verhältnismäßig großer „Form"-Parameter k. Folglich reagiert das Semi-Markov-Modell sehr sensibel und bei der Rücktransformation in den Originalbereich kann numerische Instabilität auftreten.

Beide Probleme treten in der angegebenen Literatur bisher nicht auf und wurden somit auch nicht betrachtet. Deshalb waren die vorgestellten Verfahren mit einem neu zu entwi ckelnden Ansatz zu erweitern.

Zur Lösung beider Probleme sieht dieser Ansatz die Berücksichtigung einer deterministischen „Mindest"-Energiemenge u^* bei der Approximation der Wahrscheinlichkeitsverteilungsdichten vor. Diese orientiert sich an der minimal auftretenden Energie und kann negative und positive Werte annehmen. Durch Subtraktion der „Mindest"-Energiemenge u^* von allen Messdaten wird eine Verschiebung der Verteilungen in Richtung Koordinatenursprung/Nullpunkt erreicht. Für das erste Problem liegen damit alle Argumente im Definitionsbereich der Verteilung; für das zweite Problem entsteht ein wesentlich kleinerer „Form"-Parameter k.

Eine nahe liegende Umsetzung ist, die Gleichung (3.51a) bei unveränderten Randbedingungen nach Gleichungen (3.51b) entsprechend zu modifizieren:

$$q_{ij}(u) = p_{ij} f_{ij}(u) = p_{ij} \left(u_{ij}^* + \sum_{m=1}^{l} w_m \gamma((u - u_{ij}^*), \lambda_m, k_m) \right). \tag{3.52}$$

Unter Verwendung von Additionssatz und Zeitverschiebungssatz ergibt sich die entsprechende Laplace-Transformierte der Gleichung (3.52) zu:

$$q_{ij}(u) \quad \circ\!\!-\!\!\bullet \quad \widehat{q}_{ij}(s) = p_{ij}\left(\mathrm{e}^{-su_{ij}^{*}} \sum_{m=1}^{l} w_m \frac{\lambda_m^{k_m}}{(s+\lambda_m)^{k_m}}\right). \tag{3.53}$$

Leider löst diese Umsetzung die numerischen Stabilitätsprobleme bei großen deterministischen Energieanteilen nicht, da sich die Dichten im Gaver-Algorithmus damit nicht prinzipiell ändern.

Einen Ausweg stellt ein neu entwickelter Ansatz mit einer vollständig getrennten Betrachtung von deterministischem und stochastischem Energieanteil dar. Dieser Ansatz wird nachfolgend vorgestellt.

3.2.5 Modellierung als Kombination aus deterministischen Kantengewichten der Markov-Kette und Semi-Markov-Teilprozess

In den vorangegangenen Abschnitten wurden zwei Varianten dargestellt, den Energiebedarf für die Fahrt zwischen zwei Nachladepunkten zu modellieren. Einerseits ist dies bei konstanten Kantengewichten ($D_{ij} = E_{ij} = konst.$) die Modellierung als Markov-Kette. Andererseits ist bei stochastisch verteiltem Energiebedarf ($D_{ij} = F_{ij}(u)$) auf den Kanten die Modellierung als Semi-Markov-Prozess zu wählen. Bei letzterer Variante verursachen vor allem große deterministische Energieanteile numerische Instabilitäten bei der Berechnung. Außerdem können negative Gesamtenergiebilanzen bei talwärtigen Fahrten nicht berücksichtigt werden.

Als mögliche Lösung für diese Probleme wird eine prinzipielle Trennung der Energieanteile jeder Kante in einen deterministischen Anteil E_{ij}^{*} und einen stochastischen Anteil E_{ij}^{o} mit

$$D_{ij} = E_{ij}^{*} + E_{ij}^{o} \tag{3.54}$$

betrachtet.

Für beide Anteile wird der Energiebedarf im Zielzustand N ermittelt. Dies ist für den deterministischen Anteil nach Gleichung (3.19) die mittlere Energie $\widetilde{E}^{*}$. Für den stochastischen Anteil des Energiebedarfs im Zielzustand erhält man mit der Gleichung (3.35), dem Gaver-Algorithmus zur Rücktransformation nach Gleichung (3.48) und den Wahrscheinlichkeitsverteilungsdichten E_{ij}^{o} nach Gleichung (3.51a) eine Dichtefunktion $p_N^{o}(u)$.

Bei beiden Teilen treten die oben beschriebenen Probleme im Berechnungsgang nicht auf und es entstehen für den Zielzustand zwei Teilergebnisse. Diese werden anschließend wieder zusammengefügt. Damit ergibt sich der Energiebedarf für die Fahrt zwischen zwei Nachladepunkten als (gesamte) Wahrscheinlichkeitsverteilungsdichte

$$p_N(u) = \begin{cases} 0 & \text{für } u < \widetilde{E}^{*} \\ p_N^{o}(u - \widetilde{E}^{*}) & \text{für } u \geq \widetilde{E}^{*} \end{cases} \tag{3.55}$$

Durch diese neu entwickelte Erweiterung der Modellierung mit einer prinzipiellen Trennung des Energiebedarfs in deterministischen und stochastischen Anteil kann der Energiebedarf für die Fahrt zwischen zwei Nachladepunkten unter Berücksichtigung von stochastischen Einflüssen (Zusatzhalte durch LSA, Stau etc.) ermittelt werden.

3.2.6 Schlussfolgerungen aus der Beschreibung des Energiebedarfs als stochastische Größe

Die vorgestellten Verfahren zur Bestimmung des Energiebedarfs als stochastische Größe zeigen:

- Eine Vielzahl von Einflussfaktoren auf den Energiebedarf und die damit einhergehende Streuung des Energiebedarfs für einen bestimmten Streckenabschnitt finden durch die stochastische Modellierung Berücksichtigung.
- Die Übertragung der Modellierung von Semi-Markov-Prozessen nach KLINGNER (mit Transformation in den Laplace-Bereich und Rücktransformation mit dem Gaver-Stehfest-Algorithmus) auf die Energiebedarfsbeschreibung fokussiert den Mehrenergiebedarf von ungeplanten, zusätzlichen Fahrzeughalten. Für eine uneingeschränkte Anwendbarkeit auch bei negativer Energiebilanz von Streckenabschnitten sowie für eine Verstärkung der Stabilität der numerischen Rücktransformation wurde die Beschreibung um einen neu entwickelten Teil erweitert. Dieser trennt die Energie auf einem Streckenabschnitt in einen deterministischen und einen stochastischen Anteil und kombiniert zugehörige Markov-Kette und zugehörigen Semi-Markov-Teilprozess während der Berechnung.
- Voraussetzung für das Verfahren ist jedoch das Vorliegen der Wahrscheinlichkeitsverteilungsdichten des Energiebedarfs für die Streckenabschnitte. Diese können in erster Linie aus umfangreichen Messdaten auf den entsprechenden Streckenabschnitten gewonnen werden. Wird das Verfahren auf eine Vielzahl verschiedener Streckenabschnitte angewendet, entsteht ein Erfahrungshorizont, der eine Streckencharakterisierung erlaubt. Dann wäre auch für Streckenabschnitte ohne verfügbare Messdaten ein Aufstellen der Wahrscheinlichkeitsverteilungsdichten anhand dieser Streckencharakteristik, ähnlich den Verfahren mit betriebsstatistischen Daten, denkbar. Eine derartige Charakterisierung kann im Rahmen der vorliegenden Arbeit jedoch nicht geleistet werden und bleibt künftigen Arbeiten vorbehalten.

Die nachfolgenden Betrachtungen zur Dimensionierung des fahrzeugseitigen Energiespeichersystems und der wegseitigen Nachladeinfrastruktur bauen auf der vorgestellten stochastischen Beschreibung des Energiebedarfs auf. Deshalb soll fortan stets unterstellt werden, dass die entsprechenden Verteilungsfunktionen für alle Streckenabschnitte vorliegen.

4 Dimensionieren des fahrzeugseitigen Energiespeichersystems

4.1 Optimierungsaufgabe und Rahmenbedingungen

4.1.1 Vorbemerkung

In diesem Abschnitt sind zwei wichtige Grundlagen für die spätere Optimierung von Energiespeichergröße und Lage der Nachladepunkte zusammengefasst. Zuerst wird die Komplexität der Fragestellung im Zusammenhang mit der Energiespeicherauslegung beim OFB nach dem *DockingPrinzip* beschrieben, dazu das Optimierungsproblem dargestellt und das Vorgehen bei der Problemlösung geklärt (Abschnitte 4.1.2 und 4.1.3).

Die zweite Grundlage stellen die Parameter der Energieübertragung und der Linientopologie dar. Hierbei ist zum Einen der Stand der Technik bei der Hochstrom-Energieübertragung relevant (Abschnitt 4.1.4), der Grenzen für die anwendbaren Ladeströme setzt. Andererseits beschränken die verfügbaren Haltezeiten die übertragbare Energie. Deshalb ist im Abschnitt 4.1.5 eine Analyse der üblichen Haltezeiten zusammengestellt.

4.1.2 Optimierungsraum

Für die Dimensionierung des fahrzeugseitigen Energiespeichersystems ist es notwendig, den Energiebedarf des Fahrzeugs zwischen zwei aufeinanderfolgenden Nachladepunkten möglichst genau zu kennen. Je weiter die Nachladepunkte voneinander entfernt sind, desto größer muss der Energieinhalt des Fahrzeugenergiespeichers sein. Bei Vergrößerung der Ladepunktabstände verringert sich die Anzahl der nötigen Nachladepunkte und damit sinken die Investitionen und Betriebskosten des Systems. Andererseits wurde im Abschnitt 3.1 bereits gezeigt, dass es Beschränkungen für die Größe des fahrzeugseitigen Energiespeichersystems gibt, die der Vergrößerung von Ladepunktabständen entgegenwirken.

Zusätzlich, bisher nicht betrachtet, ist der Ladeprozess des Energiespeichers zu berücksichtigen. Dieser ist durch den Zusammenhang zwischen übertragbarer Energie E, der Übertragungsleistung P_L und der Übertragungszeit t physikalisch mit

$$E = P_\mathrm{L} \cdot t \tag{4.1}$$

beschrieben.

Aus betrieblichen Gründen findet der Nachladeprozess beim OFB nach dem *DockingPrinzip* an den Haltestellen statt (siehe Abschnitt 3.1.1). Die Größe der dafür verfügbaren Haltezeit hängt wesentlich von der Größe und Bedeutung der Haltestelle im Netz ab. Will man durch das Nachladen des Fahrzeugenergiespeichers keine Verlängerung der üblichen Haltezeiten und damit betriebliche Einschränkungen erhalten, muss die Energieübertragung bei einem durch das Versorgungssystem vorgegebenem Spannungsniveau mit großer Leistung und folglich mit hohen Strömen erfolgen. Wie später gezeigt wird, sind der Ladestromhöhe und damit der möglichen zu übertragenden Energie an einem Nachladepunkt aus konstruktiven Gründen jedoch ebenfalls Grenzen gesetzt. Dies beschränkt auch die Größe des Fahrzeugenergiespeichers und somit den Ladepunktabstand.

Dieses sehr komplexe System von Wirkzusammenhängen ist in der Abbildung 4.1 visualisiert. Dabei wird deutlich, dass das Bestimmen der Anzahl und Positionen der Nachladepunkte nicht ohne eine Festlegung der Energiespeichergröße erfolgen kann. Umgekehrt kann aber auch die Größe des Speichers nicht unabhängig von der Lage der Nachladepunkte bestimmt werden. Im Spannungsfeld der verschiedenen Einflussgrößen aus Abbildung 4.1 entsteht ein mehrkriterielles Optimierungsproblem.

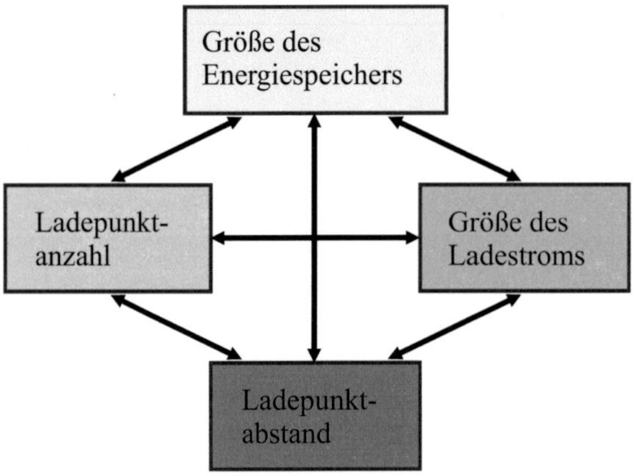

Abbildung 4.1: Optimierungsraum beim OFB

Im Rahmen der vorliegenden Arbeit soll das mehrkriterielle Optimierungsproblem im Sinne eines ingenieurtechnischen Vorgehens durch eine schrittweise Lösung der einzelnen Aspekte, vergleichbar mit der Optimierung nach lexikographischer Ordnung [172], gelöst werden. So kann durch sequentielle Optimierung der einzelnen Aspekte eine Problemlösung für den gesamten Optimierungsraum gefunden werden. Durch die Komplexität des Problems ist jedoch ein Abgleich der gefundenen (Teil-)Lösungen mit den Randbedingungen nach jedem Optimierungsdurchlauf und gegebenenfalls eine Rückführung nötig.

4.1.3 Optimierungsreihenfolge bei lexikographischer Ordnung

Die Optimierungsreihenfolge innerhalb der beschriebenen Einflussfaktoren ist in der Abbildung 4.2 angegeben. Als strengste Randbedingung im Sinne einer lexikographischen Ordnung wird die Höhe des Ladestroms eingeschätzt. Wie anschließend gezeigt wird, ist nach

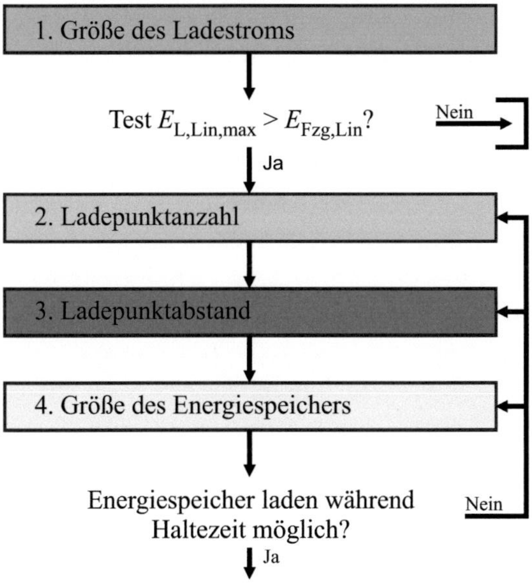

Abbildung 4.2: Optimierungsreihenfolge

dem Stand der Technik eine Beschränkung des Ladestroms $I_\mathrm{L} \leq I_{\mathrm{L,max}}$ aufgrund der verfügbaren Leistungselektronik und der konstruktiven Ausführungsmöglichkeiten des Hochstrom-Energieübertragungssystems unvermeidbar. Mit dem Maximalstrom $I_{\mathrm{L,max}}$ und unter Beachtung der Haltezeiten $t_{\mathrm{H},i}$ an allen n Haltestellen einer Linie kann dann ermittelt werden, welche Energiemenge $E_{\mathrm{L,Lin,max}}$ entlang einer Linie in der Summe maximal übertragen werden kann:

$$E_{\mathrm{L,Lin,max}} = U_\mathrm{L} \cdot I_{\mathrm{L,max}} \cdot \sum_{i=1}^{n} t_{\mathrm{H},i}. \tag{4.2}$$

Für einen OFB nach dem *DockingPrinzip* ohne Verlängerung von Haltezeiten muss diese Energie die vom Fahrzeug entlang der Linie benötigte Energie $E_{\mathrm{Fzg,Lin}}$ deutlich übersteigen:

$$E_{\mathrm{L,Lin,max}} > E_{\mathrm{Fzg,Lin}}. \tag{4.3}$$

Der zweite zu betrachtende Aspekt ist die Anzahl der Nachladepunkte. Hierbei ist aus wirtschaftlichen Beweggründen die Anzahl der Nachladepunkte entlang einer Linie zu begrenzen. Im Zusammenhang mit den Arbeiten zum Projekt *DockingPrinzip* wurden am Fraunhofer IVI Einsatzszenarien und wirtschaftliche Konkurrenzfähigkeit beleuchtet [133, 152]. Die untersuchten Szenarien ergaben dabei im Mittel die Anordnung eines Nachladepunkts aller drei Haltestellen für einen wirtschaftlichen Betrieb [132].

Während die ersten beiden Schritte in Abbildung 4.2 hinsichtlich der Optimierung wenig Spielraum lassen, sind die Schritte 3 und 4 stark vernetzt und bieten eine große Anzahl potenzieller Lösungen. In diesen zwei Schritten werden die Haltestellen, an denen die Ladepunkte liegen sollen, sowie die Größe des fahrzeugseitigen Energiespeichers bestimmt.

Bei Fahrzeugen mit einem Energiespeichersystem aus zwei Speicherarten ist die Größe der fahrzeugseitigen Energiespeicher im vierten Schritt gesondert zu optimieren. Dabei wird allgemein davon ausgegangen, dass das fahrzeugseitige Energiespeichersystem aus einer ersten Speichertechnologie, z. B. Doppelschichtkondensatoren, zur vollständigen Wiederbefüllung durch Schnellladung an den Haltestellen und einer zweiten Speichertechnologie, z. B. Hochleistungsbatterien, zur Wiederaufladung mit deutlich geringeren Strömen während längerer Aufenthalte z. B. am Streckenende besteht.

Nach einem Rechendurchlauf über alle vier Schritte gemäß Abbildung 4.2 ist zu überprüfen, ob die ermittelten Energien an den Nachladepunkten in der verfügbaren Zeit übertragen werden können und die Rechnung gegebenenfalls mit modifizierter Lage der Nachladepunkte oder modifizierter Energiebedarfsaufteilung zu wiederholen.

4.1.4 Stand der Technik bei Hochstrom-Energieübertragungssystemen

4.1.4.1 Anforderungen und Problemstellung

Das Hochstrom-Energieübertragungssystem trägt zu einem ungestörten OFB bei, indem es die Aufladung des Fahrzeugenergiespeichers in der betriebsmäßigen Haltezeit sicherstellt.

Geht man überschlägig von einem Energiebedarf einer 30 m-Straßenbahn von rund 4 kWh/km (siehe Abschnitt 2.2) und einem Nachladepunktabstand von 1 km aus, ist durch das Hochstrom-Energieübertragungssystem eine Energie von mindestens 4 kWh zu übertragen. Bei recht langen Haltezeiten von etwa 20 s (siehe später Abschnitt 4.1.5) bedeutet dies Ladeleistungen von 700 kW und mehr. Im herkömmlichen Bahnsystem mit Nennspannungen um 700 V muss das Übertragungssystem folglich rund 1000 A sicher führen können. Größere und schwerere Bahnen mit höherem Energiebedarf, längere Nachladepunktabstände und kürzere Haltezeiten führen zu entsprechend größeren Strombelastungen.

Die bekannten Systeme zur Energieübertragung in elektrische Fahrzeuge, wie die Kontaktpaarung zwischen Stromabnehmer (Pantograph) mit Schleifleisten und Fahrdraht oder Stromschiene sind für eine kontinuierliche Übertragung der gleichen Energiemenge **während der Fahrt** ausgelegt. Dabei auftretende hohe Ströme wirken durch die Relativbewegung zwischen Stromabnehmer und Fahrdraht längs und quer zur Fahrtrichtung (Fahrdraht-Zick-Zack-Verlegung) örtlich nur kurz. Während des Fahrzeugstillstands tritt für gewöhnlich nur ein geringer Strombezug durch Nebenaggregate auf.

Für eine diskontinuierliche Übertragung der Traktionsenergie beim OFB im Fahrzeugstillstand sind die bekannten Systeme nicht vorgesehen und ausgelegt. Erhebliche thermische Überlastungen, z. B. Materialentfestigung und Fahrdrahtriss, wären zu erwarten.

Alternative Systeme, wie im Abschnitt 2.1.2.3 gezeigt, werden mit Strömen um 200 A betrieben. Dies ist ebenfalls für die Schnellladung während einer gewöhnlichen Haltestellenaufenthaltszeit unzureichend.

Aus diesen Gründen müssen für die Hochstrom-Energieübertragung im Fahrzeugstillstand neue konstruktive Lösungen entwickelt werden. Ziel muss es dabei sein, den Wärmeeintrag durch die Verlustleistung an der Kontaktstelle zwischen wegseitigen und fahrzeugseitigen Komponenten zu reduzieren. Aus Untersuchungen am Kontaktsystem Stromabnehmer – Fahrdraht [211] ist bekannt, dass dies insbesondere dann erfolgreich ist, wenn Kontaktkraft oder Kontaktfläche vergrößert und die Kontaktstückgeometrie hinsichtlich der Wärmeableitung optimiert werden.

Für eine konstruktive Umsetzung sind aus dem Fraunhofer IVI zwei Entwicklungslinien bekannt [75, 76, 128, 150]:

- ein System zur Weiternutzung des „Standard"-Pantographen, z. B. als Nachrüstlösung für Straßenbahnen und
- ein System für Fahrzeuge ohne Pantograph, z. B. als Zusatzeinrichtung für Busse und Bahnen.

Vor- und Nachteile beider Lösungen werden nachfolgend zusammengefasst.

4.1.4.2 Lösungen für Fahrzeuge mit Pantograph

Bei der Verwendung eines ohnehin auf dem Fahrzeug verfügbaren Pantographen, wie z. B. bei nachträglichen Aufrüstungen von Straßenbahnen für den OFB, ist der wegseitige Kontaktpartner für die Hochstrom-Energieübertragung anzupassen. Aufgrund definierter Anpresskräfte des Stromabnehmers ist eine Erhöhung der Kontaktkraft ausgeschlossen. Folglich konzentriert sich die Entwicklung auf die Vergrößerung der Kontaktfläche. Die Lösungsidee ist hierbei die Segmentierung der Kontaktschiene, wie in [249] vorgeschlagen. Werden die Kontaktstücke einzeln federnd gelagert, kann außerdem die verfügbare Kontaktkraft optimal ausgenutzt werden.

Zusätzlich wird die konstruktive Gestalt und Materialauswahl der durch die Segmentierung entstandenen Kontaktstücke hinsichtlich der schnellen Wärmeableitung von der Kontaktstelle verbessert. Dafür erweist sich die Konstruktionsform eines Halbzylinders aus metallischem Verbundmaterial als besonders geeignet (Abbildung 4.3 links).

Durch eine günstige Anordnung der Kontaktstücke zu einem Gesamtsystem (Abbildung 4.3 rechts) kann eine Positionierungstoleranz des Fahrzeugs entlang der Fahrtrichtung von ± 40 cm ausgeglichen werden.

In Prüfstandsversuchen am Fraunhofer IVI wurde für die Kontaktstücke nachgewiesen, dass sie einem Strom von 1000 A für eine Zeit von 20 s bei einer Wiederholung dieser Strombelastung aller zwei Minuten standhalten. Ein hinsichtlich der Übergangswiderstände im System optimierter Gesamtaufbau sollte diese Kennwerte ebenso einhalten können.

Eine ausführliche Darstellung zur Konstruktionslösung ist in [76] zu finden. Ein mögliches Einsatzszenario ist in einer Fotomontage in Abbildung 4.4 zu sehen.

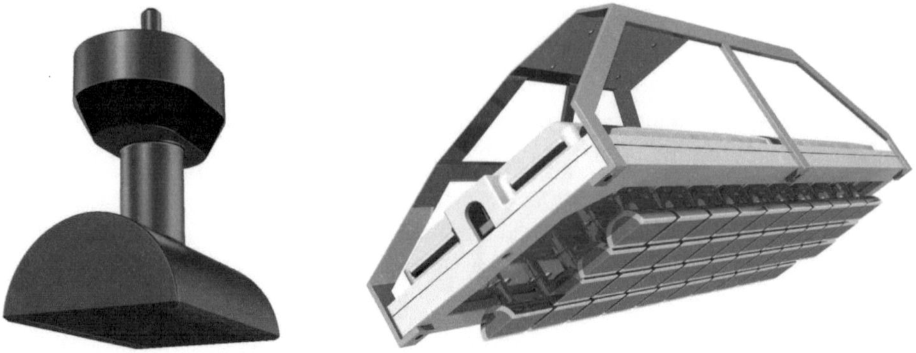

Abbildung 4.3: Segmentiertes wegseitiges Kontaktelement für Fahrzeuge mit Pantograph (links: einzelnes Kontaktstück, rechts: Gesamtsystem)

Abbildung 4.4: Fotomontage zu einem möglichen Einsatzszenario der segmentierten Kontaktelementlösung

4.1.4.3 Lösungen für Fahrzeuge ohne Pantograph

Unabhängig von der Ausrüstung mit einem Pantographen muss für ÖPNV-Fahrzeuge eine Hochstrom-Energieübertragung möglich sein. Dies betrifft beispielsweise bisher konventionelle Dieselbusse auf dem Migrationspfad zu einem „Elektromobil" nach Abbildung 1.1.

Für diese Fahrzeuge entfallen die Einschränkungen, die ein Pantograph an die Energieübertragung mit sich bringt. So können nun die Kontaktflächen und Kontaktkräfte sowie Gestalt und Material beider Kontaktpartner freier ausgewählt werden. Auch die Positionierung der Energieübertragungsstelle ist nicht mehr an eine Überdach-Anordnung gebunden. Einen Überblick über Vor- und Nachteile von Unterflur- und Überdach-Anordnung ist in Tabelle 4.1 zusammengestellt.

Kriterium	**Überdach-Anordnung**	**Unterflur-Anordnung**
Verschmutzungen	unkritisch	sehr stark
Witterungsempfindlichkeit	gering	hoch
Berührungsschutz	bauartbedingt gegeben	Zusatzmaßnahmen erforderlich
Einbauräume	flexibel	beschränkt (Niederflur)
zu überwindende Luftstrecke	groß	klein
Kneeling-Einfluss	groß	klein
Systemaufwand	aufwendiger	weniger aufwendig

Tabelle 4.1: Vor- und Nachteile einer Überdach- oder Unterflur-Anordnung des Kontaktsystems

Für eine möglichst universelle Lösung für Busse und Bahnen wurde am Fraunhofer IVI deshalb die zweite Entwicklungslinie verfolgt. Ziele waren dabei die möglichst geringe Bauhöhe zur Anordnung des Kontaktsystems im Fahrzeugunterboden eines Busses, eine wartungs- und kühlungsfreie sowie korrosionsbeständige Ausführung und Zeiten für die Kontaktschließung und -trennung von kleiner 0,5 s.

Unter diesen Vorgaben wurde ein Mechanismus bestehend aus einem Scherenhub mit einem Spindelantrieb entwickelt (Abbildung 4.5 links), der folgende Eigenschaften aufweist:

- geringe Einbauhöhe von 58 mm,
- großer Ausfahrhub von 220 mm,
- schnelle Aktorik (Ausfahren in < 400 ms) sowie
- wartungs- und kühlungsfreie Konstruktion.

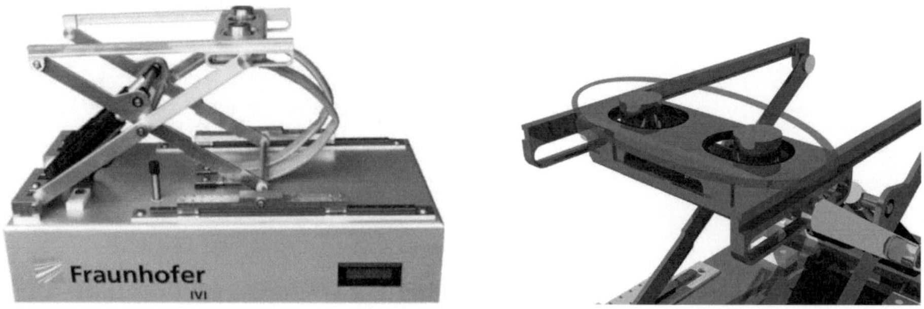

Abbildung 4.5: Scherenhub mit Spindelantrieb für Fahrzeuge ohne Pantograph (links: Gesamtansicht, rechts: Detailausschnitt Elektromagneten)

Aufgrund der vorgegebenen maximalen Bauhöhe der Konstruktion und der Ausfahrgeschwindigkeit der verfügbaren Aktorik ergeben sich Einschränkungen hinsichtlich der Größe der Kontaktkraft. Diese Einschränkung kann durch den Einbau einer Kontaktkraftunterstützung behoben werden. In der vorliegenden Konstruktion ist das Problem durch die Integration von Elektromagneten (Abbildung 4.5 rechts) gemäß [248] gelöst.

Auch diese Konstruktionsausführung hat im Prüfstandsversuch die Tauglichkeit zum Führen eines Stroms von 1000 A für eine Zeit von 20 s bei einer Wiederholung dieser Belastung aller zwei Minuten unter Beweis gestellt. Die Konstruktionsdetails sind [75] zu entnehmen.

4.1.5 Haltezeiten – Zeitfenster für die Energieübertragung

4.1.5.1 Wege zur Ermittlung der Haltezeit

Die konkrete technische Umsetzung der Energieübertragung am Nachladepunkt wurde im vorangegangenen Abschnitt dargestellt. Dabei wurde deutlich, dass sich die Ladezeit des Energiespeichers aus der Haltezeit an einer Haltestelle abzüglich Vor- und Nachbereitungszeiten (z. B. Zeiten für Kontaktschließung und -trennung) ergibt. Vereinfachend sollen fortan diese vom Übertragungssystem abhängigen Zeiten vernachlässigt werden und damit die gesamte Haltezeit als Ladezeit zur Verfügung stehen.

Folglich wird die Haltezeit an Haltestellen von Straßenbahnen und Bussen in diesem Abschnitt näher untersucht. Dazu erfolgt zuerst eine Zusammenfassung der in der Literatur zu findenden Theorie und Richtwerte. Anschließend werden im Sinne konkreter Anwendungsfälle zwei aktuelle Messungen vorgestellt. Dies sind eigene Messungen mit einem Straßenbahnfahrzeug NGTD12 DD im Netz der DVB AG (siehe dazu [151] bzw. Abschnitt 2.2.3.2) und Messungen der Haltezeiten in einem Teil des Busnetzes von Hannover (siehe [36, 290] bzw. Abschnitt F.4 im Anhang).

4.1.5.2 Bestimmen der Haltezeit in der Literatur

Das Bestimmen der Haltezeiten an einer Haltestelle oder auch entlang einer Linie ist wesentliche Grundvoraussetzung für die Konstruktion eines realistischen und stabilen Fahrplans. Insbesondere im ÖPNV mit kurzen Haltestellenabständen und Fahrzeiten erfolgt eine Fahrplangestaltung im Sekundenbereich. Deshalb bestand und besteht aus Sicht der Fahrplankonstruktion und des Fahrbetriebs stets das Interesse an einer sekundengenauen Haltezeitvorhersage.

Intensiv wird das Thema der Haltezeiten und Fahrgastwechselzeiten seit den 1960er Jahren wissenschaftlich erforscht und diskutiert. Durch den steigenden Individualverkehr und vermehrt installierte Lichtsignalanlagen sanken damals die Reisegeschwindigkeiten im ÖPNV. Für Strategien zur koordinierten Lichtsignalsteuerung und der Bevorrechtigung von ÖPNV-Fahrzeugen wurden deshalb auch die Haltezeiten und Fahrgastwechselzeiten intensiv untersucht (u. a. [52, 141, 160, 231, 311, 312]).

Zusammenfassend und sehr ausführlich stellt WEIDMANN in [314] den Prozess des Fahrgastwechsels im ÖPNV dar. Er unterteilt die Haltezeit an einer Haltestelle in die drei Zeitanteile:

- fester Haltezeitanteil zwischen Anhalten des Fahrzeugs und Beginn des Fahrgastwechsels,
- Fahrgastwechselzeit,
- fester Haltezeitanteil zwischen Ende des Fahrgastwechsels und Anfahren des Fahrzeugs.

Eine ähnliche Einteilung findet sich bei LEHNHOFF und JANSSEN [153].

Sehr detailliert geht WEIDMANN auf die Fahrgastwechselzeit ein. Diese ist von einer Vielzahl von Einflussfaktoren abhängig, beispielsweise von:

- Art der Abfertigung (z. B. Abfertigung und Fahrscheinverkauf durch Fahrer, schaffnerloser Betrieb),
- Eigenschaften der Fahrgäste (z. B. Alter, Größe, Belastung durch Gepäck, „Gewandtheit der Fahrgäste"),
- Begleitumstände (z. B. Tageszeit, Verkehrszweck, Witterung/Klima, Besetzungsgrad des Fahrzeugs, Zahl der beteiligten Fahrgäste, gegenseitige Behinderung),
- Charakteristik des Einstiegs (z. B. Einstiegsbreite, Einstiegshöhe, ergonomische Gestaltung, Spaltbreite zwischen Fahrzeug und Haltebordstein),
- Funktion der Verkehrslinie (z. B. Sammelfunktion oder Verteilfunktion),
- Türanzahl und Türverteilung,
- Fahrgastverteilung am Bahnsteig und im Fahrzeug und
- Fahrgastaufkommen.

In [153] wird diese Liste weitestgehend bestätigt und durch den Listenpunkt:

- Größe der Stadt

ergänzt.

Für ein konkretes Liniennetz in einer Stadt und bei Einsatz gleichartiger Fahrzeuge kann im hier betrachteten Kontext und bezogen auf die einzelne Haltestelle das Maß des Fahrgastaufkommens als bestimmend für die Haltezeit angesehen werden.

Eine ausführliche Darstellung und mathematische Beschreibung des Fahrgastaufkommens und der Fahrgastwechselzeit u. a. mittels Verteilungsfunktionen kann in der Fachliteratur, wie z. B. [153, 232, 246, 311, 314] nachgeschlagen werden. Zumeist werden zur Beschreibung Normalverteilungen für größere Haltestellen [15, 230, 232, 314] und links-schiefe Verteilungen, wie die Erlang-Verteilung, Exponential- oder χ^2-Verteilung [39, 230, 232, 314] bei weniger frequentierten Haltestellen verwendet.

In der Gesamtbetrachtung fasst WEIDMANN nach Auswertung umfangreicher Literaturquellen die Angaben zur Haltezeit wie in Tabelle 4.2 zusammen. Dabei ist jedoch zu berücksichtigen, dass zum damaligen Zeitpunkt der Großteil der Fahrzeugflotten noch keine Niederflurfahrzeuge waren. Der somit enthaltene Zeitanteil zum Überwinden des Höhenunterschieds zwischen Haltestelle und Fahrzeug beim Ein- und Aussteigen entfällt bei modernen Niederflurfahrzeugen. Neuere Messungen in Berlin, Bremen, Erfurt und Hannover [153] lassen sich jedoch prinzipiell in die Zusammenfassung von WEIDMANN einordnen.

	Haltezeit in s			Anzahl der Angaben
	kleinste Angabe	Mittelwert	größte Angabe	
Straßenbahn	10	25	60	26
Bus	7	24	55	19

Tabelle 4.2: Haltezeiten für Straßenbahn und Bus gemäß [314]

Aus dieser Tabelle ist ersichtlich, dass die Streubreite der Haltezeiten sehr groß ist. Eine Übertragbarkeit der Haltezeitenwerte zwischen zwei Verkehrsunternehmen ohne Berücksichtigung der oben genannten Randbedingungen ist somit nur schwierig möglich. Damit erscheint es für einen praktischen Anwendungsfall sinnvoll, einerseits im Unternehmen vorhandene Erfahrungswerte zu den Haltezeiten zu verwenden und andererseits durch Messungen die Zeitwerte individuell zu bestimmen.

4.1.5.3 Haltezeitverteilung bei Straßenbahnen der DVB AG gemäß Messungen

Während einer Messkampange über 180 Tage an einer Straßenbahn vom Typ NGTD12DD im Netz der DVB AG (siehe dazu Abschnitt 2.2.3.2) wurden im täglichen Fahrbetrieb die Haltezeiten erfasst und anschließend ausgewertet.

Da die Straßenbahnen in Dresden in einem 10-Minuten-Takt verkehren, treten Haltezeiten über zehn Minuten nur bei Abstellungen o. ä. auf. Folglich sind bei der Auswertung von Haltezeiten für Schnellladungen aus allen während der Messkampagne gemessenen Haltezeiten an Haltestellen nur Zeiten kleiner zehn Minuten zu berücksichtigen (Abbildung E.1 im Anhang E). Dabei wird jedoch schnell klar, dass die im Betrieb relevanten Haltezeiten sich in einem Bereich bis maximal zwei Minuten bewegen. Deshalb wird in den weiteren Darstellungen stets nur dieser Bereich betrachtet werden. Für das Gesamtnetz erfolgt dies in der Abbildung 4.6.[15]

Auffällig ist in dieser Abbildung der mit 13 % sehr stark vertretene Anteil der Haltezeiten bis fünf Sekunden. Dies ist damit erklärbar, dass die modernen Dresdner Straßenbahnfahrzeuge mit Haltewusch-Tastern ausgestattet sind und deshalb an Haltestellen ohne offensichtlichen Fahrgastwechselwunsch ohne Halt „durchfahren" dürfen. In den Messdaten schlägt sich dies mit einer Haltezeit von null Sekunden nieder. Lässt man diese Zeiten aufgrund einer Durchfahrt weg, ergibt sich für den Rest eine linksschiefe Verteilung. Signifikante

[15] In dieser Darstellung werden, wie bei allen weiteren ähnlichen Darstellungen, jeweils die unteren Intervallgrenzen zum Intervall eingeschlossen, die oberen Grenzen nicht.

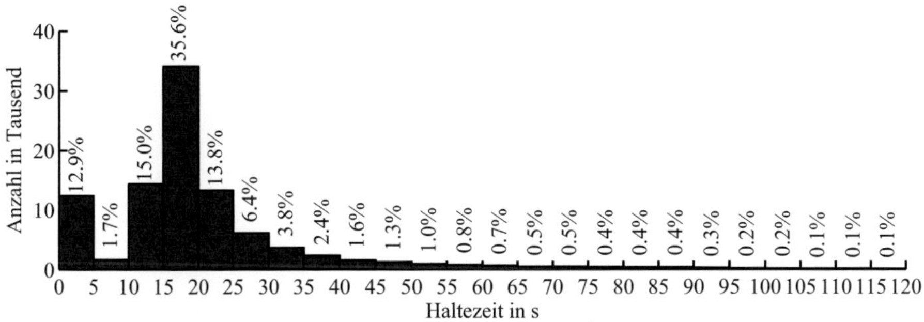

Abbildung 4.6: Histogramm der Haltezeit im Netz der DVB AG für Zeiten kleiner zwei Minuten gemäß Messungen

Schätzungen für Parameter einer beschreibenden Erlang-Verteilung wurden jedoch nicht gefunden. Für die Haltezeiten von '≥10 s' / '≥15 s' / '≥20 s' sind aus der Abbildung die Werte 85 % / 70 % / 35 % Auftretenswahrscheinlichkeit ablesbar. Der Mittelwert für die Haltezeit beträgt 20,7 Sekunden.

Neben der Betrachtung der Haltezeiten für die Gesamtheit der Haltestellen des Netzes ist eine Untersuchung der Haltezeiten für ausgewählte, wichtige Haltestellen vorzunehmen, denn Nachladepunkte für den schnellladefähigen Energiespeicher werden vorzugsweise an den Haltestellen angeordnet, die eine ausreichend große Haltezeit erwarten lassen. Das sind in einem Verkehrsnetz insbesondere Haltestellen, die:

- zentrale Umsteigepunkte im Netz sind,
- an Verknüpfungspunkten von Linien liegen,
- in der lokalen Erschließung eine zentrale Rolle spielen (große Fahrgastwechselzahl) oder
- aufgrund der baulichen Gegebenheiten oder des Betriebsablaufs (z. B. Lichtsignalsteuerung, Warten auf die Gegenfahrt bei eingleisigen Streckenabschnitten) zwangsweise eine ausreichende Haltezeit garantieren.

Diese Haltestellen werden im Weiteren Knotenpunkt-Haltestellen genannt. Im Anhang F sind Betrachtungen und Beispiele zum Abstand dieser Knotenpunkt-Haltestellen und zum Haltestellenabstand im Allgemeinen zusammengestellt.

Für das Beispiel der Straßenbahnmessdaten in Dresden sind die Knotenpunkt-Haltestellen im Anhang F in Tabelle F.2 (Seite A - 29) aufgelistet und ebenda in der Abbildung F.3 gesondert markiert.

Diese Knotenpunkt-Haltestellen können hinsichtlich ihrer Lage in Haltestellen in der Innenstadt (Anhang F.5.2, Tabelle F.3) und außerhalb der Innenstadt gruppiert werden. Für beide Gruppen sind die Histogramme der Haltezeitverteilung in den Abbildungen 4.7 und 4.8 dargestellt.

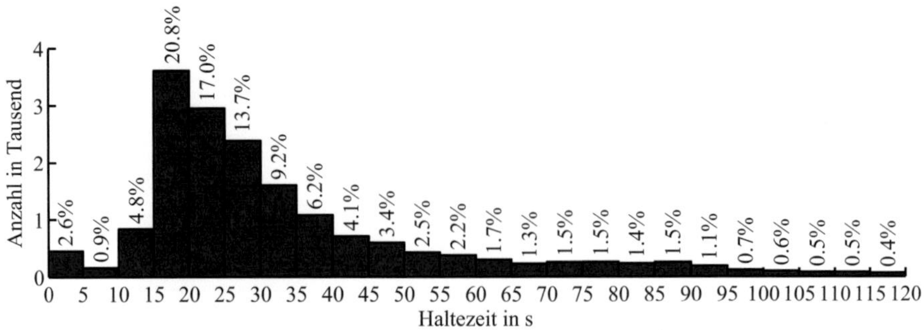

Abbildung 4.7: Histogramm der Haltezeit an Knotenpunkten in der Innenstadt für Zeiten kleiner zwei Minuten gemäß Messungen

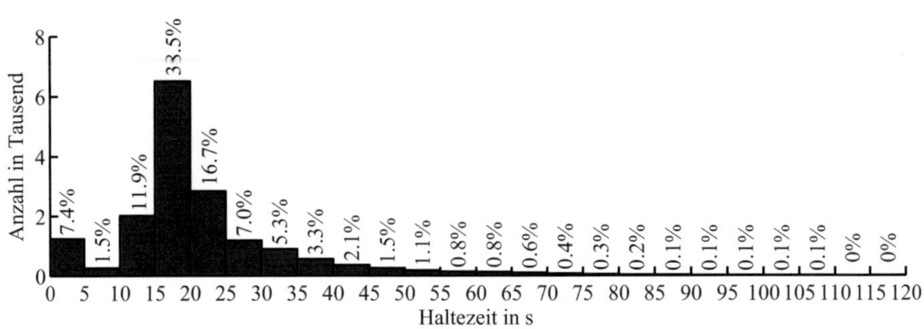

Abbildung 4.8: Histogramm der Haltezeit an Knotenpunkten außerhalb der Innenstadt für Zeiten kleiner zwei Minuten gemäß Messungen

Als Ergebnis dieser Auswertungen kann für die drei Haltezeitgrenzen '≥10 s' / '≥15 s' / '≥20 s' bei Knotenpunkten innerhalb der Innenstadt 96 % / 92 % / 71 % Erfüllungsgrad abgelesen werden. Bei Knotenpunkten außerhalb der Innenstadt liegen die Werte mit 91 % / 79 % / 41 % deutlich niedriger.[16]

Damit kann angenommen werden, dass an Knotenpunkten in der Innenstadt eine Haltezeit zum Nachladen des Energiespeichers von mindestens 15 Sekunden nahezu immer, eine Haltezeit von mindestens 20 Sekunden sehr oft zur Verfügung steht. Für Halte außerhalb der Innenstadt kann grob verallgemeinert von einer im Mittel um ca. fünf Sekunden kürzeren Haltezeit ausgegangen werden.

Um die Unterschiede in der Haltezeitverteilung zwischen diesen großen Knotenpunkt-Haltestellen und kleineren Haltestellen dazwischen aufzuzeigen, wurden für die während der Messfahrten am häufigsten befahrenen Linien die Histogramme der Haltezeit für alle Haltestellen ermittelt und in einer Übersicht dargestellt. In den Abbildungen E.4 und E.5 ist dies für Linie 7, in den Abbildungen E.6 und E.7 für Linie 11 gezeigt.[17] Beide Bilder befinden sich aufgrund des Umfangs im Anhang E.3.

[16] Das Postplatztreffen beeinflusst die allgemeinen Betrachtungen nicht wesentlich (siehe dazu Anhang E.2).

[17] Linie 11 verkehrte im Messzeitraum größtenteils als Umleitung von Hauptbahnhof Nord nach Plauen-Nöthnitzer Straße.

4.1.5.4 Haltezeitverteilung bei Bussen der üstra Hannover gemäß Messungen

Im Zusammenhang mit Verbrauchsmessungen bei Hybridbussen der üstra Hannover wurden vom Fraunhofer IVI auch Haltezeiten erfasst (siehe dazu im Anhang Abschnitt F.4). Dabei gab es zwischen Hybridbus und gleichartigem Dieselbus keine Unterschiede, womit beide Bustypen in der nachfolgenden Auswertung gemeinsam betrachtet werden können.

Von den während der Messkampagne aufgezeichneten Haltezeiten werden Halte über 10 Minuten Länge analog zur Darstellung bei den Straßenbahnmessdaten nachfolgend nicht berücksichtigt. Das Histogramm der verbleibenden Haltezeiten bis 10 Minuten (Abbildung E.8) findet sich im Anhang E.4 und ähnelt stark dem der Straßenbahndaten. Folglich ist ebenfalls nur der Bereich bis zwei Minuten interessant und in Abbildung 4.9 dargestellt.

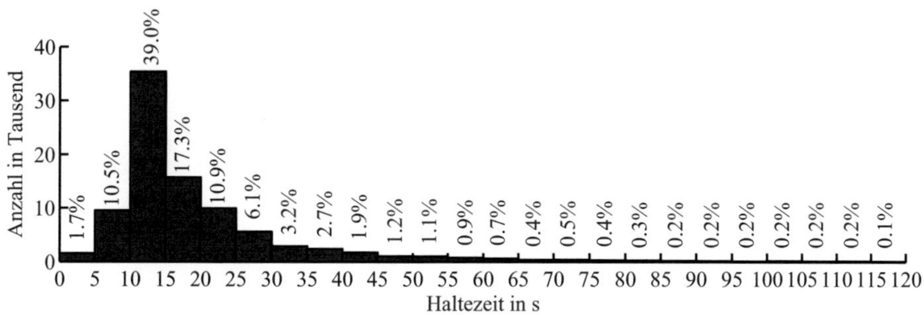

Abbildung 4.9: Histogramm der Haltezeit im Bus-Teilnetz der üstra für Zeiten kleiner zwei Minuten gemäß Messungen

Die Wahrscheinlichkeiten für die Haltezeitgrenzen von '≥10 s' / '≥15 s' / '≥20 s' betragen hier 88 % / 49 % / 31 %. Der Mittelwert für die Haltezeit beträgt 20,3 Sekunden.

Wiederum soll im Sinne eines OFD nach dem *DockingPrinzip* der Fokus auf den Haltezeiten an den Knotenpunkt-Haltestellen liegen. Die für das Buslinien-Teilnetz Hannover beispielhaft einbezogenen Knotenpunkt-Haltestellen sind im Anhang F in Tabelle F.4 (Seite A - 32) aufgelistet und ebenda in der Abbildung F.5 markiert. Für diese Knotenpunkt-Haltestellen ist die Haltezeitverteilung in der Abbildung 4.10 dargestellt. Eine Unterscheidung nach Stadtzentrum und Stadtrand erfolgt dabei aufgrund der geringen Haltestellenanzahl nicht.

An den ausgewählten Knotenpunkten sind in den drei Haltezeitkategorien '≥10 s' / '≥15 s' / '≥20 s' Auftretenswahrscheinlichkeiten von 91 % / 62 % / 46 % ablesbar. Für das Nachladen des Energiespeichers an Knotenpunkten ist damit bei diesen Buslinien von einer Mindestzeit von nur 10 Sekunden auszugehen.

4.1.5.5 Zusammenfassung zur Haltezeitauswertung

Aus der Literatur sind Mittelwerte für die Haltezeiten an Haltestellen von Fahrzeugen des ÖPNV mit etwa 25 Sekunden bekannt. Dabei sind die mittleren Haltezeiten für Straßenbahnen leicht größer als die für Busse. Die Streubreite der Angaben ist jedoch zwischen den

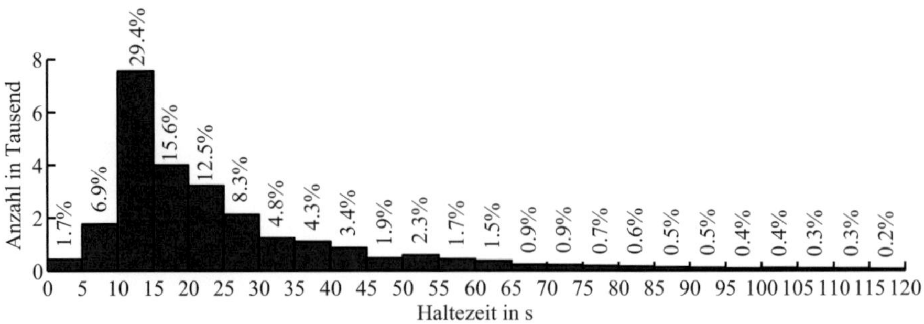

Abbildung 4.10: Histogramm der Haltezeit an Knotenpunkten im Bus-Teilnetz der üstra für Zeiten kleiner zwei Minuten gemäß Messungen

verschiedenen Verkehrsunternehmen sehr groß (7 Sekunden bis 60 Sekunden). Somit ist eine individuelle Messung der Haltezeiten für einen praktischen Anwendungsfall stets zu empfehlen.

Für zwei Praxisbeispiele, den Straßenbahnverkehr der DVB AG und ein Teilnetz des Busverkehrs der üstra, wurden Messungen der Haltezeit durchgeführt. Beide Datenquellen liefern Mittelwerte der Haltezeit von rund 20 Sekunden. Bei den Straßenbahnmessungen sind neben einer großen Streuung der Messwerte im Gesamtnetz, Haltezeiten von mindestens zehn Sekunden in nur 85 % der Fälle zu beobachten. Mindestens 20 Sekunden Haltezeit wurde nur an rund einem Drittel der Halte gemessen. Die Bus-Messdaten der üstra in Hannover zeigen etwas kürzere Haltezeiten als bei Straßenbahnen.

Für die Betrachtung eines OFB nach dem *DockingPrinzip* ist die Haltezeit an den Haltestellen interessant, an denen ein Nachladen des fahrzeugseitigen Energiespeichers stattfindet. In der Literatur sind dazu keine Untersuchungen zu finden. Deshalb muss hierfür alleinig auf die Messungen der Haltezeiten an diesen Knotenpunkt-Haltestellen zurückgegriffen werden.

Anhand der Straßenbahn-Messdaten zeigt sich, dass eine Haltezeit von mindestens 20 Sekunden im normalen Fahrgastbetrieb bei Straßenbahnen nur an ausreichend großen Knotenpunkt-Haltestellen (vorrangig im Stadtzentrum) mit Sicherheit vorhanden ist. Eine Mindesthaltezeit von 15 Sekunden steht an Knotenpunkten in der Innenstadt dagegen nahezu immer zur Verfügung. Außerhalb der Innenstadt muss mit einer im Mittel um ca. fünf Sekunden kürzeren Haltezeit gerechnet werden.

Die Messungen an Bussen in Hannover zeigen, dass vergleichbar mit der Straßenbahn nahezu alle Halte (91 %) mindestens zehn Sekunden lang sind. Mit Blick auf die Haltezeitverteilung im Gesamtnetz und im Vergleich von Bussen zu Straßenbahnen wird vermutet, dass bei Bussen nur etwa 10 Sekunden als Grenze für die zur Nachladung maximal zur Verfügung stehende Haltezeit in Knotenpunkten anzusetzen ist.

4.2 Lage der Nachladepunkte und Größe der fahrzeugseitigen Energiespeicher

4.2.1 Verfahrensablauf

Bei Einsatz eines Energiespeichersystems im OFB, ist eine Missionserfüllung jeweils dann gegeben, wenn die nächste Nachlademöglichkeit zuverlässig erreicht wird. Dafür müssen die Lage der Nachladepunkte und die Größe des fahrzeugseitigen Energiespeichersystems aufeinander abgestimmt sein. Wie im Abschnitt 4.1.3 dargestellt, soll nach dem Prinzip der lexikographischen Ordnung erst die Lage der Nachladepunkte und damit deren Abstände zueinander und anschließend die Größe des Energiespeichersystems bestimmt werden. Da beide Schritte eng miteinander zusammenhängen, werden sie im Weiteren gemeinsam behandelt. Die Zusammenhänge und das Vorgehen zur Optimierung dieses 3. und 4. Schritts aus Abbildung 4.2 sind zur Übersicht in der Abbildung 4.11 dargestellt und werden nachfolgend erläutert.

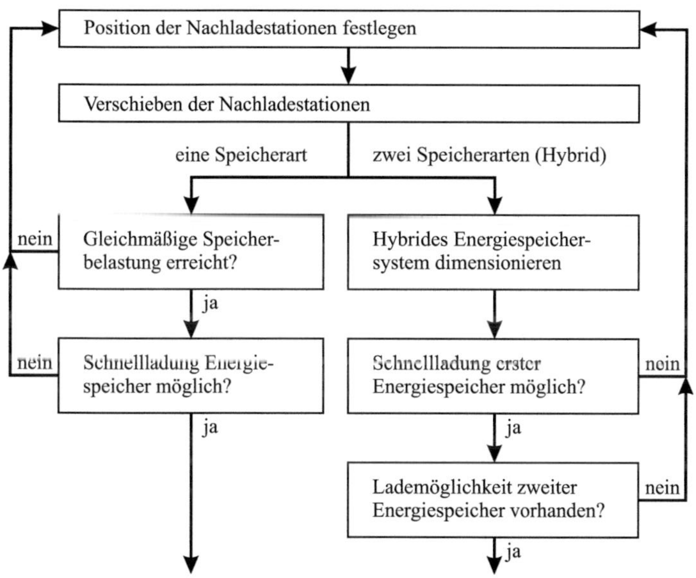

Abbildung 4.11: Ablauf zur Optimierung von 3. und 4. Schritt bei lexikographischer Ordnung

Aus wirtschaftlichen Gesichtspunkten (geringe Kosten für wegseitige Infrastruktur) soll die Anzahl benötigter Nachladepunkte entlang einer Linie möglichst gering sein. Dies bedeutet, dass das notwendige Laden des fahrzeugseitigen Energiespeichers an wenigen Punkten stattfinden soll. Bei systemgegebenen Beschränkungen für Ladesspannung und Ladestrom (siehe Abschnitt 4.1.4) ist somit eine insgesamt nötige Ladezeit auf die Halte an Nachladepunkten aufzuteilen. Außerdem soll die gewöhnliche Haltezeit des Betriebs ohne OFB durch das Nachladen des Energiespeichers nicht (wesentlich) verlängert werden. Damit liegt es nahe, die Nachladepunkte aufgrund der Netzkenntnis an den Haltestellen mit großen Haltezeiten anzuordnen. Wie im Abschnitt 4.1.5 dargestellt, sind dies die Knotenpunkt-Haltestellen. Die Anzahl der insgesamt anzuordnenden Nachladepunkte ergibt sich aus Schritt 2 der Optimierungsreihenfolge. Zusätzlich muss geprüft werden, ob die an den ausgewählten m Punkten übertragbare Energie

$$E_{\mathrm{L,Lin}} = U \cdot I_{\mathrm{L,max}} \cdot \sum_{j=1}^{m} t_{\mathrm{H},j} \tag{4.4}$$

(Haltezeiten $t_{\mathrm{H,j}}$, maximaler Ladestrom $I_{\mathrm{L,max}}$) für den Betrieb des Fahrzeugs ausreicht:

$$E_{\mathrm{L,Lin}} > E_{\mathrm{Fzg,Lin}}. \tag{4.5}$$

Sollte dies nicht der Fall sein, sind zusätzliche Ladepunkte anzuordnen.

Ausgehend von dieser Anfangspositionierung der Nachladepunkte kann im nächsten Schritt eine Optimierung der Positionen der Nachladepunkte durchgeführt werden. Dazu wird für Fahrzeugenergiespeicher aus nur einer Speicherart (in der Abbildung 4.11 der linke Zweig) eine gleichmäßige Verteilung der Nachladeenergie über alle Nachladepunkte angestrebt. Diese Optimierung dient der gleichmäßigen Auslastung, damit einer möglichst kleinen Dimensionierung und folglich effizienten Nutzung des Fahrzeugenergiespeichers. Die Größe des Energiespeichers ergibt sich aus der Betrachtung der größten, auf der Strecke auftretenden Nachladeenergie.

Bei diesem Vorgehen wird vorausgesetzt, dass bei der Optimierung der Lage der Nachladepunkte die Haltezeiten an den Haltestellen mit Nachladepunkt für ein vollständiges Laden des Energiespeichers ausreichen. Nach erfolgreicher Optimierung hinsichtlich gleichmäßigem Energiebedarf ist das Einhalten dieser Voraussetzung zu überprüfen und die Optimierung gegebenenfalls mit modifizierter Lage der Nachladepunkte zu wiederholen.

Ist auf dem Fahrzeug ein Energiespeichersystem mit zwei Speicherarten installiert, ist die Größe der fahrzeugseitigen Energiespeicher gesondert zu bestimmen (rechter Zweig in Abbildung 4.11). Dabei wird allgemein davon ausgegangen, dass das fahrzeugseitige Energiespeichersystem aus einer ersten Speichertechnologie, z. B. Doppelschichtkondensatoren, zur vollständigen Wiederbefüllung durch Schnellladung an den Haltestellen und einer zweiten Speichertechnologie, z. B. Hochleistungsbatterien, zur Wiederaufladung mit deutlich geringeren Strömen während längerer Aufenthalte, z. B. am Streckenende, besteht. In der vorliegenden Arbeit soll mit Hilfe von Bewertungsfunktionen ein Weg zu einer qualitativen Lösung für ein optimales Verhältnis der Energieinhalte beider Speicher zueinander aufgezeigt werden.

Auch hier ist nach der Optimierung zu überprüfen, ob die ermittelten Energien an den Nachladepunkten entlang der Linie und am Linienende in der verfügbaren Zeit übertragen werden können.

4.2.2 Positionieren der Nachladepunkte und Dimensionieren des Speichers bei einer Speicherart

4.2.2.1 Positionieren von Nachladepunkten an Knotenpunkt-Haltestellen entlang einer Linie

Ausgangspunkt für die Betrachtung und Optimierung der Lage von Nachladepunkten entlang einer Linie ist eine (beliebige) Anfangspositionierung der Nachladepunkte an den Haltestellen. Mit dieser Anfangspositionierung entstehen m Streckenabschnitte. Für jeden Streckenabschnitt j wird nach der im Abschnitt 3.2 gezeigten Methode eine Verteilungsdichte $p_N^{(j)}(u)$ des Energiebedarfs am jeweiligen Ziel-Nachladepunkt berechnet. Durch eine einheitliche Diskretisierung aller Verteilungsdichten an den Stellen $k \cdot \Delta E$ und jeweiliger Summation stehen für jeden Streckenabschnitt diskrete Wahrscheinlichkeitsverteilungen $\mathrm{P}_N^{(j)}(k \cdot \Delta E)$ für die weitere Betrachtung zur Verfügung.

Weiterhin ist zur „Missionserfüllung" für jeden Nachladeabschnitt die geforderte Zuverlässigkeit $\widetilde{s}$ einzuhalten. Damit ist der mindestens notwendige Energieinhalt eines Speichers für jeden Abschnitt j festgelegt:

$$E_{\min}^{(j)} = k_{\min}^{(j)} \cdot \Delta E \quad \text{mit} \quad k_{\min}^{(j)} = \min\left\{k : \mathrm{P}_N^{(j)}(k \cdot \Delta E) \geq \widetilde{s}\right\}. \tag{4.6}$$

Es wird außerdem angenommen, dass der Energiebedarf der Nachladeabschnitte jeweils voneinander statistisch unabhängig ist. Diese Forderung gilt natürlich nicht automatisch, da der Energiebedarf beispielsweise von der Fahrplanlage, der Fahrzeugmasse und damit dem Verkehrsaufkommen (Fahrzeugbesetzung) abhängt. Demzufolge ist anzunehmen, dass bei hohem Besetzungsgrad in einem Nachladeabschnitt, im nächsten Abschnitt gleichfalls viele Fahrgäste im Fahrzeug sind. Um diese Effekte auszublenden und im Weiteren von der statistischen Unabhängigkeit des Energiebedarfs der einzelnen Abschnitte ausgehen zu können, ist eine Ordnung der ursächlichen Messdaten nach verschiedenen Kriterien, z. B. Hauptverkehrszeit und Nebenverkehrszeit, denkbar. Anschließend wird dann die Energie-Verteilungsdichte nur aus dem so selektierten Teildatensatz ermittelt. Für eine detaillierte Selektion ist natürlich ein umfangreicher Messdatensatz Voraussetzung.

Die diskreten Wahrscheinlichkeitsverteilungen $\mathrm{P}_N^{(j)}$ des Energiebedarfs der einzelnen Abschnitte werden zu einer Verteilung für die gesamte Linie per stellenweiser Multiplikation zusammengefasst:

$$\mathrm{P}_{\text{ges}}(k \cdot \Delta E) = \prod_{j=1}^{m} \mathrm{P}_N^{(j)}(k \cdot \Delta E) \tag{4.7}$$

Zur Bewertung der Nachladepunkt-Positionierung interessiert die Wahrscheinlichkeit $\mathrm{P}_{\text{ges}}(E_{\min}^{(\text{ges})})$, die bei Berücksichtigung aller Mindestgrößen des Energieinhalts (nach Gleichung (4.6)) an der Stelle

$$E_{\min}^{(\mathrm{ges})} = \max_{j=1,\ldots,m} (E_{\min}^{(j)}) \tag{4.8}$$

erreicht wird.

Abbildung 4.12 fasst diese Betrachtung in einem Prinzipbild zusammen.

4.2.2.2 Optimieren gemäß gleichmäßiger Speicherauslastung

Die im vorangegangenen Abschnitt beschriebene Anfangsverteilung der Nachladepunkte entlang einer Linie kann für fahrzeugseitige Energiespeichersysteme aus nur einer Speicherart optimiert werden. Als Gütekriterium Q wird die Gesamtwahrscheinlichkeit $\mathrm{P}_{\mathrm{ges}}(E_{\min}^{(\mathrm{ges})})$ betrachtet, die möglichst groß werden soll:

$$Q = \mathrm{P}_{\mathrm{ges}}(E_{\min}^{(\mathrm{ges})}) \longrightarrow \max \tag{4.9}$$

Der Optimierungsprozess sieht nun folgendermaßen aus. Von der Anfangspositionierung der Nachladepunkte an den Haltestellen werden einzelne Nachladepunkte um eine Anzahl Haltestellen in oder gegen Fahrtrichtung verschoben. Dabei ändern sich die Energie-Verteilungsdichten der angrenzenden Streckenabschnitte. Mit der neuen Nachladepunkte-Positionierung wird wiederum die Wahrscheinlichkeit $\mathrm{P}_{\mathrm{ges}}(E_{\min}^{(\mathrm{ges})})$ gebildet. Ein Vergleich mit der Wahrscheinlichkeit der vorangegangenen Positionierung zeigt, ob durch die neue Positionierung eine Ergebnisverbesserung eingetreten ist. Dieses Vorgehen ist in der Abbildung 4.13 schematisch visualisiert. Die größten Effekte können dabei erwartet werden, wenn man die Nachladepunkte von Abschnitten mit den kleinsten Werten für $\mathrm{P}_N^{(j)}(E_{\min}^{(\mathrm{ges})})$ verändert.

Die Wahrscheinlichkeit $\mathrm{P}_{\mathrm{ges}}(E_{\min}^{(\mathrm{ges})})$ als Gütekriterium wird dann besonders groß, wenn die beitragenden Faktoren $\mathrm{P}_N^{(j)}$ an der betrachteten Stelle $E_{\min}^{(\mathrm{ges})}$ alle gleich groß sind. Ohne hier den mathematischen Nachweis darzustellen, wird angenommen, dass in diesem Fall die Positionierung der Nachladepunkte an den Haltestellen ebenfalls optimiert ist.

Zu beachten sind bei der Verschiebung der Nachladepunkte beide Fahrtrichtungen einer Linie. Aus ökonomischer Sicht sollen die Nachladepunkte beider Fahrtrichtungen an derselben Haltestelle angeordnet werden. Dann wäre eine Speisung beider Punkte aus einer gemeinsamen Energieversorgungsinfrastruktur und damit kostengünstig möglich.

Es handelt sich beim vorgestellten Verfahren um ein für schwere diskrete Optimierungsprobleme typisches iteratives Verbesserungsverfahren, welches in effizienter Rechenzeit in der Regel akzeptable Ergebnisse, in der Praxis sogar sehr gute Ergebnisse liefert. Natürlich besteht dabei das Risiko, nur lokale Optima zu finden. Die Nutzung anderer globalorientierter Optimierungsverfahren, wie evolutionäre Algorithmen, sowie eine formale Darstellung des gesamten Optimierungsverfahrens bleiben jedoch künftigen Arbeiten mit mathematisch-algorithmischem Fokus vorbehalten.

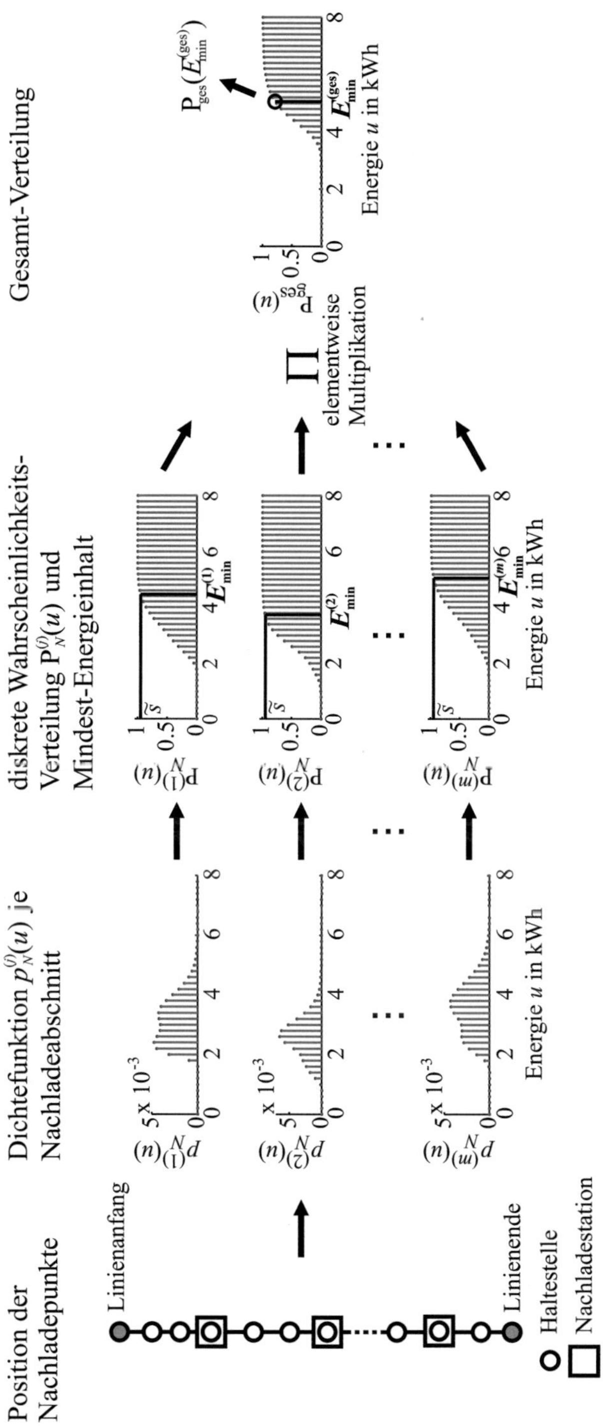

Abbildung 4.12: Vorgehen zum Bestimmen der Güte einer Nachladepunkt-Positionierung - Prinzipbeispiel

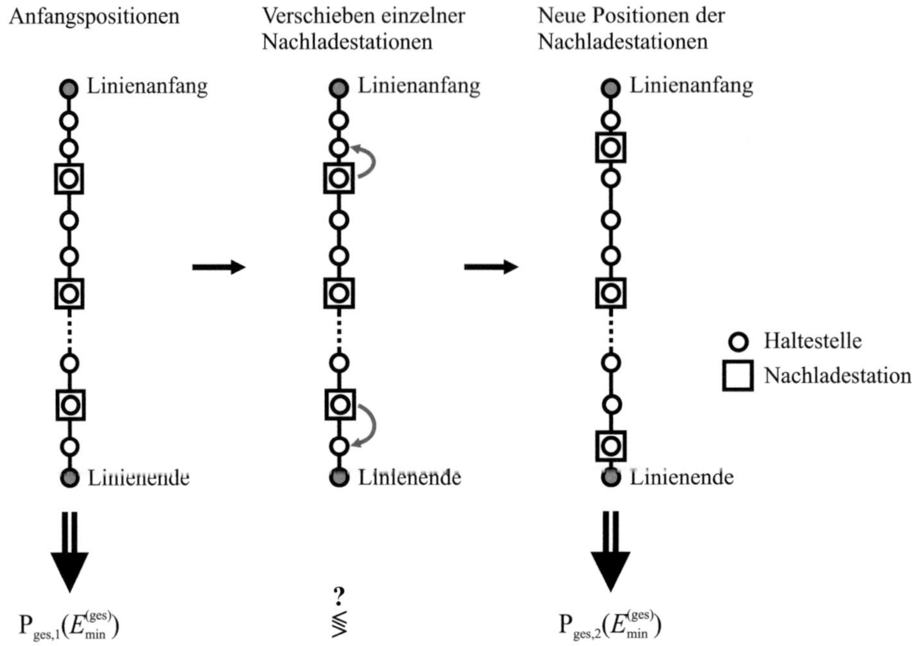

Abbildung 4.13: Vorgehen zum Optimieren der Nachladepunkt-Positionen - Prinzipbeispiel

4.2.3 Dimensionieren der Speicher eines hybriden Fahrzeugenergiespeichersystems

4.2.3.1 Hybrides Energiespeichersystem

Um die Anforderungen des OFB zu erfüllen und trotzdem einen Energiespeicher mit möglichst geringer Masse zu erhalten, müssen Energiespeicher oder Energiespeichersysteme mit möglichst hoher Energiedichte für große Reichweite **und** mit hoher Leistungsdichte für die Abdeckung der Anfahrleistungsspitzen und eines zeitkritischen Ladeprozesses gefunden werden. Deshalb liegt der Gedanke nahe, eine Kombination aus Hochleistungsbatterie und Doppelschichtkondensator (siehe Abschnitt 2.1.3) als Speichersystem auszuwählen. Während der DSK unterwegs an den Nachladepunkten durch eine Hochstrom-Energieübertragung schnell wiederbefüllt wird, ist eine Nachladung für die Batterie während längerer Haltezeiten, z. B. ab den Endhaltestellen einer Linie, möglich.

Die Vorteile eines solchen hybriden Energiespeichersystems sind:

- geringe Gesamtspeichermasse und damit geringe Achslasten,
- keine Einschränkungen hinsichtlich Höchstgeschwindigkeit und Fahrzeugbeschleunigung im normalen Fahrbetrieb,
- Batteriespeicher auch als Rückfallebene für Schleichfahrten bei Betriebsstörungen und Ausfall des DSK oder der Nachladeinfrastruktur nutzbar (Redundanz),

- keine Verlängerung der gewöhnlichen Haltezeiten aufgrund des Speicherladeprozesses,
- keine Hochstrom-Energieübertragungssysteme für Ladeströme erforderlich, die über die im Abschnitt 4.1.4 definierten Grenzwerte hinausgehen.

Die Aufteilung des Energiebedarfs im OFB auf die zwei Energiespeicherarten muss dabei so erfolgen, dass die Fahrzeuge mit der nötigen Zuverlässigkeit die Strecke befahren können. Für die so ermittelten Paare von Energiespeichern wird im Abschnitt 4.2.3.3 ein Vorschlag zur Optimierung hinsichtlich eines Bewertungskriteriums dargestellt.

4.2.3.2 Energiespeichergrößen eines hybriden Energiespeichersystems

Bei Einsatz eines hybriden Energiespeichersystems auf dem Fahrzeug wird der erste und zur Schnellladung an den Nachladepunkten im Linienverlauf fähige Energiespeicher (z. B. DSK) in der Größe des Energiespeicherinhalts begrenzt. Der maximale Speicherinhalt $\overline{E}_1$ wird dabei so gewählt, dass der Energiebedarf für einen Großteil der Fahrten allein aus diesem ersten Speichersystem abgedeckt wird.

Der zweite Energiespeicher (z. B. BAT) wird eingesetzt, um für jeden Streckenabschnitt die Wahrscheinlichkeit für das Erreichen des Ziel-Nachladepunkts zu erhöhen und die Missionssicherheit zu erreichen. Dieser zweite Energiespeicher kann aufgrund seiner technischen Beschaffenheit (siehe Abschnitt 2.1) nur während längerer Aufenthaltszeiten an den Endhaltestellen, nicht jedoch an den Nachladepunkten im Linienverlauf nachgeladen werden.

Damit ist zu ermitteln, welche Energiemenge aus dem zweiten System während der Fahrt zwischen zwei Endhaltestellen entnommen wird und welche Größe dieses zweite System für einen Betrieb mit vorgegebener Zuverlässigkeit in Abhängigkeit von der Größe des ersten Systems mindestens haben muss.

Mit dem Einsatz eines deratigen zweiten Energiespeichers wird die Optimierung der Lage der Nachladepunkte aufgrund des Nachladeenergiebedarfs im Abschnitt 4.2.2.2 beeinflusst. Es werden größere Unterschiede zwischen den Energiebedarfswerten der einzelnen Nachladeabschnitte möglich, da diese der zweite Energiespeicher ausgleicht. Eine Optimierung der Nachladepunkte für den ersten Energiespeicher hinsichtlich großer Haltezeiten wird damit unterstützt und ist iterativ lösbar.

Die Größe des zweiten Energiespeichers wird wie folgt berechnet. Ausgehend vom maximalen Energieinhalt des ersten Speichers $\overline{E}_1$ und orientierend an den technischen Parametern des zweiten Energiespeichersystems kann an jedem Nachladepunkt j für diskrete Werte einer zusätzlich aus diesem Speicher zu entnehmenden Energie $k \cdot \Delta E$ mit $k = 0, 1, \dots$ die Zähldichte einer „Restverteilung“ $r^{(j)}(k)$ aufgestellt werden. Diese Restverteilung beschreibt die durch $k \cdot \Delta E$ erreichten Wahrscheinlichkeitszunahmen der Zustandswahrscheinlichkeit für das Erreichen der Zielhaltestelle (Zielzustand N). Als Wert für $k = 0$ wird die ausschließlich mit $\overline{E}_1$ (nur erster Speicher) erreichbare Zustandswahrscheinlichkeit für das Erreichen des Ziels verwendet:

$$r^{(j)}(k) = \begin{cases} p_N^{(j)}(\overline{E}_1) & \text{für } k = 0 \\ p_N^{(j)}(\overline{E}_1 + k\Delta E) - p_N^{(j)}(\overline{E}_1 + (k-1)\Delta E) & \text{für } k = 1, 2, \ldots \end{cases} \tag{4.10}$$

Prinzipiell ist dieses Vorgehen auf alle im Abschnitt 3.2 vorgestellten Verteilungen für den Zielzustand anwendbar. Wird es auf die Ergebnisse der Modellierung mit einer Markov-Kette angewendet, ist selbstverständlich dafür zu sorgen, dass die diskreten Restverteilungen jeweils an den gleichen Stellen $k * \Delta E$ aufgestellt werden. Dafür wird meist eine Approximation der Dichte für den Energiebedarf im Zielzustand nötig. Für kontinuierliche Verteilungen, wie sie beim Semi-Markov-Prozess entstehen, kann die diskrete Restverteilung ohne zusätzliche Anpassung direkt berechnet werden. In der Abbildung 4.14 wird dieses Vorgehen bildlich dargestellt.

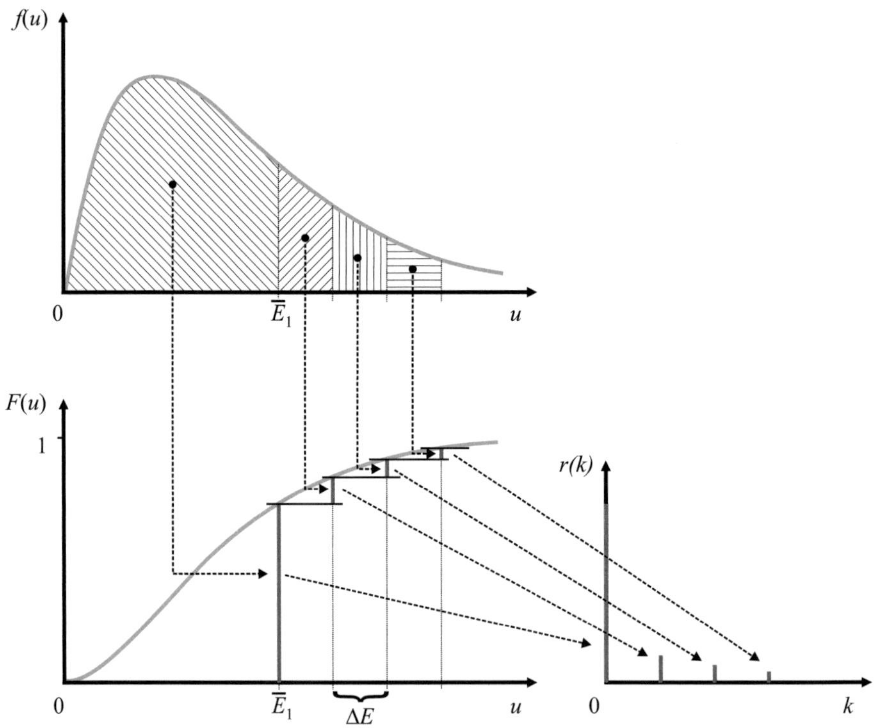

Abbildung 4.14: Ermitteln der Zähldichte der Restverteilung - Prinzipbeispiel

Summiert man die so erhaltenen Zähldichte der Restverteilungen aller m Nachladepunkte einer Linie, kann die notwendige Energiespeichergröße des zweiten Energiespeichers bestimmt werden. Dazu ist aus der Wahrscheinlichkeitstheorie bekannt, dass sich die Verteilungsdichte der Summe von Wahrscheinlichkeitsfunktionen $f(X_1 + X_2 + \ldots)$ aus der Faltung der Verteilungsdichten der Einzelfunktionen $f(X_\mathrm{i})$ ergibt:

$$f(X_1 + X_2 + \ldots) = f(X_1) * f(X_2) * \ldots . \tag{4.11}$$

Folglich kann durch Faltung aller m ermittelten Zähldichte der (diskreten) Restverteilungen $r^{(j)}(k)$ einer Linie die Dichte $\widetilde{r}(k)$ für die Verteilung der aus dem zweiten Energiespeicher benötigten Energie beschrieben werden (Abbildung 4.15):

$$\widetilde{r}(k) = r^{(1)}(k) * r^{(2)}(k) * \ldots * r^{(m)}(k). \tag{4.12}$$

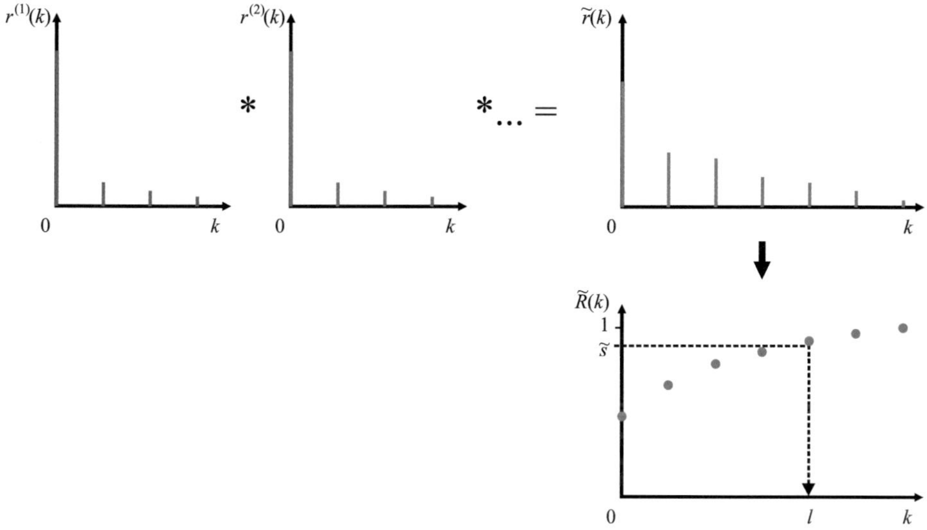

Abbildung 4.15: Faltung der Zähldichte der Restverteilungen - Prinzipbeispiel

Mit Vorgabe einer Zuverlässigkeit $\widetilde{s}$ für die „Missionserfüllung" kann der dafür mindestens notwendige Energieinhalt des zweiten Energiespeichers

$$E_{2,\min} = l \cdot \Delta E \quad \text{mit} \quad l = \min \left\{ k : \sum_{i=1}^{k} \widetilde{r}(k) \geq \widetilde{s} \right\} \tag{4.13}$$

bestimmt werden. Die Abhängigkeit von der Größe des ersten Energiespeichers $\overline{E}_1$ ist über die Zähldichte der gefalteten Restverteilungen $\widetilde{r}(k)$ implizit gegeben.

Der Zusammenhang zwischen den Größen der zwei Energiespeicher ist in einem Prinzipbild in Abbildung 4.16 gezeigt. Je kleiner der erste Energiespeicher E_1 ist, desto größer muss der zweite Energiespeicher E_2 ausfallen. Dabei sind in der praktischen Umsetzung abhängig vom Speicherhersteller nur diskrete Speichergrößen für beide Speicher erhältlich. In der Abbildung soll dies für E_1 durch die Punkt-Markierungen dargestellt werden. Außerdem ist an der Abbildung erkennbar, dass durch die Berechnung der Restverteilungen im Allgemeinen kein linearer Zusammenhang zwischen den Speichergrößen besteht.

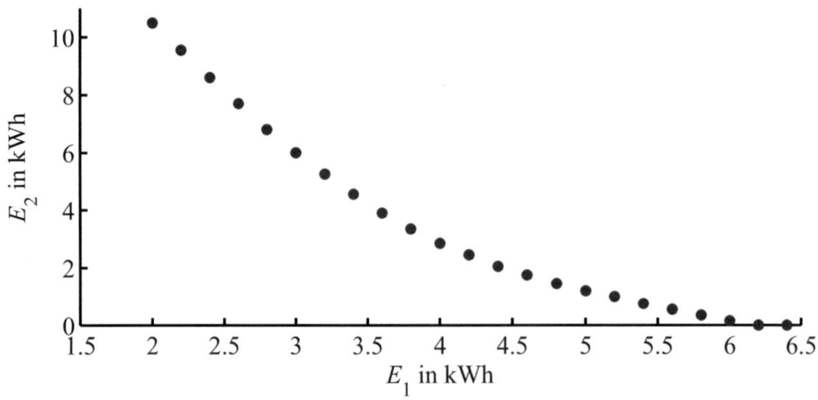

Abbildung 4.16: Zusammenhang zwischen den Energiespeichergrößen – Prinzipdarstellung

Ferner ist zu berücksichtigen, dass für die Fahrt auch ein definierter Mindestleistungsbedarf benötigt wird. Dies soll dadurch sichergestellt werden, dass für den ersten Energiespeicher mit hoher Leistungsdichte ein Mindestenergiebedarf gefordert wird, mit dem gemäß Energie- und Leistungsdichte des Speichers auch der Mindestleistungsbedarf abgedeckt ist.

4.2.3.3 Dimensionieren mittels Bewertungsfunktionen

Im vorangegangenen Abschnitt wurde gezeigt, wie sich Paare von Energiespeichern (E_1, E_2) finden lassen, um ein Fahrzeug im OFB nach dem *DockingPrinzip* auf einer Linie zu betreiben. Nun soll von den gefundenen Paaren dasjenige ausgewählt werden, das den Anforderungen einer Gütefunktion am besten enspricht.

Dazu ist z. B. vom Betreiber festzulegen, nach welchem Kriterium optimiert werden soll. Hierbei kann es sich beispielsweise um Anforderungen nach dem geringsten Gesamtgewicht bzw. den geringsten Achslasten, nach dem geringsten Bauraum oder auch den geringsten Investitionen oder Lebenszykluskosten handeln.

Für beide Energiespeicherarten sind anschließend bezogen auf das gewählte Kriterium die entsprechenden Bewertungsfunktionen K_1 bzw. K_2 zur Abhängigkeit von der Speichergröße aufzustellen:

$$K_1 = K_1(E_1) = f(E_1) \tag{4.14a}$$

$$K_2 = K_2(E_2) = g(E_2) = g(E_2(E_1)) = K_2(E_2(E_1)). \tag{4.14b}$$

Das Gütekriterium Q für die Optimierung lautet somit:

$$Q = K_1 + K_2 = K_1(E_1) + K_2(E_2(E_1)) \longrightarrow \min\,. \tag{4.15}$$

Ohne Beschränkung der Allgemeinheit sei für eine qualitative Darstellung ein linearer Verlauf für beide Bewertungsfunktionen $K_1(E_1)$ und $K_2(E_2)$ angenommen (Abbildung 4.17).

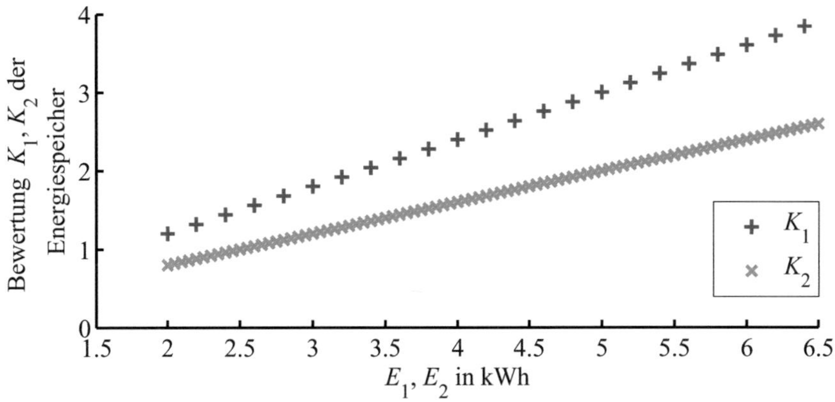

Abbildung 4.17: Bewertungsfunktionen für beide Energiespeicherarten – Prinzipdarstellung

Im Zusammenhang mit der Darstellung zur Abhängigkeit der Speichergrößen voneinander (Abbildung 4.16) können nun die Bewertungsfunktionen für die Speicher und die resultierende Summe in einer Abbildung zusammengefasst werden. In der Abbildung 4.18 ist dies für das Beispiel linearer Bewertungsfunktionen nach Abbildung 4.17 gezeigt.

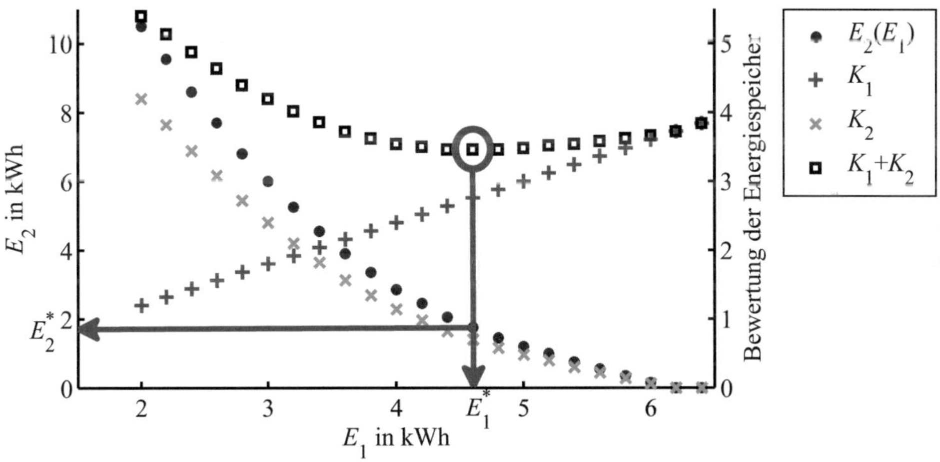

Abbildung 4.18: Optimieren der Speichergrößen gemäß der Bewertungsfunktionen

Im Sinne des Gütekriteriums der Optimierung ist nun das Paar von Energiespeichergrößen (E_1^*, E_2^*) auszuwählen, bei dem die Gesamtbewertung minimal wird. In der Abbildung ist dies durch eine entsprechende Markierung gekennzeichnet. Zu beachten ist dabei in der praktischen Umsetzung die Verfügbarkeit der Energiespeicher nur an diskreten Stellen auf der Kurve (feste Modulgrößen der Energiespeicher).

4.3 Fallstudie

4.3.1 Vorbemerkungen

Die zuvor dargestellte Methode zum Bestimmen des Energiebedarfs und der Größe der fahrzeugseitigen Energiespeicher beim OFB nach dem *DockingPrinzip* soll nachfolgend anhand eines Beispiels veranschaulicht werden. Um die Übersichtlichkeit zu wahren, werden dabei folgende vereinfachte Darstellungen gewählt, die jedoch keine Beschränkung der Allgemeinheit darstellen:

- Für die Demonstration des Verfahrens ist es wichtig, aber auch ausreichend, dass zwischen zwei Nachladepunkten jeweils mindestens ein weiterer Zustand existiert. Für die Fallstudie werden deshalb Streckenabschnitte mit charakteristischen Zwischenhalten zwischen den Haltestellen genau so ausgewählt, sodass immer mindestens drei Zustände (Start, Ziel, Zwischenzustand) auf einem Streckenabschnitt vorhanden sind. Dann kann im Sinne einer übersichtlichen Darstellung an jeder Haltestelle ein Nachladepunkt vorgesehen und somit die Anzahl zu berücksichtigender Zustände zwischen zwei Nachladepunkten begrenzt werden.

- Weiterhin werden nur maximal drei Zwischenzustände auf jedem Haltestellenabschnitt vorgesehen.

- Die gesamte Linie bestehe aus fünf durch Nachladepunkte begrenzten Streckenabschnitten.

- Als gemischte Verteilungsdichten $q_{ij}(u)$ werden nur maximal zwei Erlang-/Exponential-Verteilungen verwendet.

Als Basis für die Beispielrechnung dienen Daten aus den zuvor bereits zitierten Messungen an Straßenbahnfahrzeugen des Fraunhofer IVI. Ausführliche Beschreibungen zur Messdatenaufnahme und Auswertung sind unter anderem in [127, 146, 148, 151] zu finden.

In den nachfolgenden Abschnitten werden zuerst für jeden Streckenabschnitt die Zustandswahrscheinlichkeiten für das Erreichen des Zielhaltes in Abhängigkeit von der Energie ermittelt. Anschließend wird die Fahrt auf der gesamten Linie betrachtet und die Größe des zweiten Energiespeichers eines hybriden Energiespeichersystems bestimmt.

Für die Betrachtungen wird die Rekuperation der Fahrzeuge während Bremsprozessen nicht berücksichtigt, da diese rückgewonnene Energie zu Beginn der Fahrt auf dem Fahrzeug erst einmal vorhanden sein muss und folglich die vorzusehende Speichergröße mitbestimmt.[18]

4.3.2 Energiebedarf zwischen zwei Nachladepunkten

Es werden fünf verschiedene Streckenabschnitte vorgestellt:

[18] Bei späteren Betrachtungen zum Energiebedarf an den Nachladepunkten ist eine Berücksichtigung der Rekuperation vorgesehen und zulässig, da in diesem Fall nur die Bilanz am Zielpunkt entscheidend ist.

- Strecke 1: Eine einfache Strecke mit nur einem Zwischenzustand/-halt,
- Strecke 2: Eine Strecke mit drei Zwischenzuständen/-halten, die dem mittleren Streckenabschnitt in Abbildung 3.3 auf Seite 44 entspricht,
- Strecke 3: Eine Strecke mit zwei Zwischenzuständen/-halten, die dem rechten Streckenabschnitt in Abbildung 3.3 entspricht und einen Ansatz zur Modellerweiterung bei Stau enthält,
- Strecke 4: Eine Strecke mit drei Zwischenzuständen/-halten,
- Strecke 5: Eine Strecke mit zwei Zwischenzuständen/-halten.

Da für die erste Strecke alle Abstraktions- und Berechnungsschritte ausführlich behandelt werden und diese in analoger Weise bei den anderen Strecken wieder auftreten, sind die Darstellungen für die Strecken 2 bis 5 entsprechend auf das Wesentliche beschränkt und teilweise im Anhang zusammengefasst.

4.3.2.1 Strecke 1

Für die Strecke 1 wird ein für die Modellierung einfacher Streckenabschnitt gewählt. Sie enthält neben dem Anfangs- und dem Zielhalt nur einen Zwischenhalt. Dieser befindet sich an einer großen Kreuzung mit Lichtsignalanlage. Diese Eigenschaften treffen auf die Strecke zwischen Pirnaischem Platz und Synagoge im Netz der Dresdner Verkehrsbetriebe AG zu. Aus insgesamt 491 während der Messkampagne aufgezeichneten Fahrten halten 196 an diesem Zwischenhalt. Die Geschwindigkeitsprofile aller gemessenen Fahrten sind in Abbildung 4.19 über dem Weg dargestellt.

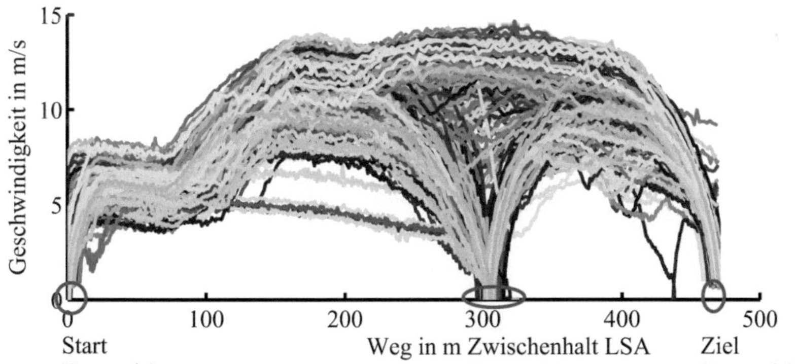

Abbildung 4.19: Strecke 1: Geschwindigkeitsprofile über dem Weg mit Zuständen

Ebenso sind in Abbildung 4.19 die Zustände markiert. Der Startzustand (Zustand 0) befindet sich bei einem Weg von $s_0 \approx 0\,\mathrm{m}$. Eine gewisse Unschärfe durch unterschiedliche Halteplätze der Fahrzeuge an der als Doppelhaltestelle eingerichteten Starthaltestelle ist damit berücksichtigt. Der Zielzustand (Zustand 2) liegt bei $s_2 \approx 470\,\mathrm{m}$. Als Fahrt mit Zwischenhalt werden alle diejenigen Fahrten gewertet, die im Bereich $s_1 = 290 \ldots 325\,\mathrm{m}$ eine Geschwindigkeit von $v_{\mathrm{Fzg}} \leq 2\,\mathrm{m/s}$ mindestens einmal aufweisen.

Damit ergibt sich ein Zustandsgraph wie in Abbildung 4.20. Alle 491 Fahrten verlassen den Zustand 0. Direkt in den Zustand 2 gehen 295 Fahrten davon über (Fahrt ohne Zwischenhalt). Die restlichen 196 Fahrten gelangen über den Zustand 1 zum Zustand 2. Es gibt damit genau zwei Pfade im Graph. Das sind der Pfad mit der Zustandsfolge '$0-2$' und der Pfad mit der Zustandsfolge '$0-1-2$'.

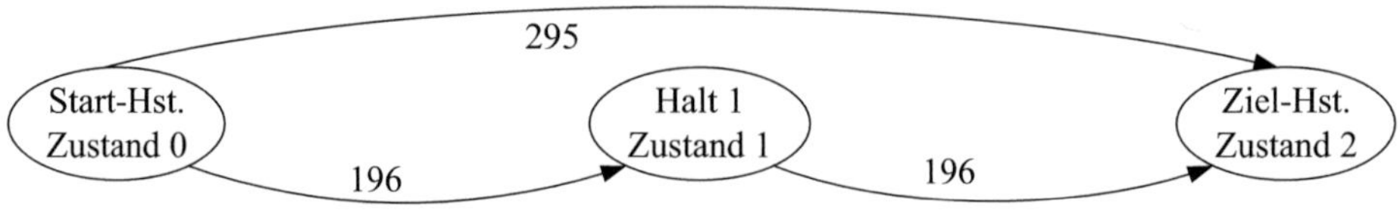

Abbildung 4.20: Strecke 1: Zustandsgraph mit Anzahl Fahrten für jede Kante

Im nächsten Schritt sind für alle drei Übergänge die deterministischen und die stochastischen Anteile der Kantengewichte, also des Energiebedarfs, zu ermitteln.

Hierbei wird als deterministischer Anteil E_{ij}^* ein Energiebedarf gewählt, der jeweils kleiner als die minimal gemessene Energie der jeweiligen Kante ist. In der Abbildung 4.21 sind die Verteilungsdichten des Energiebedarfs als Häufigkeitsverteilung und approximierter (gemischter) Erlang-Verteilungsdichte nach Abtrennung des deterministischen Anteils für alle drei Kanten dargestellt.

Die deterministischen Energieanteile E_{ij}^*, die geschätzten Parameter der gemischten Erlang-Verteilung und die Auftretenswahrscheinlichkeit für alle Übergänge sind in der Tabelle 4.3 zusammengefasst.

Kante $i\ j$	**Anzahl Fahrten**	E_{ij}^* **in Ws**	**Parameter gemäß Erlang-Verteilung** w_1	k_1	λ_1	k_2	λ_2	p_{ij}
01	196	1692000	1	9	1/594270	-	-	196/491
02	295	6588000	1	3	1/1237615	-	-	295/491
12	196	3312000	1	6	1/357319	-	-	1

Tabelle 4.3: Strecke 1: Parameter für Verteilungen auf den Kanten

Für deterministischen und stochastischen Anteil wird jeweils der Energiebedarf im Zielzustand $N = 2$ mit den vorgestellten Methoden errechnet. Für den deterministischen Anteil beträgt dieser $\widetilde{E}^* = 5,96\,\mathrm{MWs} = 1,66\,\mathrm{kWh}$. Der stochastische Anteil ist gemeinsam mit dem deterministischen als Verteilungsfunktion und -dichte in Abbildung 4.22 dargestellt.

Dabei ist in beiden Diagrammen die zur Dimensionierung des zweiten Energiespeichers wichtige „Restverteilung" für den Streckenabschnitt (vergleiche Abbildung 4.14) für eine angenommene Speichergröße des ersten Energiespeichers von $\overline{E}_1 = 4\,\mathrm{kWh}$ bereits visualisiert.

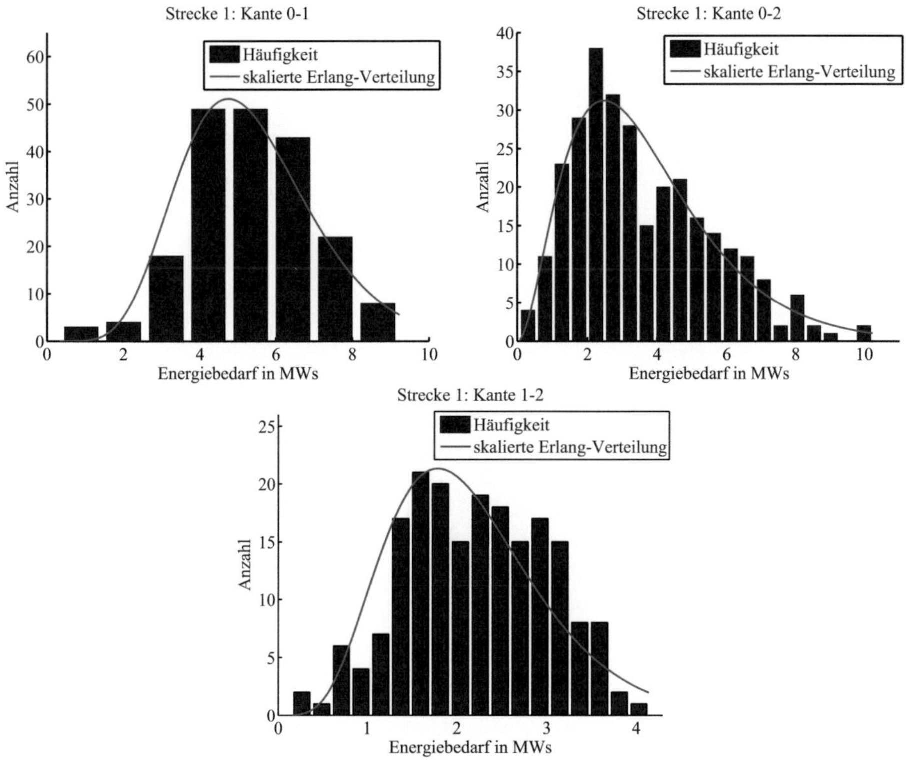

Abbildung 4.21: Strecke 1: Verteilungen des Energiebedarfs auf den Kanten ohne deterministischen Anteil

4.3.2.2 Strecke 2

Die Strecke 2 entspricht dem mittleren Haltestellenabschnitt in Abbildung 3.3, der sich im Netz der DVB AG zwischen den Haltestellen Malterstraße und Bünaustraße befindet. Die Strecke enthält drei Zwischenhalte; der erste an einer LSA wenige Meter nach der Starthaltestelle; der zweite an einer LSA ungefähr in Streckenmitte; der dritte an einer Kreuzung ohne LSA, an der typischerweise linksabbiegende PKW den Fahrtverlauf behindern. Es sind aus den Messdaten für diese Strecke 340 Fahrten verfügbar. Die Geschwindigkeitsprofile dieser Fahrten sind in Abbildung 4.23 über dem Weg dargestellt.

Die insgesamt fünf Zustände sind in dieser Abbildung ebenfalls markiert. Zur Identifizierung der Zwischenzustände wurden die Bereiche $s_1 = 30 \ldots 70\,\mathrm{m}$, $s_2 = 220 \ldots 320\,\mathrm{m}$ und $s_3 = 440 \ldots 520\,\mathrm{m}$ sowie eine mindestens einmal darin auftretende Geschwindigkeit von $v_{\mathrm{Fzg}} \leq 2\,\mathrm{m/s}$ definiert. Der Zustandsgraph und die Auflistung der insgesamt acht auftretenden Pfade ist im Abschnitt G.1 des Anhangs verzeichnet.

Die deterministischen und die stochastischen Anteile der Kantengewichte aller Übergänge zwischen den Zuständen, die jeweils geschätzten Parameter der gemischten Erlang-Verteilungen und die Auftretenswahrscheinlichkeit sind im selben Anhang in der Tabelle

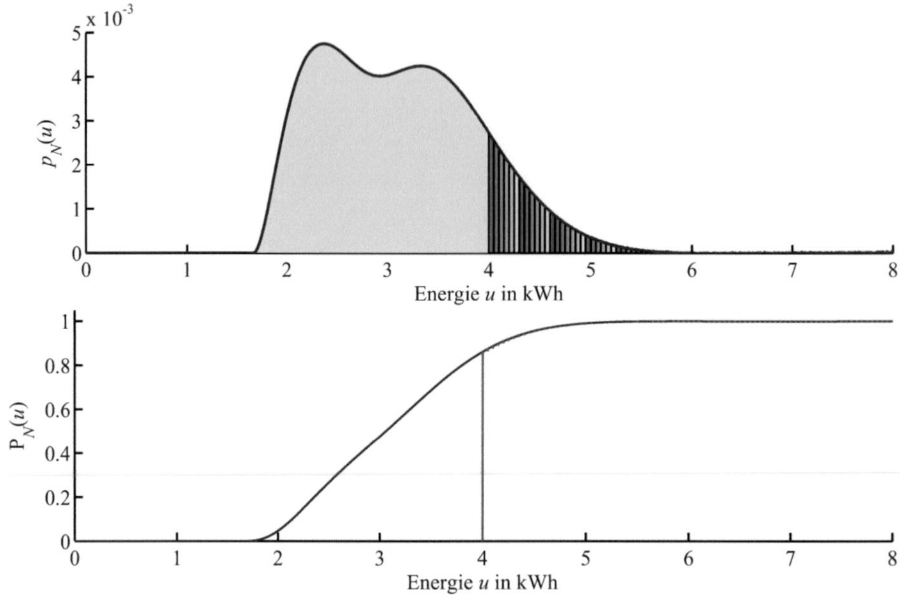

Abbildung 4.22: Strecke 1: Energiebedarf im Zielzustand und Restverteilung – Dichte- und Verteilungsfunktion

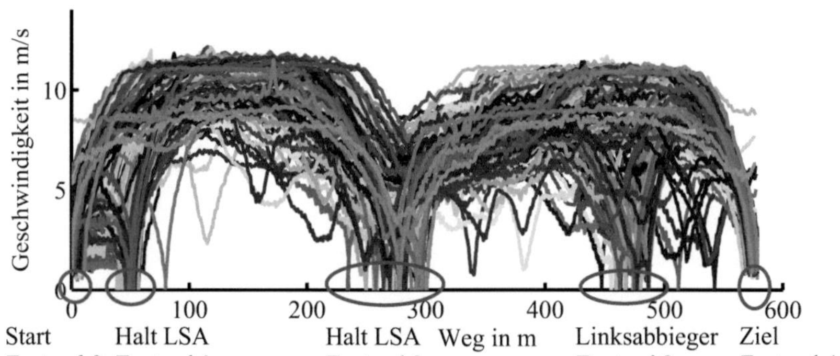

Abbildung 4.23: Strecke 2: Geschwindigkeitsprofile über dem Weg mit Zuständen

G.1 zusammengefasst. Für einige Kanten liegen sehr wenige Realisierungen in den Messdaten vor. Dementsprechend kann die Parameterschätzung für diese Kanten keine signifikant sicheren Parameter erzeugen. Für die prinzipielle Darstellung im vorliegenden Beispiel ist diese Einschränkung jedoch vernachlässigbar.

Der berechnete deterministische Anteil am Energiebedarf im Zielzustand $N = 4$ beträgt $\widetilde{E}^* = 5,51\,\mathrm{MWs} = 1,53\,\mathrm{kWh}$. Der stochastische Anteil ist gemeinsam mit dem deterministischen als Verteilungsfunktion und -dichte in Abbildung 4.24 dargestellt. In beiden Diagrammen ist wiederum zusätzlich die „Restverteilung“ eingetragen.

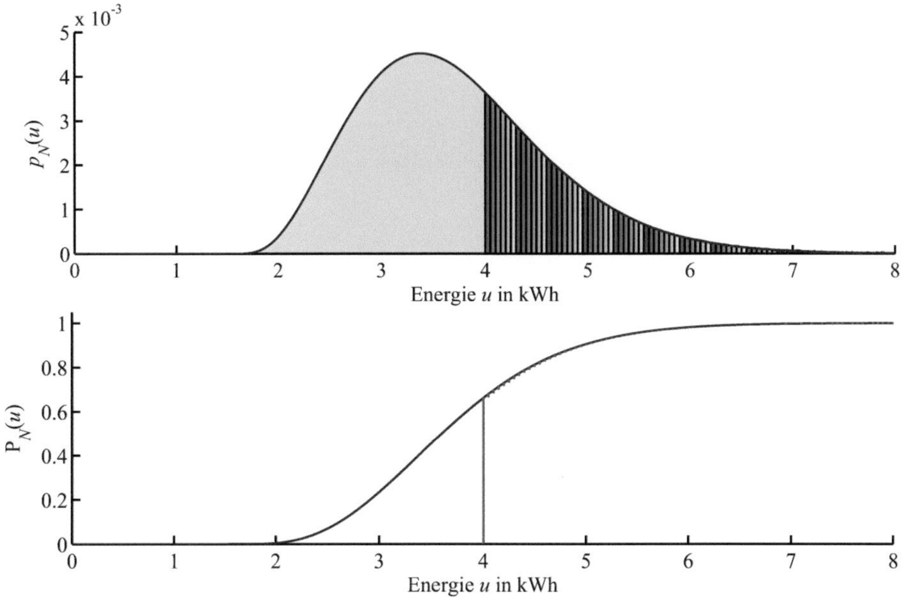

Abbildung 4.24: Strecke 2: Energiebedarf im Zielzustand und Restverteilung – Dichte- und Verteilungsfunktion

4.3.2.3 Strecke 3

Die Strecke 3 entspricht dem rechten Haltestellenabschnitt in Abbildung 3.3. Er befindet sich im Netz der DVB AG zwischen den Haltestellen Bünaustraße und Tharandter Straße. Die Strecke enthält drei charakteristische Zwischenhalte; an einer LSA, einer weiteren Kreuzung und als Rückstau vor der Ziel-Haltestelle mit LSA. Für diese Strecke sind Messdaten aus 366 Fahrten verfügbar, deren Geschwindigkeitsprofile in Abbildung 4.25 dargestellt sind.

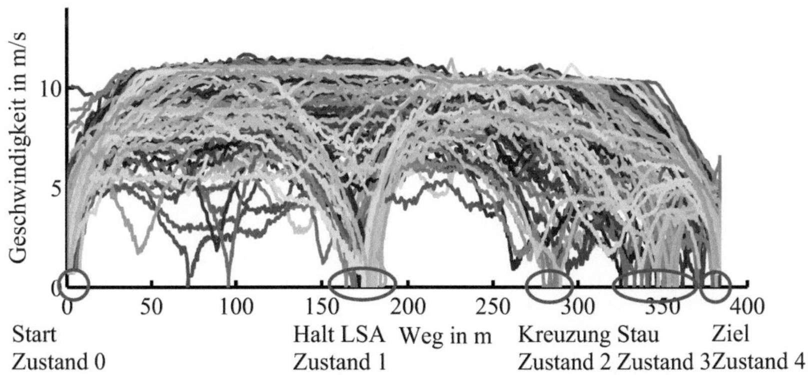

Abbildung 4.25: Strecke 3: Geschwindigkeitsprofile über dem Weg mit Zuständen

Auch die insgesamt fünf Zustände dieses Streckenabschnitts sind in der Abbildung markiert. Zur Identifizierung der Zwischenzustände wurden die Bereiche $s_1 = 150 \ldots 200\,\mathrm{m}$, $s_2 = 260 \ldots 310\,\mathrm{m}$ und $s_3 = 325 \ldots 370\,\mathrm{m}$ sowie eine mindestens einmal darin auftretende Geschwindigkeit von $v_{\mathrm{Fzg}} \leq 2\,\mathrm{m/s}$ definiert. Der Zustandsgraph in Abbildung 4.26 zeigt, das für die Kante '$1-3$' keine Fahrten in den Messdaten vorliegen und diese Kante im Modell damit nicht auftritt. Die für fünf Zustände üblichen acht Pfade reduzieren sich damit auf sieben.

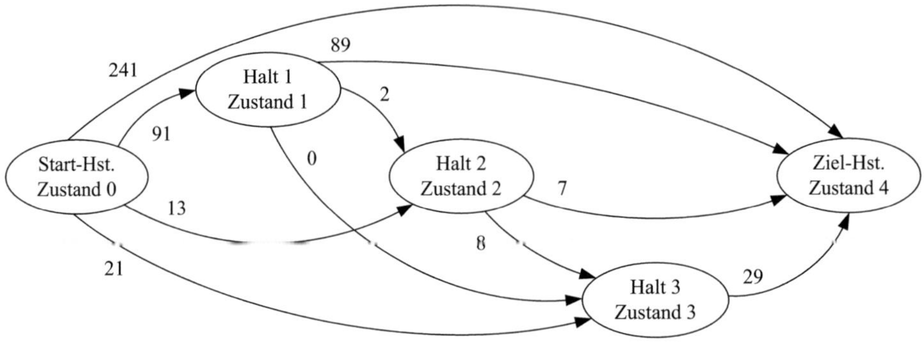

Abbildung 4.26: Strecke 3: Zustandsgraph mit Anzahl Fahrten für jede Kante

Der bekannte tabellarische Überblick zu Kantengewichten, Verteilungsparametern und Auftretenswahrscheinlichkeiten ist im Abschnitt G.2 des Anhangs zusammengestellt.

Auch für die Strecke 3 kann der deterministische Anteil am Energiebedarf im Zielzustand $N = 4$ berechnet werden. Er beträgt $\widetilde{E}^* = 3{,}35\,\mathrm{MWs} = 0{,}93\,\mathrm{kWh}$. Die gemeinsame Darstellung von stochastischem und deterministischen Anteil als Verteilungsfunktion und -dichte sowie der „Restverteilung" erfolgt in Abbildung 4.27.

Die Strecke 3 wirft mit den sehr seltenen Zuständen 2 und 3 die Frage nach einer alternativen Modellierung oder einer Erweiterung des bestehenden Modells auf. Hierfür seien zwei Erweiterungen skizziert.

Zum Einen lässt das seltene Auftreten der zwei Zustände vermuten, dass diese nur zu gewissen Tageszeiten in Abhängigkeit der Verkehrsbelastung anzutreffen sind. Eine Sortierung der Messdaten in eine Hauptverkehrszeit und Nebenverkehrszeit und eine anschließende getrennte Auswertung beider Datensätze wären für diesen Weg umzusetzen. Bereits im Abschnitt 4.2.2.1 wurde diese Ordnung der ursächlichen Messdaten nach bestimmten Kriterien angesprochen.

Zum Anderen kann eine Erweiterung des Modells entstehen, wenn man für Zustände des Staus und Stop-and-go den Übergang eines Zustands in sich selbst zulässt. Bei Strecke 3 könnte man dabei die Zustände 2 und 3 zu einem „Stau-Zustand" zusammenfassen (Abbildung 4.28). Aus dem Zustandsgraph in Abbildung 4.26 ist ersichtlich, dass sich mindestens acht Fahrten für den Selbstübergang im Stau-Zustand ergeben müssen.

Der prinzipielle Berechnungsweg bleibt mit dieser Modellierung unverändert. In den entsprechenden Matrizen sind bei den „Stau-Zuständen" die Diagonalelemente mit Übergangswahrscheinlichkeiten und Energiebedarfsverteilungen zu belegen. Ferner ist eine Regelung

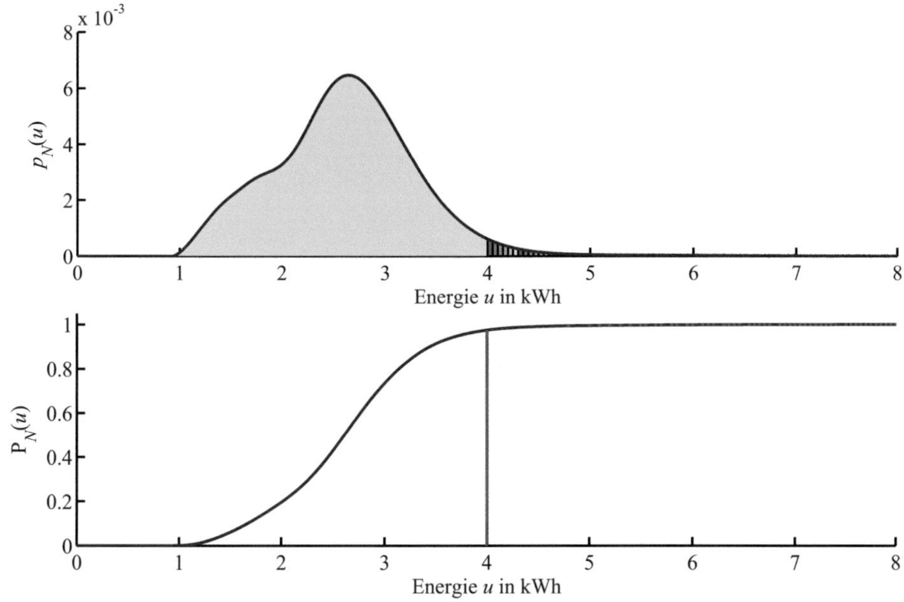

Abbildung 4.27: Strecke 3: Energiebedarf im Zielzustand und Restverteilung – Dichte- und Verteilungsfunktion

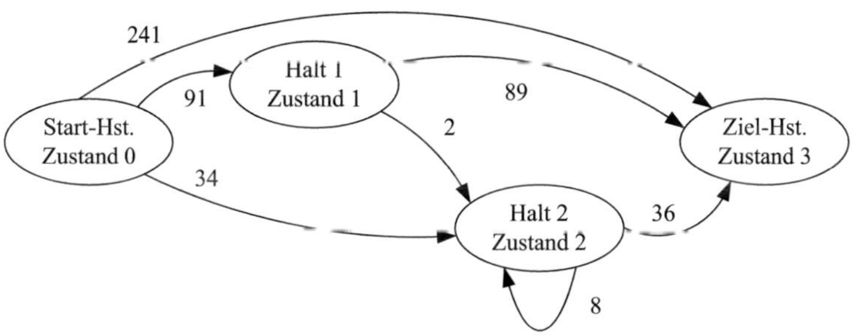

Abbildung 4.28: Strecke 3: Modifizierter Zustandsgraph für Stau mit Anzahl Fahrten für jede Kante

zur maximalen Häufigkeit der nacheinander stattfindenden Selbstübergänge zu treffen.

Eine detaillierte Behandlung dieser zwei Erweiterungen sowie eine Untersuchung zu den damit erzielbaren Effekten bleibt künftigen Arbeiten vorbehalten.

4.3.2.4 Strecke 4

Die Strecke 4 entspricht dem Streckenabschnitt zwischen den Haltestellen Pirnaischer Platz und Walpurgisstraße im Netz der DVB AG. Sie verläuft auf eigenem Gleiskörper in der Innenstadt und enthält drei Zwischenhalte an LSAn. Für diese Strecke sind Messdaten aus 463 Fahrten verfügbar, deren Geschwindigkeitsprofile in Abbildung 4.29 dargestellt sind.

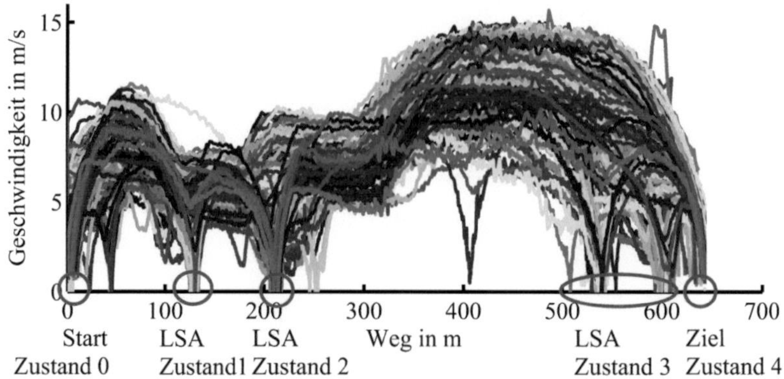

Abbildung 4.29: Strecke 4: Geschwindigkeitsprofile über dem Weg mit Zuständen

Zur Identifizierung der Zwischenzustände wurden folgende Bereiche gewählt: $s_1 = 120 \ldots 150\,\mathrm{m}$, $s_2 = 200 \ldots 220\,\mathrm{m}$ und $s_3 = 500 \ldots 615\,\mathrm{m}$ sowie $v_{\mathrm{Fzg}} \leq 2\,\mathrm{m/s}$. Der Zustandsgraph ist im Abschnitt G.3 des Anhangs dargestellt. Die übliche Tabelle zu den Parametern findet sich ebenfalls dort.

Der deterministische Anteil am Energiebedarf im Zielzustand $N = 4$ für die Strecke 4 beträgt $\widetilde{E}^* = 7,78\,\mathrm{MWs} = 2,16\,\mathrm{kWh}$. In Abbildung 4.30 sind stochastischer und deterministischer Anteil als Verteilungsfunktion und -dichte sowie die „Restverteilung" gemeinsam dargestellt.

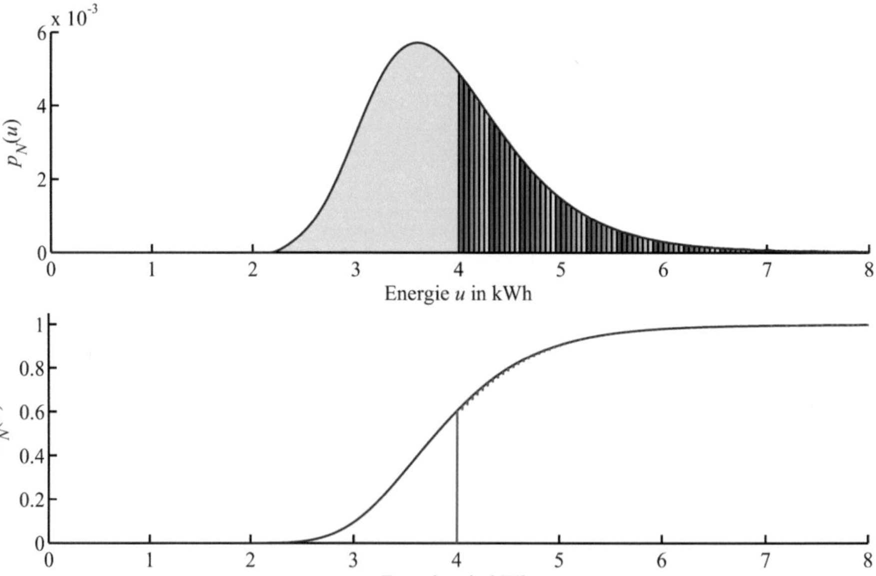

Abbildung 4.30: Strecke 4: Energiebedarf im Zielzustand und Restverteilung – Dichte- und Verteilungsfunktion

4.3.2.5 Strecke 5

Als letzte Strecke, wird die Strecke 5 vorgestellt, die dem Streckenabschnitt zwischen den Haltestellen Tannenstraße und Stauffenbergallee im Netz der DVB AG entspricht. Sie enthält zwei Zwischenhalte. Einer ist über einen großen Wegbereich gefasst und kennzeichnet die Fahrtbehinderungen durch Linksabbieger und Stau. Der zweite Zwischenhalt erfolgt aufgrund einer LSA. Für diese Strecke sind Messdaten aus 190 Messfahrten verfügbar. Die Geschwindigkeitsprofile dazu sind in Abbildung 4.31 dargestellt.

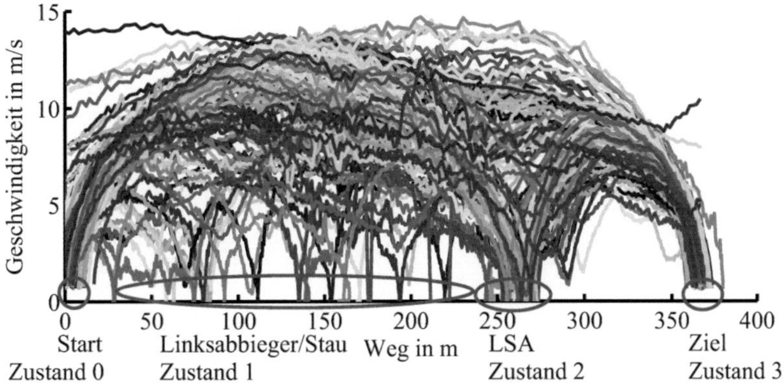

Abbildung 4.31: Strecke 5: Geschwindigkeitsprofile über dem Weg mit Zuständen

Die Bereiche zur Identifizierung der Zwischenzustände sind: $s_1 = 25 \ldots 225\,\text{m}$ und $s_2 = 250 \ldots 300\,\text{m}$ sowie $v_{\text{Fzg}} \leq 2\,\text{m/s}$. Die Darstellung des Zustandsgraphen erfolgt im Abschnitt G.4 des Anhangs. Die Zusammenfassung der Parameter für Kantengewichte, Verteilungen und Auftretenswahrscheinlichkeiten erfolgt im selben Anhang in der Tabelle G.4. Die Modellierung des Zustands 1 (ggf. unter Hinzunahme von Zustand 2) als Stau, wie bei Strecke 3 prinzipiell skizziert, wäre auch hier möglich. Auf eine wiederholende Darstellung wird verzichtet.

Für die Strecke 5 beträgt der deterministische Anteil am Energiebedarf im Zielzustand $\widetilde{E}^* = 5,12\,\text{MWs} = 1,42\,\text{kWh}$. Die gemeinsame Darstellung von stochastischem und deterministischem Anteil als Verteilungsfunktion und -dichte sowie der „Restverteilung" erfolgt in Abbildung 4.32.

4.3.3 Energiebedarf entlang der Linie und Größe des zweiten Energiespeichers

Aus den fünf im vorhergehenden Abschnitt vorgestellten Strecken wird eine Linie zusammengesetzt. Ein Optimieren der Position von Nachladepunkten, wie im Abschnitt 4.2.2 theoretisch behandelt, kann aufgrund des damit verbundenen Umfangs im Rahmen der vorliegenden Arbeit nicht beispielhaft vorgestellt werden. Die weitaus interessantere Fragestellung ist die Dimensionierung des zweiten Energiespeichers anhand einer gegebenen Zuverlässigkeit $\widetilde{s}$ für die Gesamtlinie.

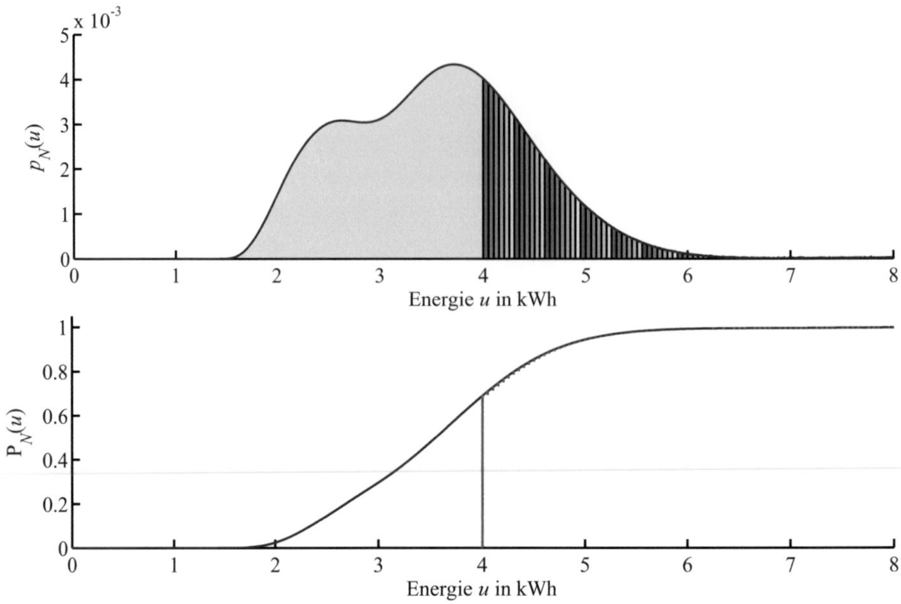

Abbildung 4.32: Strecke 5: Energiebedarf im Zielzustand und Restverteilung – Dichte- und Verteilungsfunktion

Dafür wird, wie in den Abbildungen 4.22, 4.24, 4.27, 4.30 und 4.32 bereits eingezeichnet, vorerst von einer nutzbaren Speichergröße des ersten Energiespeichers von $\overline{E}_1 = 4\,\text{kWh}$ ausgegangen. Der zweite Speicher sei in Schritten von $0,05\,\text{kWh}$ modular aufbaubar. Auch diese Intervalle sind in den Abbildungen zuvor bereits berücksichtigt und eingezeichnet. Als diskrete Zähldichten sind sie in der Abbildung 4.33 nochmals zusammengestellt.

Werden diese Dichten der Restverteilungen $r^{(j)}(k)$ der fünf Strecken jeweils miteinander gefaltet (siehe Abschnitt 4.2.3.2) entsteht die Zähldichte $\widetilde{r}(k)$ für den Energiebedarf aus dem zweiten Speicher (Abbildung 4.34).

Für eine beispielhaft geforderte Sicherheit von $\widetilde{s} = 0,96 = 96\%$ ergibt sich in der vorliegenden Fallstudie ein Energiebedarf $E_{2,\text{min}} = 2,85\,\text{kWh}$. Diese Größe muss der zweite Energiespeicher mindestens haben. Bei einer Sicherheit von $\widetilde{s} = 0,99 = 99\%$ erhöht sich die Mindestspeichergröße auf $E_{2,\text{min}} = 4,25\,\text{kWh}$. Beide Grenzen sind in der Abbildung 4.34 markiert.

Für weitere feste Speichergrößen des ersten Energiespeichers $\overline{E}_1$ kann das Verfahren nun wiederholt werden, um verschiedene Paare von Energiespeichern $(E_1,\ E_2)$ zu finden, mit denen das Fahrzeug im OFB nach dem *DockingPrinzip* auf der Linie betrieben werden kann. Nach Definition der Bewertungsfunktionen für beide Energiespeicher ist eine Optimierung der Speichergrößen gemäß Abschnitt 4.2.3.3 möglich.

Werden für die Energiespeicher in der Fallstudie die Bewertungsfunktionen nach Abbildung 4.17 (Seite 87) unterstellt, ergeben sich die optimalen Speichergrößen gemäß Abbildung 4.18 (Seite 87) zu E_1^*= 4,6 kWh und E_2^*= 1,75 kWh.

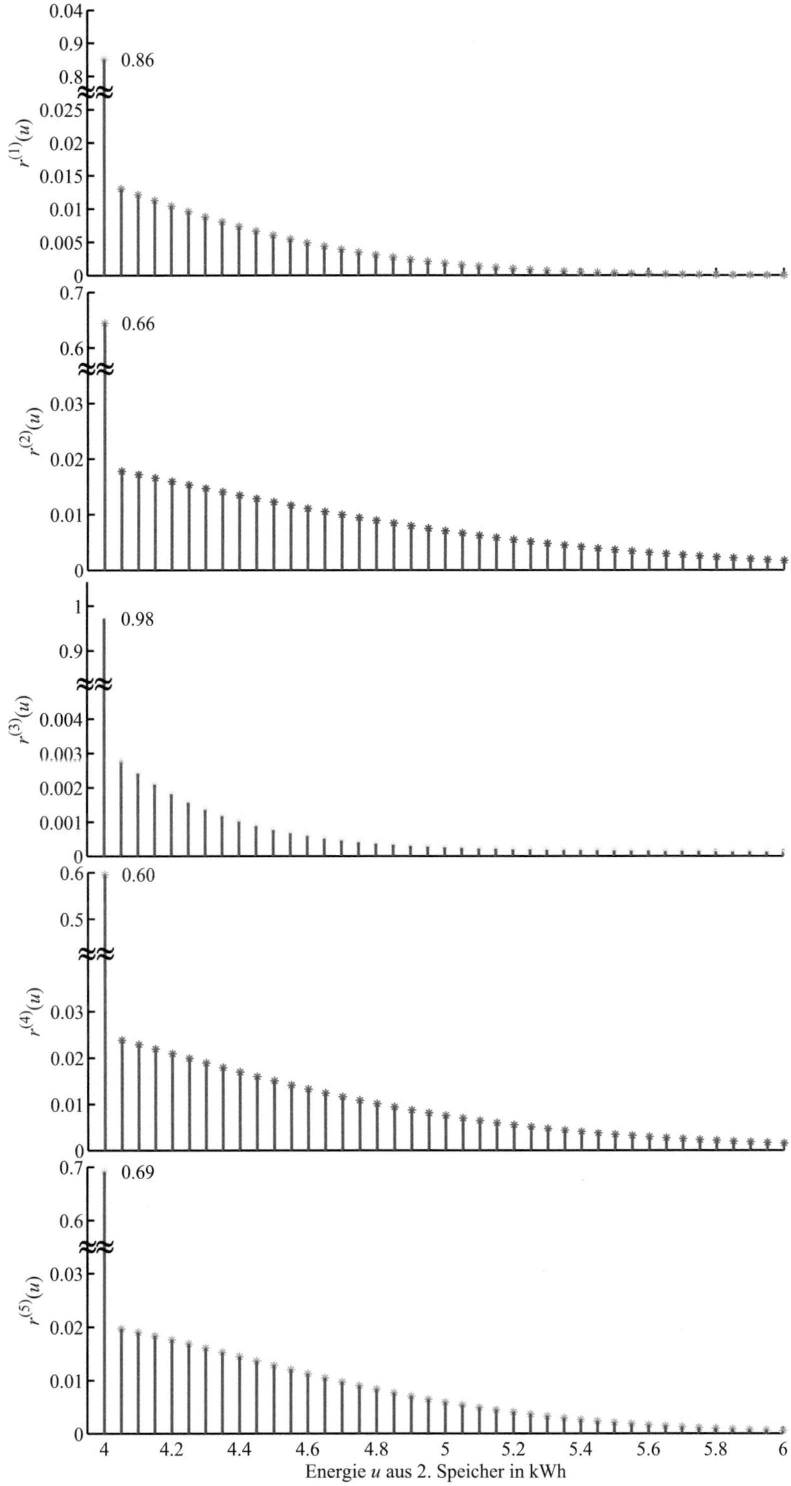

Abbildung 4.33: Zähldichten der Restverteilungen der Strecken 1-5

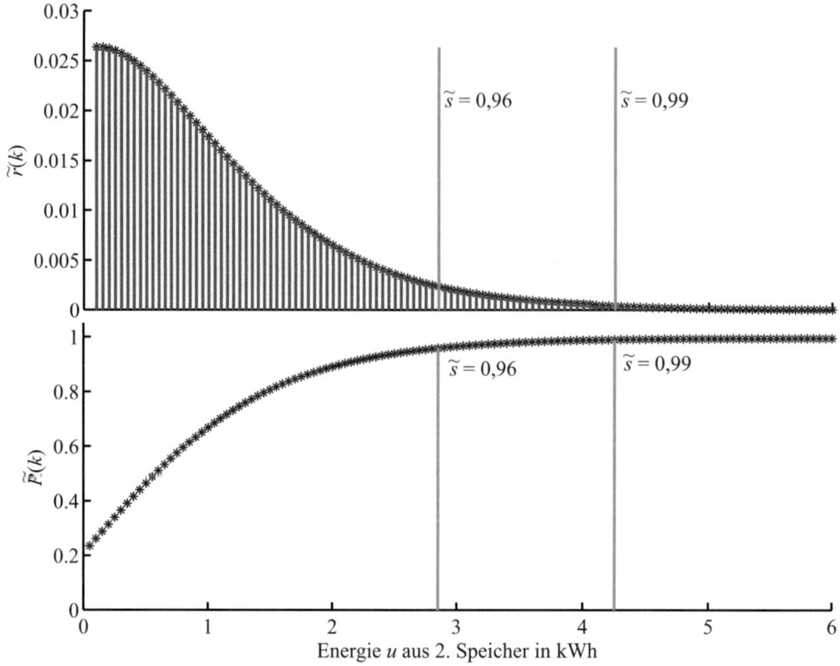

Abbildung 4.34: Energiebedarf aus zweitem Speicher (Dichte- und Verteilungsfunktion) mit Markierung der geforderten Sicherheit

4.3.4 Zusammenfassung zur Fallstudie

Im Rahmen der Fallstudie wurde der Berechnungsgang für die Auslegung des fahrzeugseitigen Energiespeichersystems an einer Beispiellinie mit fünf Streckenabschnitten gezeigt.

Für eine übersichtliche Darstellung wurde dabei angenommen, dass es an jeder Haltestelle einen Nachladepunkt gibt und der erste Energiespeicher aufgrund ausreichend großer Haltezeiten an diesen Nachladepunkten immer vollgeladen werden kann. Für reale Nachladepunktabstände von etwa drei bis vier Haltestellen ergeben sich eine größere Anzahl an Zwischenzuständen und damit zu berücksichtigenden Pfaden sowie ein größerer Energiebedarf und damit größere Energiespeicher.

Wird es zugelassen, dass der erste Energiespeicher an einem Nachladepunkt entlang der Strecke nicht vollständig geladen wird, verändert sich die entsprechende Restverteilung. Im Resultat vergrößert sich dann der Mindestenergiebedarf des zweiten Energiespeichers.

Der dargestellte Berechnungsgang für den Energiebedarf ohne Berücksichtigung der Rekuperation ist für die einzelnen Streckenabschnitte in gleicher Weise auch auf eine Berechnung mit Rekuperation anwendbar. Dann sind für die Kantengewichte jeweils höhere Energiebedarfe und damit Verteilungen mit anderen Parametern zu verwenden. Eine derartige Betrachtung mit Rekuperation tritt bei der später in dieser Arbeit vorgestellten Dimensionierung der Energieversorgungsinfrastruktur an den Nachladepunkten auf.

5 Dimensionieren der wegseitigen Nachladeinfrastruktur

5.1 Vorgehen

Nach dem Kapitel zum fahrzeugseitigen Energiespeichersystem und seiner Dimensionierung soll nun die wegseitige Infrastruktur für die Nachladung der Fahrzeugenergiespeicher betrachtet werden. Dabei sind Fragen der Energiespeichergröße und -masse von untergeordneter Bedeutung. Vielmehr ist aus energietechnischer Sicht auf die Bemessung der Nachladepunkte hinsichtlich der thermischen Beanspruchung ihrer Bauelemente zu achten.

Eine bewährte Methode für die Auslegung der Komponenten in der Bahnenergieversorgung ist das Aufstellen der Anforderungen mit Hilfe der zeitgewichteten Belastungsdauerkurve (ZBDK) und der Abgleich mit den auf gleiche Weise erzeugten zeitgewichteten Belastbarkeitsdauerkurven der Komponenten. In der Fachliteratur wird dieses Verfahren z. B. für Transformatoren, Stromrichter und Fahrleitungen u. a. in [24, 99, 111, 161, 223, 224, 226, 271] beschrieben.

Ziel des vorliegenden Kapitels 5 der Arbeit ist es deshalb, einerseits ein Verfahren zu entwickeln, das aus den zuvor beschriebenen energetischen Anforderungen des Fahrzeugs systematisch auf den Leistungsbedarf am Nachladepunkt in der Form der ZBDK der Leistung (bzw. des Stromes) schließen lässt. Andererseits ist die Leistungsbereitstellung aus dem Energieversorgungsnetz sicherzustellen. Eine Übersicht dazu gibt Abbildung 5.1.

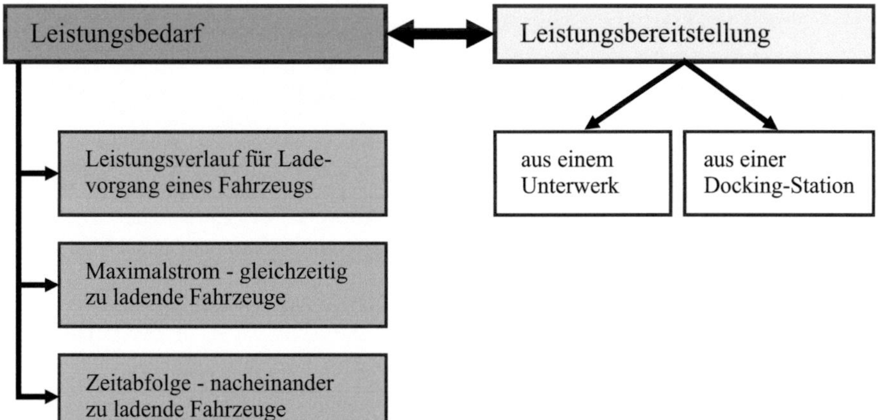

Abbildung 5.1: Vorgehen bei der Dimensionierung der Nachladeinfrastruktur

Um den Leistungsbedarf aus dem bekannten Energiebedarf abzuleiten, ist die Nachladezeit entscheidend. Im Rahmen der Arbeit soll dabei von einem Ladevorgang der fahrzeugseitigen Energiespeicher mit konstanter Leistung ausgegangen werden. Ferner soll bei der Energieversorgung aus einem wegseitigen Energiespeicher (Docking-Station) der maximal mögliche Entladestrom am unteren Spannungsniveau des Speichers während des Ladevorgangs nicht überschritten werden.

Als alternative Variante eines Ladeprinzips käme eine Ladung mit diesem maximal möglichen Entladestrom über die komplette Ladezeitdauer in Betracht (Laden mit konstantem Strom). Damit wäre zwar ein schnelleres Laden des fahrzeugseitigen Energiespeichers möglich, jedoch stellt diese Ladevariante eine Grenzbelastung der leistungselektronischen Bauelemente dar, die zu wesentlichen Lebensdauereinschränkungen führt. Aus diesem Grund wird die Ladung mit konstantem Strom nachfolgend nicht weiter betrachtet.

Grundlegende Untersuchungen zu Haltezeiten von ÖPNV-Fahrzeugen wurden bereits im Abschnitt 4.1.5 dargestellt. Mit einer feststehenden Haltezeit und damit auch Ladezeit ergibt sich für jedes Fahrzeug mit nachzuladendem Energiespeicher aus der Energiebedarfsverteilung eine Verteilung der am Nachladepunkt benötigten Ladeleistung. Befindet sich die Nachladestation an einer Knotenpunkt-Haltestelle, ist mit einem gleichzeitigen Nachladen mehrerer Fahrzeuge an unterschiedlichen Halteplätzen der Haltestelle zu rechnen. Dafür wird im Abschnitt 5.2 ein Verfahren entworfen, mit dem die benötigte Gesamtleistung berechnet werden kann. Die theoretischen Grundlagen basieren dabei auf der Energiebedarfsberechnung der Abschnitte 3.2 und 4.2. Auch für die Dimensionierung der vorzuhaltenden Ladeleistung für eine gleichzeitige Ladung mehrerer Fahrzeuge im Nachladepunkt kann somit das Kriterium der Missionserfüllung angewendet werden.

Im nächsten Schritt ist die so ermittelte Ladeleistung zeitgleich stattfindender Nachladevorgänge entsprechend der Linienbelastung am Nachladepunkt mehrfach nacheinander zu betrachten. Dieses Aufstellen einer zeitlichen Abfolge von nacheinander stattfindenden Nachladevorgängen erzeugt ein Gesamt-Leistungsprofil am Nachladepunkt, mit dem letztendlich die zur Auslegung wichtige ZBDK des Nachladepunkts berechnet werden kann. Damit ist die Leistungsanforderung am Nachladepunkt beschrieben.

Die Fragen der Leistungsbereitstellung werden im Abschnitt 5.3 diskutiert. Dabei soll einerseits gezeigt werden, dass sich für Nachladepunkte mit hohem Energie- und Leistungsbedarf nach wie vor die klassischen Unterwerke zur Energieversorgung eignen. Andererseits wird auf die alternative Versorgung durch eine Docking-Station eingegangen. Diese Station ist mit einem Energiespeicher ausgestattet und soll einen kontinuierlichen Energiebezug aus dem Versorgungsnetz mit geringer Leistung erreichen und damit am Niederspannungsnetz anschließbar sein.

Im abschließenden Abschnitt 5.4 wird an einem Beispiel gezeigt, dass bei einem Anschluss an das Niederspannungsnetz in einer städtischen Siedlungsstruktur nur geringe Entfernungen zu überbrücken sind.

5.2 Leistungsbedarf am Nachladepunkt

5.2.1 Leistungsbedarf eines Fahrzeugs am Nachladepunkt

5.2.1.1 Einflussgrößen bei der Energiespeicherladung

Für die Dimensionierung der Energieversorgungsinfrastruktur und des Übertragungssystems am Nachladepunkt ist der Verlauf der abzugebenden und auf das Fahrzeug zu übertragenden Leistung und der daraus resultierenden Strombelastung der Aggregate bestimmend.

Der Leistungsverlauf zur Ladung des Energiespeichers eines einzelnen Fahrzeugs richtet sich in erster Linie nach:

- der zu ladenden Energiemenge (Ladezustand des Fahrzeugenergiespeichers bei Ladungsbeginn),
- der zur Ladung zur Verfügung stehenden Zeit,
- der verwendeten Speichertechnologie und damit Lade-/Entladecharakteristik (Polarisationskurve) des Fahrzeugenergiespeichers sowie dem Aufbau des Energiespeichersystems und der zugehörigen Leistungselektronik und
- der daraus resultierenden Ladestrategie.

Für die Beschreibung des Bemessungsstroms der Nachladeinfrastruktur ist weiterhin die Kenntnis über:

- den Aufbau der wegseitigen Energieversorgung (Unterwerk oder Docking-Station) sowie
- die Ladespannung und ggf. Betriebscharakteristik wegseitiger Energiespeicher

nötig.

Die Einflussgrößen „verfügbare Ladezeit“ und „zu übertragende Energiemenge“ wurden in den vorangegangenen Abschnitten bereits besprochen. Zu verschiedenen Speichertechnologien sind die Grundlagen im Abschnitt 2.1.3 angeführt. Nachfolgend soll eine Auswahl der Technologie erfolgen und auf die Ladestrategie eingegangen werden. Die Bestimmung des Bemessungsstroms zur Dimensionierung der Energieversorgung in verschiedenen Ausführungsarten erfolgt später im Abschnitt 5.3.

5.2.1.2 Auswahl der Speichertechnologie

Für die beim *DockingPrinzip* nötigen Schnellladevorgänge an Haltestellen sind derzeit nur Doppelschichtkondensatoren (DSK) als Fahrzeugenergiespeicher geeignet. Batterie- und Schwungmassespeicher scheiden aufgrund beschränkter Leistungsdichte bzw. der Sicherheitsanforderungen aus (siehe Abschnitt 2.1). Charakteristisch ist für die DSK eine starke Abhängigkeit der Klemmenspannung vom Energieinhalt (siehe Abschnitt 2.1.3.5 und Abbildung 2.7).

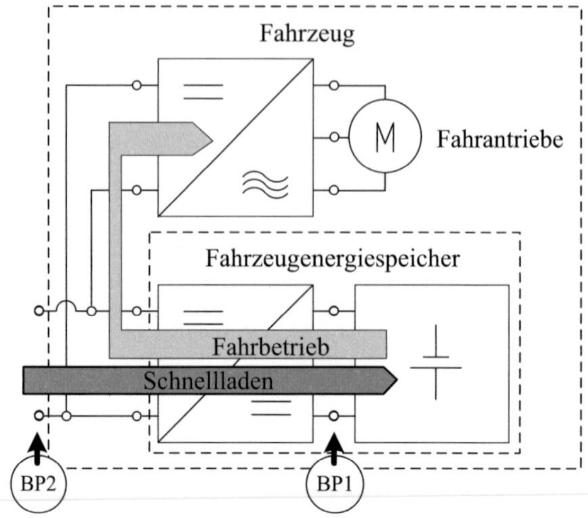

Abbildung 5.2: Elektrischer Antriebsstrang des Fahrzeugs mit Energiespeicher

Fahrzeugseitig kann das Energiespeichersystem wie in Abbildung 5.2 schematisch dargestellt werden. Dabei sind zwei Betrachtungspunkte in dieser Abbildung eingezeichnet:

- Betrachtungspunkt BP1 ist zwischen Speichermodul und zugehörigem Gleichstromsteller (Leistungselektronik),
- Betrachtungspunkt BP2 ist am Kontaktsystem vom Fahrzeug zur wegseitigen Energieversorgung (Fahrzeugzwischenkreis).

5.2.1.3 Ladestrategie

Für die weiteren Betrachtungen wird von einer Energiespeicherladung mit konstanter Leistung am BP2 ausgegangen. Folglich wird auch am BP1 konstante Leistung anliegen. Der Gleichstromsteller auf dem Fahrzeug erfüllt dann die Aufgabe, entsprechend dem Energiespeicherinhalt und damit seiner Speicherklemmenspannung den Ladestrom am Energiespeicher einzustellen. Kritische Bauelemente sind dabei die leistungselektronischen Stellglieder, die in der Regel in ihrer Stromtragfähigkeit beschränkt sind.

Für Straßenbahnen kann üblicherweise von mehreren Gleichstromsteller-Einheiten auf dem Fahrzeug und damit einer Stromaufteilung und folglich unkritischen Belastungen ausgegangen werden. Bei Elektrobussen wird derzeit meist nur ein Steller vorgesehen. Folglich kann die Strombelastung dieses einen Stellers kritisch werden. Um trotzdem in der sehr knapp verfügbaren Ladezeit eine große Energiemenge übertragen zu können, kann bei diesen Fahrzeugen von der Ladung mit konstanter Leistung auf die zeitlich etwas schnellere Ladung mit konstantem Strom am BP1 umgestiegen werden. Um die mit dieser alternativen Ladestrategie am BP2 verbundenen Auswirkungen zu beschreiben, wäre eine genauere Kenntnis des Fahrzeugenergiespeichers und seiner Steuerung nötig. Dies ist nicht Gegenstand der vorliegenden Untersuchungen. Deshalb werden die nachfolgenden Ausführungen auf die Ladung von fahrzeugseitigen Energiespeichersystemen auf Straßenbahnen mit konstanter Leistung über der gesamten Ladezeit fokussiert.

Über den einfachen physikalischen Zusammenhang zwischen Energie E und Leistung P_L:

$$E_\mathrm{AB} = \int_{t_\mathrm{A}}^{t_\mathrm{B}} P_\mathrm{L}(t)dt \tag{5.1}$$

kann die vorzusehende konstante Ladeleistung

$$P_\mathrm{L} = P_\mathrm{L}(t) = konst \tag{5.2}$$

während der Haltezeit t_H aus dem Energiebedarf E_NP des Fahrzeugs am Nachladepunkt durch

$$P_\mathrm{L} = \frac{E_\mathrm{NP}}{t_\mathrm{H}} \tag{5.3}$$

berechnet werden.

5.2.2 Leistungsbedarf für gleichzeitig zu ladende Fahrzeuge

5.2.2.1 Verfahren

Im vorgestellten System des OFB nach dem *DockingPrinzip* werden Nachladepunkte aufgrund der größeren Halte- und Ladezeiten vorrangig in Knotenpunkt-Haltestellen angeordnet. In diesen Haltestellen werden durch verschiedene Linien und Fahrtrichtungen oft auch verschiedene Halteplätze („Bahnsteige“) von den Fahrzeugen angefahren und genutzt. Somit können an einem Nachladepunkt die Energiespeicher mehrerer Fahrzeuge gleichzeitig geladen werden. In der Folge überlagern sich die Ladeleistungen der einzelnen Fahrzeuge zu einer durch den Nachladepunkt zur Verfügung zu stellenden Gesamtleistung.

Um die Versorgungssicherheit des Nachladepunkts zu garantieren, ist die Gesamtleistung mit einer definierten Zuverlässigkeit („Missionserfüllung“) zu dimensionieren. Dazu kann ein Verfahren genutzt werden, mit dem aus dem stochastischen Energiebedarf der Fahrzeuge auf die Gesamtleistung des Nachladepunkts geschlossen wird.

Ausgangspunkt der Betrachtung sei ein Nachladepunkt mit maximal n gleichzeitig belegbaren Halteplätzen und jeweils eine Wahrscheinlichkeitsverteilungsdichte $p_j(u)$ der am Nachladepunkt aufzunehmenden Energie für die gleichzeitig haltenden Fahrzeuge gemäß der Energiebedarfsberechnung im Abschnitt 3.2.2 (z. B. nach Gleichung (3.55)).

Die n Verteilungsdichten der Energie können über die jeweiligen Haltezeiten $t_{\mathrm{H},j}$ am Halteplatz j und der in Gleichung (5.3) angegebenen Formel zur Berechnung der konstanten Ladeleistung zu Wahrscheinlichkeitsverteilungsdichten der Ladeleistung z umgeformt werden:

$$p_j(z) = p_j(u/t_{\mathrm{H},j}). \tag{5.4}$$

Anschließend werden diese Wahrscheinlichkeitsverteilungsdichten mit $k \cdot \Delta z$ und $k = 0, 1, \ldots$ diskretisiert. Es entsteht für jeden Halteplatz j eine diskrete Zähldichte $p_j(k)$ der Ladeleistung. Die weitere Berechnung erfolgt analog zur Betrachtung von Restwahrscheinlichkeiten für den Energieinhalt des zweiten fahrzeugseitigen Energiespeichers im Abschnitt 4.2.3.2.

Für die Verteilungsdichte der Summenleistung des Nachladepunkts bei gleichzeitigem Laden an allen n Halteplätzen ist die Verteilungsdichte der Summe der Einzelverteilungen zu berechnen. Wie bereits in Gleichung (4.11) dargestellt, sind dazu die einzelnen Dichten miteinander zu falten:

$$p_{\mathrm{NLP}}(k) = p_1(k) * p_2(k) * \cdots * p_n(k). \tag{5.5}$$

Mit dieser Verteilung der am Nachladepunkt gleichzeitig zu erwartenden Leistung ist unter Angabe einer Zuverlässigkeit $\widetilde{s}$ für die Versorgungssicherheit eine minimale Dimensionierungsleistung $P_{\mathrm{Dim,min}}$ für gleichzeitiges Laden an diesem Nachladepunkt bestimmbar:

$$P_{\mathrm{Dim,min}} = l \cdot \Delta z \quad \text{mit} \quad l = \min\left\{k : \sum_{i=1}^{k} p_{\mathrm{NLP}}(k) \geq \widetilde{s}\right\}. \tag{5.6}$$

Dieses Vorgehen soll nachfolgend an einem Beispiel demonstriert werden.

5.2.2.2 Berechnungsbeispiel

Um das Verfahren zu illustrieren, sei ein Nachladepunkt betrachtet, an dem $n = 5$ Fahrzeuge gleichzeitig nachgeladen werden. Der Energiebedarf der fünf Fahrzeuge am Nachladepunkt entspräche prinzipiell den Verteilungen im Zielknoten der fünf Beispielstrecken aus Abschnitt 4.3. Es ist jedoch jetzt, im Unterschied zu den Darstellungen vorn, die Rekuperation von Energie beim Bremsen in den Verteilungen berücksichtigt. Die Haltezeit möge vereinfacht für alle Fahrzeuge 20 Sekunden betragen.

Daraus ergeben sich die Dichten für die Ladeleistungen, die in diskretisierter Form in Abbildung 5.3 zusammengestellt sind.

Diese fünf Zähldichten der Leistung werden miteinander gefaltet. Es entsteht die Dichtefunktion $p_{\mathrm{NLP}}(k)$ für die Gesamtladeleistung des Nachladepunkts. In der Abbildung 5.4 ist diese zusammen mit der zugehörigen Verteilungsfunktion dargestellt.

Wird nun eine Versorgungssicherheit des Nachladepunkts von beispielsweise $\widetilde{s} = 0{,}99 = 99\%$ gefordert, ergibt sich im vorliegenden Beispiel eine Gesamtleistung $P_{\mathrm{Dim,min}} = 2{,}86$ MW. Diese Leistung muss am Nachladepunkt mindestens vorgehalten und entsprechend bei der Dimensionierung berücksichtigt werden. In der Abbildung 5.4 ist dieser Grenzwert eingetragen.

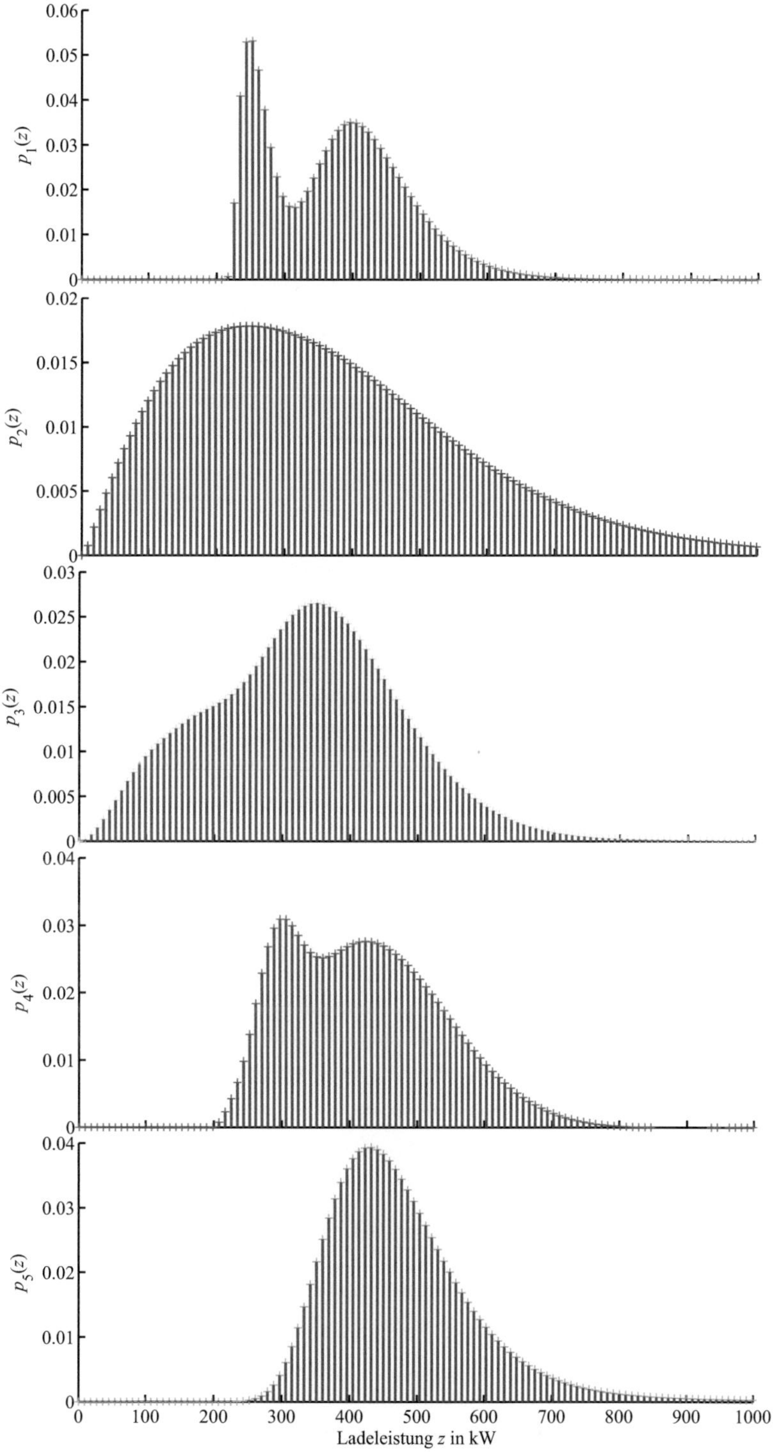

Abbildung 5.3: Diskrete Nachlade-Leistungs-Zähldichten der Fahrzeuge 1-5

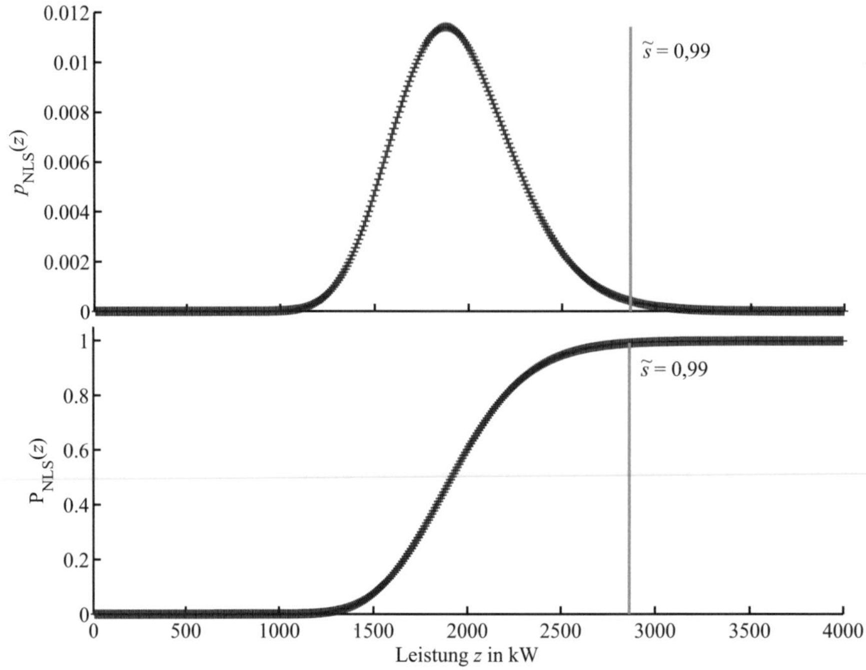

Abbildung 5.4: Gesamtladeleistung des Nachladepunkts (Dichte- und Verteilungsfunktion) mit Markierung der geforderten Versorgungssicherheit

5.2.3 Leistungsverlauf für nacheinander zu ladende Fahrzeuge

5.2.3.1 Kriterien für den Leistungsverlauf im Auslegungsprozess des Nachladepunkts

Die gleichzeitigen Speicherladungen sind in einem weiteren Dimensionierungsschritt nun zeitlich so nacheinander anzuordnen, dass ein zeitabhängiger Leistungsverlauf des Nachladepunkts entsteht. Dabei sind Linienanzahl und -takt am Nachladepunkt entsprechend zu beachten.

Um sowohl die kurzfristigen Belastungen als auch die Dauerbelastung mit der entsprechenden Zeitwichtung bei der Auslegung des Nachladepunkts und seiner Komponenten zu berücksichtigen, eignet sich die Darstellung mit Hilfe der zeitgewichteten Belastungsdauerkurve der Betragsmittelwerte (kurz: zeitgewichtete Belastungsdauerkurve - ZBDK). Diese muss zu jeder Zeit kleiner als die ebenso ermittelte Belastbarkeitskurve der Energieversorgung (der Nachladestation bzw. des Unterwerks) sein. Das entsprechende Berechnungsverfahren wird von BIESENACK U.A. zur Übersicht in [22] und detailliert von RÖHLIG in [224] und STEPHAN in [271] beschrieben.

Zum Aufstellen des Leistungsverlaufs am Nachladepunkt für die Auslegung von Anlagenteilen soll, wie traditionell in der Bahnstromversorgung üblich, jeweils der ungünstigste Belastungsfall („worst case“) berücksichtigt werden. Dazu werden besonders belastete Nachladepunkte im Netz gesucht. Aufgrund der Verschiedenartigkeit der Netzstrukturen im ÖPNV variieren die Randbedingungen zur Ermittlung des Gesamtleistungsverlaufs an Nachladepunkten jedoch sehr stark. Es sollen deshalb drei Grundszenarien aufgestellt werden, mit denen die Netzstruktur berücksichtigt und jeweils maximale betriebliche Anforderungen erfüllt sind. Kann eine Energieversorgung dem jeweiligen Grundszenario entsprechen, sind Szenarien der gleichen Netzstruktur mit geringeren betrieblichen Anforderungen durch dieselbe Energieversorgung ebenfalls abgedeckt.

Die drei Grundszenarien sind:

- *Herkömmlich vermaschte Netzstruktur*
  Diese Netzstruktur findet sich bei den meisten deutschen Straßenbahnbetrieben, deren Netze historisch gewachsen sind. Dabei haben sich zentrale Umsteigehaltestellen in den Stadtzentren herausgebildet, an denen die Fahrzeuge einer Vielzahl an Linien aus unterschiedlichen Richtungen an jeweils verschiedenen Halteplätzen der Haltestelle halten. Als Beispiel dazu ist in Abbildung 5.5 ein Ausschnitt des Innenstadt-Netzplans der Leipziger Verkehrsbetriebe (LVB) sowie die Lage der Halteplätze der Haltestelle Hauptbahnhof dargestellt.

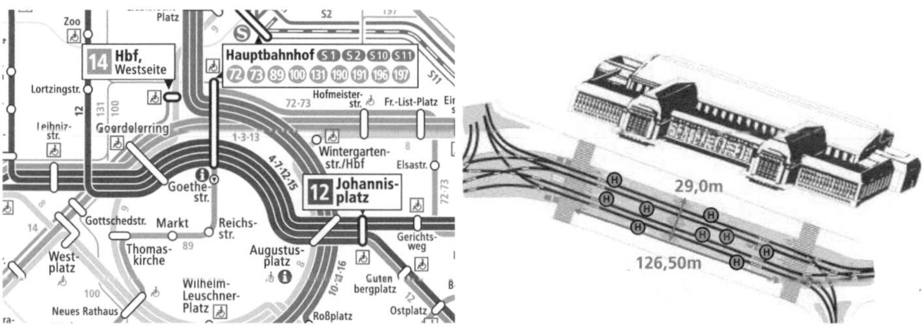

Abbildung 5.5: Innenstadt-Netzplan der LVB und Übersichtsplan mit Lage der Halteplätze an der Haltestelle Hauptbahnhof aus [155, 318]

- *Netzstruktur aus Einzellinien mit Linienüberlagerung im Stadtzentrum*
  Beim Neubau von Straßenbahnnetzen wird vor allem in Frankreich eine Netzstruktur gewählt, die aus einzelnen Linien besteht. Diese Linien werden so geführt, dass sie im Stadtzentrum den gleichen Linienverlauf haben und an denselben Halteplätzen einer Haltestelle halten. Damit erhöht sich die Taktdichte im Stadtzentrum. Als entsprechende Beispiele seien Straßburg, Lille oder Caen genannt. Der Liniennetzplan von Straßburg findet sich im Anhang H.

- *Netzrandbereiche*
  Auf den Strecken in den Randbereichen beider zuvor genannter Netzarten verkehren nur noch wenige, meist nur ein oder zwei Linien. Entsprechend ist die Taktdichte an

den Haltestellen geringer. Hier könnten die Maximalanforderungen der vorgenannten Szenarien zu einer deutlichen Überdimensionierung der Anlagen führen.

Alle drei Grundszenarien werden nachfolgend näher betrachtet. Eine grundsätzliche Überlegung zur zeitlichen Abfolge von Nachladungen wird dem vorangestellt.

5.2.3.2 Prinzipielle Überlegung zur zeitlichen Abfolge am Nachladepunkt

Betrachtet wird ein Nachladepunkt, der von drei Linien benutzt wird. Die Fahrzeuge auf allen drei Linien mögen in einem 10-min-Takt verkehren. Die Fahrzeuge seien baugleich, die aufzunehmende Energie unterscheidet sich zwischen den Fahrzeugen nicht. Als Zeit zur Nachladung werden vereinfachend jeweils 20 Sekunden angenommen. Die Ladeleistung ändert sich während dieser Zeit nicht.

Nun können die Fahrzeuge zeitlich so angeordnet werden, dass die Zeitabstände zwischen dem Eintreffen der Fahrzeuge am Nachladepunkt jeweils gleich groß sind (Fall a). Hier also 3:20 Minuten. Im anderen Fall (b) sollen die Fahrzeuge aller drei Linien in einem Pulk am Nachladepunkt eintreffen. Dafür wird der minimale Zeitabstand zwischen zwei Nachladungen, wie später noch dargestellt, zu rund elf Sekunden abgeschätzt. Der sich somit am Ladepunkt ergebende Leistungsverlauf ist für beide Fälle in der Abbildung 5.6 schematisch dargestellt.

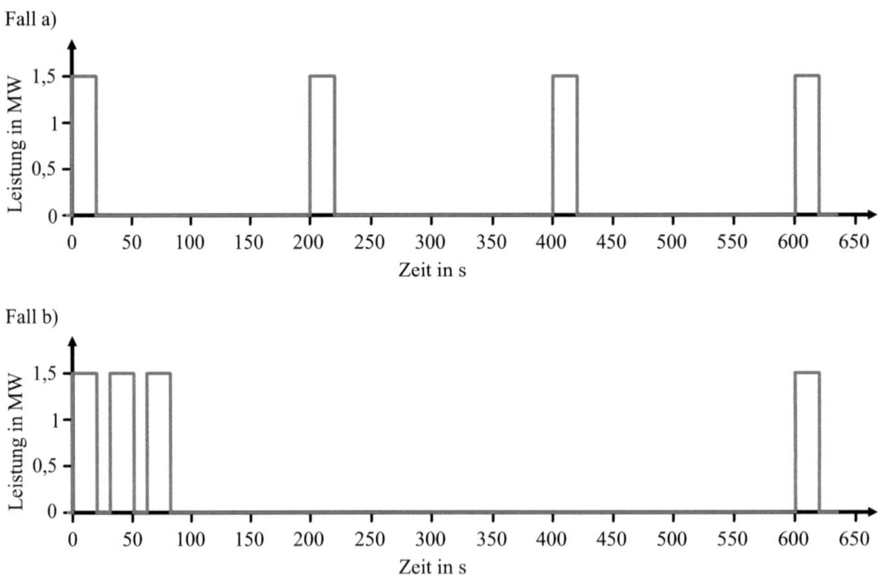

Abbildung 5.6: Prinzipieller Leistungsverlauf am Nachladepunkt bei 3 Linien im 10-min-Takt für gleichmäßige Zeitabstände (Fall a) und Pulk-Bildung (Fall b)

Für beide Leistungsverläufe kann nun unter Annahme einer konstanten Ladespannung von 600 V am Kontaktsystem (BP2) die ZBDK des Strommittelwerts berechnet werden (Abbildung 5.7). Aufgrund der Periodizität des Leistungsverlaufs reicht hierbei eine Darstellung der Kurve bis zwei Stunden aus.

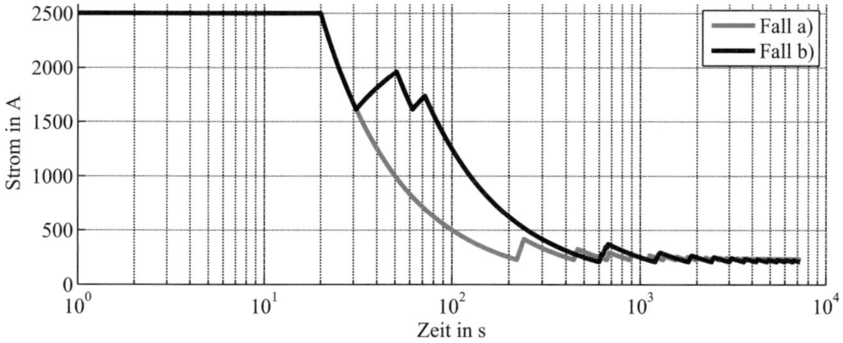

Abbildung 5.7: Zeitgewichtete Belastungsdauerkurve des Stroms für die Leistungsverläufe nach Abbildung 5.6 und einer konstanten Ladespannung von 600 V

Aus dieser Darstellung ist deutlich zu erkennen, dass eine Pulk-Bildung in der ZBDK im Bereich zwischen 30 und 200 Sekunden deutlich höhere Anforderungen an die Energieinfrastruktur stellt, als ein zeitlich gleichmäßiges Eintreffen der Fahrzeuge am Nachladepunkt. Im Bereich größer 200 Sekunden sind die Unterschiede gering. Folglich wird für die Anordnung der Fahrzeuge am Nachladepunkt in „worst case"-Betrachtungen die Pulk-Bildung mit möglichst kurzer Nachfolgezeit der Fahrzeuge zu wählen sein.

Die Bestimmung der Nachfolgezeit von Fahrzeugen im Pulk kann bei vorhandenen Anlagen einerseits messtechnisch erfolgen, andererseits auch rechnerisch überschlägig bestimmt werden. Dazu wird angenommen, dass das zweite Fahrzeug im Pulk sich zum Ladeendzeitpunkt des ersten Fahrzeugs unmittelbar hinter diesem befindet. Beide Fahrzeuge beschleunigen gleichzeitig mit einer betrieblich festgelegten Anfahrbeschleunigung a. Nach der Hälfte des Weges zum Nachladepunkt (entspricht der halben Fahrzeuglänge des ersten Fahrzeugs) bremst das zweite Fahrzeug mit der betragsmäßig gleichen Beschleunigung ab und hält somit genau am Nachladepunkt. Bei einer Fahrzeuglänge l_{Fzg} beträgt die Nachfolgezeit damit:

$$t_{\mathrm{Nf}} = 2\sqrt{\frac{2\frac{l_{\mathrm{Fzg}}}{2}}{a}} = 2\sqrt{\frac{l_{\mathrm{Fzg}}}{a}}. \tag{5.7}$$

Üblicherweise wird die Nachfolgezeit im Betrieb länger ausfallen, als mit dieser überschlägigen Berechnung bestimmt.

5.2.3.3 Herkömmlich vermaschte Netzstruktur

Anzahl der Halteplätze einer Knotenpunkt-Haltestelle

An einer Knotenpunkt-Haltestelle befinden sich mehrere Halteplätze, an denen gleichzeitig Fahrzeuge halten und den fahrzeugseitigen Energiespeicher nachladen können. Durch Überlagern der Ladeleistungsverläufe der einzelnen Fahrzeuge am Nachladepunkt wird der

Gesamtleistungsverlauf für diese Knotenpunkt-Haltestelle erzeugt.

Die maximale Anzahl gleichzeitig haltender Fahrzeuge an großen Knotenpunkt-Haltestellen in herkömmlich vermaschten Straßenbahnnetzen muss für den jeweiligen Anwendungsfall individuell bestimmt werden. Um in den Darstellungen in der vorliegenden Arbeit nach Möglichkeit wiederum ein „worst case"-Szenario zu erfassen, wurden die Straßenbahnbetriebe in Deutschland mit einer Streckenlänge von jeweils >100 km hinsichtlich der Anzahl der Halteplätze, der Linienbelegung und der dichtesten Taktfolge an ihren zentralen Umsteige-Haltestellen systematisch untersucht (Anhang I).

Während Zeiten mit sehr langen Taktintervallen, also während der Nachtstunden und im Wochenend-Frühverkehr, werden diese zentralen Umsteige-Haltestellen oft durch nahezu alle Linien angefahren. Durch Aufenthaltszeiten von mehreren Minuten werden dabei die Umsteigebeziehungen zwischen allen teilnehmenden Linien gewahrt (z. B. als „Nachttreffen" oder „Rendezvous" in Leipzig, Dresden, Köln oder Chemnitz). Aufgrund der langen Haltezeiten kann dabei die Übertragung der benötigten Energie über einen erheblich längeren Zeitraum als zur Spitzenstunde und damit mit erheblich geringeren Leistungen erfolgen. Im Vergleich zur Belastung während der Spitzenstunde werden diese besonderen „Fahrzeughäufungen" als unkritisch hinsichtlich der Auslegung der Energieversorgung betrachtet.

Die Analyse der Straßenbahnbetriebe für die Spitzenstunde (Anhang I) ergab, dass die Zentralhaltestelle Hauptbahnhof der Leipziger Verkehrsbetriebe als eine der höchstbelasteten Haltestellen zur weiteren beispielhaften Darstellung ausgewählt werden kann. Hier sind vier Straßenbahn-Doppelhaltestellen angeordnet. Zusätzlich sind zwei Bushalte überlagert. Dies entspricht acht Halteplätzen für Straßenbahnen und zwei überlagerten Halteplätzen für Busse, letztere mit wesentlich geringerer Ladeleistung (siehe auch Abbildung 5.5). Die Haltestelle wird planmäßig von 10 Straßenbahn- und 2 Buslinien bedient. Die Bahnen verkehren in der Hauptverkehrszeit im 10-min-Takt bzw. 20-min-Takt, die Busse im 20-min-Takt.

Unabhängig vom tatsächlichen Fahrplan wird nun versucht, alle Linien an der Haltestelle so zeitlich anzuordnen, dass wiederum ein „worst case"-Szenario entsteht.

Gesamtleistungsverlauf für eine Knotenpunkt-Haltestelle

Anhand der dargestellten Vorüberlegungen kann nun der Gesamtleistungsverlauf für eine Knotenpunkt-Haltestelle in der herkömmlich vermaschten Netzstruktur aufgestellt werden. Zur besseren Veranschaulichung soll dies am oben vorgestellten Szenario der Haltestelle Hauptbahnhof in Leipzig erfolgen.

Innerhalb eines 10-min-Taktintervals bedienen maximal 10 Straßenbahnlinien in jeweils beiden Fahrtrichtungen und 2 Buslinien in jeweils nur einer Fahrtrichtung die Haltestelle. Somit sind 20 Straßenbahnen und zwei Busse innerhalb dieses Taktintervalls an den acht verfügbaren Halteplätzen anzuordnen. Das Schema zur „worst case"-Anordnung lautet deshalb:

- acht Straßenbahnen gleichzeitig,
- nach kürzester Nachfolgezeit wiederum acht Straßenbahnen gleichzeitig und

- nach weiterer kürzester Nachfolgezeit vier Straßenbahnen und zwei Busse gleichzeitig.

Die Nachfolgezeit kann anhand von Gleichung (5.7) berechnet werden. Statt der Fahrzeuglänge ist bei der vorliegenden Doppelhaltestelle jedoch die Haltestellenlänge von 126,5 m (siehe Abbildung 5.5) einzusetzen. Die Anfahr- und Bremsbeschleunigung möge aus Komfortgründen 1 m/s^2 betragen. Die Nachfolgezeit im Pulk ergibt sich folglich zu 22,5 s.

Die Ladeleistung für gleichzeitiges Laden von acht Fahrzeugen ist gemäß den Angaben im Abschnitt 5.2.2 zu berechnen. Da für das gewählte Beispiel, Haltestelle Hauptbahnhof in Leipzig, leider keine Energie- und Nachladeleistungs-Verteilungen der einzelnen Linien und Fahrzeuge vorliegen, soll ohne Beschränkung der allgemeinen Aussage angenommen werden, es handle sich bei allen Fahrzeugen um die in Leipzig eingesetzten größten Fahrzeuge vom Typ *Bombardier Flexity Outlook Classic XXL* (Fahrzeuglänge 45 m, Leermasse 59 t [154]) mit einem Energiebedarf von ca. 5 kWh/km. Die Versorgungssicherheit soll gewährt sein, wenn alle acht (bzw. sechs) gleichzeitig zu ladenden Fahrzeuge jeweils maximal 3,75 kWh Energie aufnehmen müssen. Bei einer angenommenen Nachladezeit von 20 Sekunden beträgt die Gesamtladeleistung für acht Fahrzeuge 5400 kW und für sechs Fahrzeuge 4050 kW (Einzelfahrzeug-Nachladeleistung 675 kW). Vereinfachend wird für die Busse dieselbe Energiemenge und Ladeleistung unterstellt. Damit ergibt sich ein Gesamtleistungsverlauf am Nachladepunkt wie in Abbildung 5.8.

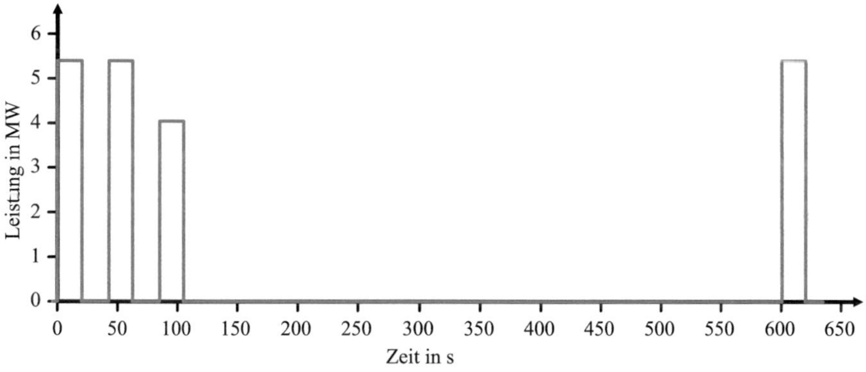

Abbildung 5.8: Leistungsverlauf am Nachladepunkt Leipzig Hauptbahnhof

5.2.3.4 Netzstruktur aus Einzellinien mit Linienüberlagerung im Stadtzentrum

An den Haltestellen mit Nachladepunkten im Stadtzentrum verkehren bei einer Netzstruktur aus Einzellinien mit Linienüberlagerung mehrere Linien in dichtem Takt. Für jede Fahrtrichtung gibt es genau einen Halteplatz. Somit können üblicherweise auf maximal zwei Fahrzeugen die fahrzeugseitigen Energiespeicher gleichzeitig nachgeladen werden. Aus Überlagerung dieser zwei Einzelfahrzeug-Ladeleistungsverläufe wird der Gesamtleistungsverlauf für die Haltestelle erzeugt.

Eine Analyse der Taktzeiten französischer Straßenbahnbetriebe mit entsprechender Netzstruktur ergab für klassische Straßenbahnen im Stadtzentrum Takte bis zwei Minuten, z. B. in Straßburg und Saint-Etienne (Anhang J).

Aus diesen Taktzeiten kann mit Hilfe von Einzel-Ladeleistungen und Ladezeiten der Leistungsverlauf am Nachladepunkt bestimmt werden. Auch für die französischen Systeme liegen keine Energie- und Leistungsverteilungen vor. Deshalb werden als Fahrzeuge die in Straßburg eingesetzten größten Bahnen vom Typ *Alstom Citadis 402* (Fahrzeuglänge 45 m, Leermasse ca. 55 t [45]) angenommen. Sie haben einen ähnlich großen Energiebedarf wie die Leipziger Fahrzeuge von ca. 5 kWh/km. Um Versorgungssicherheit und auch Vergleichbarkeit zu wahren, mögen die nachzuladende Energiemenge pro Fahrzeug ebenfalls maximal 3,75 kWh und die Nachladezeit 20 Sekunden betragen. Die Ladeleistung für das gleichzeitige Laden von je einem Fahrzeug aus jeder Fahrtrichtung ist damit 1350 kW (einzelnes Fahrzeug 675 kW). Bei einem 2-Minuten-Takt ergibt sich ein Gesamtleistungsverlauf am Nachladepunkt gemäß Abbildung 5.9.

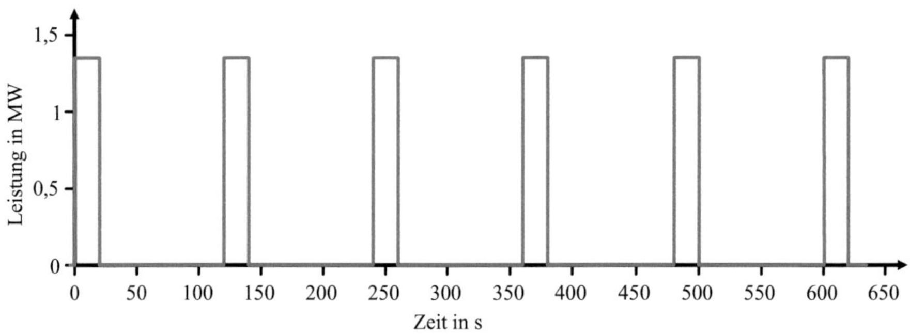

Abbildung 5.9: Leistungsverlauf an einem Nachladepunkt in Straßburg

5.2.3.5 Maximalanforderung für ein Leistungsprofil in Netzrandbereichen

Bei beiden zuvor vorgestellten Netzstrukturen ist die Linienbelegung in den Randbereichen des Netzes wesentlich geringer als im Stadtzentrum. Nur noch eine, maximal zwei Linien verkehren in diesen Netzrandbereichen. Die Haltestellen haben gewöhnlich nur einen Halteplatz in jeder Fahrtrichtung. Entsprechend reduzieren sich die Belastungen an den Nachladepunkten.

Um für diese Netzbereiche wiederum Maximalanforderungen an die Nachladeinfrastruktur zu ermitteln und zu veranschaulichen, wird ein Szenario mit zwei Linien im 10-min-Takt gewählt. Die Fahrzeuge sollen denen aus den vorangegangenen Abschnitten entsprechen und somit einen Energiebedarf von 5 kWh/km aufweisen.

Der Abstand von Nachladepunkten in Netzrandbereichen ist größer als in der Innenstadt, womit die nachzuladende Energie ebenfalls größer ist. Sinnvoll erscheint unter Beachtung von 600 m bis 900 m Haltestellenabstand in Netzrandbereichen (siehe Anhang F) eine Annahme von:

- 3 Haltestellen mit Haltestellenabstand von 600 m oder
- 2 Haltestellen mit Haltestellenabstand von 900 m.

Damit beträgt der Nachladepunkt-Abstand rechnerisch 1800 m. Die nachzuladende Energie wird in Ermangelung von Verteilungsfunktionen deshalb mit maximal 9 kWh pro Fahrzeug für den Fall der Versorgungssicherheit angenommen. Auch wenn es derzeit noch unrealistisch erscheint, eine derartig große Energiemenge bei heutigen Energiespeichergrößen und -massen auf dem Fahrzeug mitführen zu können, soll das Beispiel im Sinne der Vergleichbarkeit weiter mit diesem Wert dargestellt werden.

Da an Knotenpunkt-Haltestellen im Netzrandbereich die üblichen Haltezeiten kürzer als im Stadtzentrum sind, ist mit Nachladezeiten von nur 10 s bis 15 s zu rechnen (siehe Abschnitt 4.1.5). Daraus resultiert eine Leistung von 4320 kW für zwei Fahrzeuge bei einer Nachladezeit von 15 s und eine Leistung von 6480 kW bei einer Zeit von 10 s. (Wiederum muss eingeschränkt werden, dass die Übertragung von Einzelleistungen von 2160 kW bzw. 3240 kW pro Fahrzeug im 750 V-Spannungssystem derzeit ebenfalls unrealistisch ist, der Vergleichbarkeit halber jedoch weiter betrachtet wird.)

Für zwei Linien im 10-min-Takt und 15 s Nachladezeit ist der entsprechende Gesamtleistungsverlauf am Nachladepunkt in Abbildung 5.10 dargestellt. Die minimale Nachfolgezeit der zweiten Linie am Nachladepunkt beträgt nach Gleichung (5.7) rund 13,5 s.

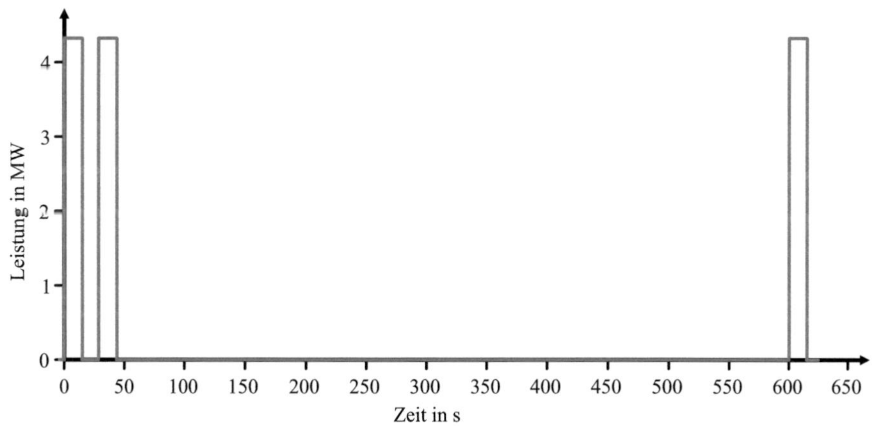

Abbildung 5.10: Leistungsverlauf an einem Nachladepunkt am Netzrand

5.2.4 Schlussfolgerungen aus den Betrachtungen zum Leistungsbedarf

In diesem Abschnitt wurde gezeigt, wie aus dem Energiebedarf eines Fahrzeugs am Nachladepunkt ein Leistungsbedarf mehrerer Fahrzeuge an Knotenpunkt-Haltestellen berechnet werden kann. Dabei wurden folgende Sachverhalte deutlich:

1. Für die Berechnung des Leistungsbedarfs gleichzeitig zu ladender Fahrzeuge wird die stochastische Modellierung des Energiebedarfs der Fahrzeuge und eine Faltung dieser

einzelnen Fahrzeugenergien, ähnlich der Energiespeicherauslegung im Kapitel 4 der Arbeit, verwendet.

2. Um die zeitabhänige Belastungsanforderung für die Nachladepunkte zu beschreiben, ist außerdem der Leistungsverlauf für nacheinander ladende Fahrzeuge zu betrachten.

3. Je nach Netzstruktur unterscheiden sich die prinzipiellen Leistungsverläufe am Nachladepunkt, die bei der nachfolgend betrachteten Leistungsbereitstellung zu berücksichtigen sind.

5.3 Leistungsbereitstellung am Nachladepunkt

5.3.1 Aufbau des Energieversorgungsnetzes

Die Energieversorgung für den Betrieb von elektrischen ÖPNV-Fahrzeugen muss in die Energieversorgungsnetze auf Stadt-/Gemeinde- und Landesebene eingebunden werden. Prinzipiell sind in der Energieversorgung drei Netzebenen ausgeprägt, die dreiphasig und mit einer Nennfrequenz von 50 Hz arbeiten (siehe Abbildung 5.11) [106, 237]:

- das Hochspannungsnetz (HS-Netz) mit 110 kV / 220 kV Nennspannung zum überregionalen Energietransport und -austausch,

- das Mittelspannungsnetz (MS-Netz) der Städte und Gemeinden mit Nennspannungen von 10 kV bzw. 20 kV zur Energieverteilung in Städten und ländlichen Regionen und

- das Niederspannungsnetz (NS-Netz) mit 380 V / 400 V Nennspannung zur Verteilung auf die Hausanschlussgröße, welches im Allgemeinen einen Anschluss von Verbrauchern bis 300 kW zulässt.

Üblicherweise ist die Energieversorgung von Straßenbahnen über Gleichrichter-Unterwerke (GUW) am MS-Netz angeschlossen. Dabei kommt es auf die Unternehmensphilosophie an, ob:

- alle Unterwerke eines Betreibers einzeln und direkt am MS-Netz angeschlossen werden,

- Gruppen mehrerer Unterwerke am MS-Netz angeschlossen sind, die dann ggf. auch durch Ringleitungen zusätzlich Redundanz gewähren oder

- ein eigenes Subnetz der Unterwerke aufgebaut wird.

Das Unterwerk bei Gleichstrom-Nahverkehrsbahnen übernimmt neben der Gleichrichtung auch die Spannungstransformation auf üblicherweise DC 1500 V, DC 750 V oder DC 600 V Nennspannung. Verbreitet sind dabei Nennleistungen der GUW für Straßenbahnen von ca. 1 MW bis 3 MW, bei starker Belastung bis 5 MW bis 6 MW.

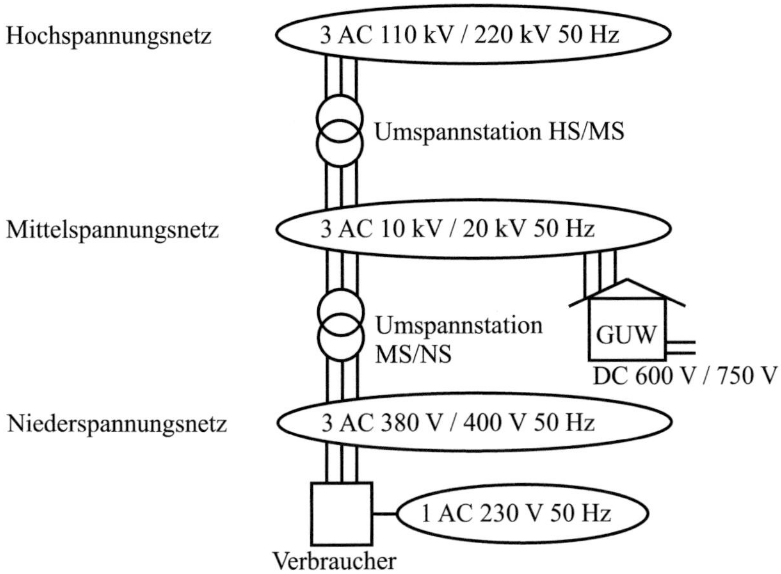

Abbildung 5.11: Aufbau des Energieversorgungsnetzes

5.3.2 Ausführungsart der Nachladepunkte

Für einen OFB nach dem *DockingPrinzip* sind verschiedene Speisungen der Nachladepunkte aus der Energieversorgung möglich. Im Zusammenhang mit den Aspekten Fahrzeug, Netz und Stadtentwicklung sind dabei für jeden Anwendungsfall folgende Fragen zu diskutieren:

- *Welche Spannungsart wird für die Energieversorgung gewählt?*
  Wird die im Nahverkehr klassischerweise eingesetzte Gleichspannung verwendet oder wird ein System mit Wechselspannung aufgebaut?
  Erfolgt bei einer Wechselspannungsversorgung eine einphasige oder dreiphasige Ausführung?

- *An welcher Spannungsebene wird die Energieversorgung angebunden?*
  Wird eine Anbindung ähnlich eines GUW an die Mittelspannung gewählt, oder ist der Anschluss an das Niederspannungnetz und ggf. die Hausanschlussebene möglich? Gibt es eine eigene „Bahnstrom“-Ebene, die genutzt werden kann?

- *Welche Stadtstruktur ist zu berücksichtigen?*
  Gibt es bestehende und historisch gewachsene Stadt- und Energieversorgungsinfrastrukturen oder handelt es sich um eine Neuplanung ganzer Stadtviertel und Städte „auf dem Reißbrett“?

- *Muss Kompatibilität zu bestehenden elektrischen Bahnnetzen und Verkehrssystemen gewahrt werden?*

- *Welche Fahrzeuge werden eingesetzt?*
  Sollen bestehende elektrische Fahrzeugsysteme weiter genutzt werden oder besteht Freiheit in der Wahl des elektrischen Fahrzeugsystems?

- *Welcher Leistungsgang kann und soll aus dem Netz des Energieversorgers bezogen werden und wie wird die zugehörige Kostenstruktur gestaltet?*
  Können der Leistungsgang der Nachladepunkte und vor allem hohe Leistungsspitzen direkt an das Energieversorgungsnetz weitergegeben werden oder ist eine Leistungsglättung, z. B. durch Energiespeicher, nötig und sinnvoll?

Bei allen Fragestellungen gibt es für die unterschiedlichen Varianten jeweils Vor- und Nachteile, die hier nicht allgemein diskutiert werden können und sollen.[19] Letztendlich wird die Entscheidung auch vor dem Hintergrund des jeweils speziellen Anwendungsfalls unterschiedlich ausfallen.

Für die weitere Darstellung werden zwei Varianten betrachtet, die derzeit für eine Versorgung in einem bestehenden Straßenbahnnetz in einer historisch gewachsenen Stadt und unter Verwendung herkömmlicher Straßenbahnfahrzeuge am wahrscheinlichsten sind:

1. Versorgung eines Nachladepunkts aus einem herkömmlichen Gleichrichter-Unterwerk (GUW),

2. Versorgung eines Nachladepunkts aus einer stationären Einheit mit Energiespeichern (Docking-Station).

Auf beide Varianten soll nachfolgend eingegangen werden.

5.3.3 Ausführung des Nachladepunkts als Unterwerk

5.3.3.1 Verlauf der Strombelastung

Berechnung

Die Versorgung von Nachladepunkten aus einem üblichen GUW stellt eine nahe liegende Variante der Energieversorgung dar. Im Allgemeinen kann dabei davon ausgegangen werden, dass die leistungselektronischen Stellglieder des GUW eine Spannungshaltung ($U_\mathrm{L} = konst$) während des Nachladeprozesses garantieren. Somit ist bei konstanter Ladeleistung am Betrachtungspunkt BP2 (siehe Abbildung 5.2) auch die Strombelastung I_L am Nachladepunkt und in den Aggregaten des GUW konstant und ergibt sich aus der physikalischen Grundgleichung:

$$I_\mathrm{L}(t) = I_\mathrm{L} = \frac{P_\mathrm{L}}{U_\mathrm{L}} = konst. \tag{5.8}$$

Der zeitliche Verlauf des Ladestroms kann damit sehr einfach aus den Leistungsprofilen des Nachladepunkts erzeugt werden. Für die drei in Abschnitt 5.2.3 vorgestellten Grundsze-

[19] Interessante Ansatzpunkte für eine generische Behandlung dieser Fragen bei Vollbahnen liefern beispielsweise [23, 171].

narien des Leistungsverlaufs soll nachfolgend das Aufstellen der zugehörigen ZBDK für die Auslegung dargestellt werden.

ZBDK für Knotenpunkt-Haltestellen in herkömmlich vermaschter Netzstruktur

Für den Leistungsverlauf einer Knotenpunkt-Haltestelle bei herkömmlich vermaschter Netzstruktur gemäß dem Beispiel in Abbildung 5.8 (Nachladepunkt Hauptbahnhof in Leipzig) kann bei Kenntnis der konstanten Ladespannung die zeitgewichtete Belastungsdauerkurve der Strommittelwerte berechnet werden. Unter Annahme einer Ladespannung in Höhe der Netznennspannung von 750 V ist die ZBDK des Stroms in Abbildung 5.12 für einen Zeitraum von bis zu zwei Stunden dargestellt (schwarze Kurve).

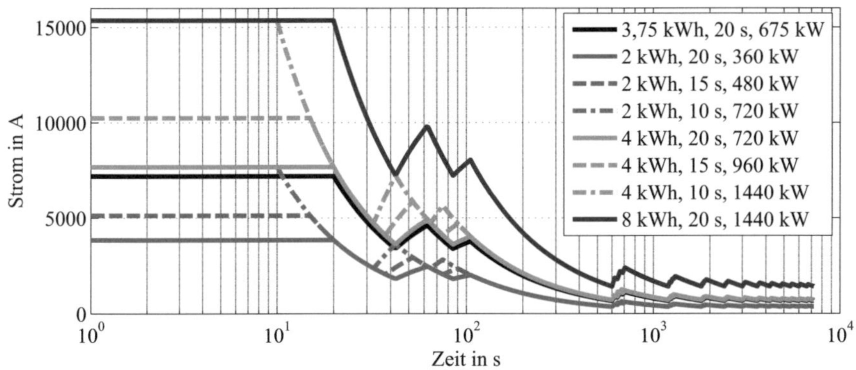

Abbildung 5.12: ZBDK des Stroms für die Leistungsverläufe am Nachladepunkt Leipzig Hauptbahnhof nach Abbildung 5.8 und Werten nach Tabelle 5.1

Zur Veranschaulichung des Einflusses von Ladezeit und zu übertragender Energiemenge (resultierend z. B. aus verschieden großen Ladepunktabständen) sind in derselben Abbildung zusätzliche ZBDK für alternative Lastprofile am Nachladepunkt Hauptbahnhof in Leipzig eingezeichnet. Die dafür verwendeten Kombinationen aus Ladeleistung und Ladezeit führt Tabelle 5.1 auf. Die Ladespannung bleibt konstant bei 750 V.

Markant bei allen Kurven ist das auf die Maximalwerte bis 20 Sekunden folgende lokale Maximum zwischen 40 und 60 Sekunden mit mehr als der halben Größe der Kurzzeitwerte. Für die Auswahl und thermische Bemessung der Komponenten im Nachladepunkt wird neben der Belastbarkeit im Kurzzeitbereich bis 20 Sekunden dieses zweite Maximum entscheidend sein. Im Langzeitbereich liegen alle Werte unter 2000 A und werden damit als unkritisch eingeschätzt.

ZBDK für Knotenpunkt-Haltestellen bei Überlagerung von Einzellinien im Stadtzentrum

Für das Grundszenario „Überlagerung von Einzellinien im Stadtzentrum" (siehe Abschnitt 5.2.3.4) wird aus dem Gesamtleistungsverlauf am Nachladepunkt (Abbildung 5.9) die ZBDK gebildet und in Abbildung 5.13 dargestellt. Für ausgewählte Kombinationen aus Ladeleis-

zu übertragende Energie pro Fzg. in kWh	verfügbare Ladezeit in s	resultierende Ladeleistung pro Fzg. in kW	Kennzeichnung in Abbildung 5.12 und 5.13
2	20	360	graue Linie
	15	480	graue Strich-Strich-Linie
	10	720	graue Strich-Punkt-Linie
3,75	20	675	schwarze Linie, Beispiel Leipzig und Straßburg
4	20	720	hellgraue Linie
	15	960	hellgraue Strich-Strich-Linie
	10	1440	hellgraue Strich-Punkt-Linie
8	20	1440	dunkelgraue Linie

Tabelle 5.1: Kombinationen von Ladezeit und Ladeleistung des Einzelfahrzeugs für die Berechnung der ZBDK in Abbildung 5.12 und 5.13

tung und Ladezeit (siehe Tabelle 5.1) und dem unterstellten 2-min-Takt sind die entsprechenden Belastungsdauerkurven des Strommittelwerts für eine konstante Ladespannung von 750 V über einem Zeithorizont von bis zu zwei Stunden in der Abbildung ebenfalls eingetragen.

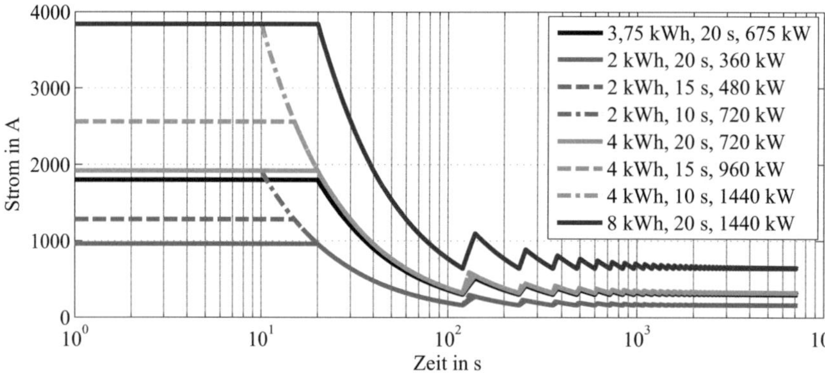

Abbildung 5.13: ZBDK des Stroms für die Leistungsverläufe an einem Nachladepunkt in Straßburg nach Abbildung 5.9 und Werten nach Tabelle 5.1

Im Vergleich zu den Kurvenverläufen der herkömmlich vermaschten Netzstruktur wird hier das deutlich spätere und kleinere Auftreten der zweiten und aller weiteren Belastungsspitzen geringere Anforderungen an die Aggregate des Unterwerks stellen. Außerdem bewegen sich die Maximalströme aufgrund deutlich weniger gleichzeitig zu ladender Fahrzeuge auf wesentlich geringerem Niveau.

ZBDK für Haltestellen im Netzrandbereich

Für Haltestellen im Netzrandbereich ist ein beispielhafter Leistungsverlauf im Abschnitt 5.2.3.5 in Abbildung 5.10 gezeigt. Unter Annahme einer konstanten Ladespannung von

750 V ergibt sich eine zeitgewichtete Belastungsdauerkurve der Strommittelwerte wie in Abbildung 5.14. Wiederum sind die ZBDK weiterer Ladezeit-Ladeleistungs-Kombinationen (siehe Tabelle 5.2) in der Abbildung verzeichnet. Ein Großteil der zuvor einbezogenen Kombinationen muss hier unter Berücksichtigung der tendenziell kürzeren Haltezeiten im Netzrandbereich, der derzeitigen technischen Randbedingungen für die Speichertechnologie auf Fahrzeugen sowie der Grenzen bei der Hochstromübertragung jedoch entfallen.

zu übertragende Energie pro Fzg. in kWh	verfügbare Ladezeit in s	resultierende Ladeleistung pro Fzg. in kW	Kennzeichnung in Abbildung 5.14
2	15	480	graue Linie
	10	720	graue Strich-Strich-Linie
4	15	960	dunkelgraue Linie
	10	1440	dunkelgraue Strich-Strich-Linie
6	15	1440	hellgraue Linie
9	15	2160	schwarze Linie, Beispiel
	10	3240	schwarze Strich-Strich-Linie

Tabelle 5.2: Kombinationen von Ladezeit und Ladeleistung des Einzelfahrzeugs für die Berechnung der ZBDK in Abbildung 5.14

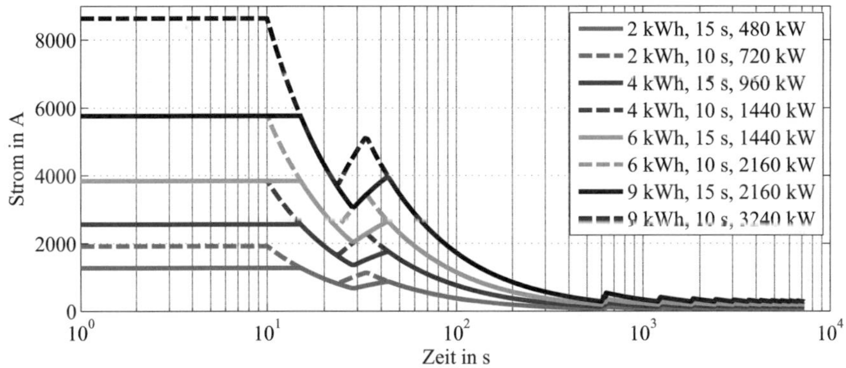

Abbildung 5.14: ZBDK des Stroms für die Leistungsverläufe an einem Nachladepunkt am Netzrand nach Abbildung 5.10 und Werten nach Tabelle 5.2

Vom prinzipiellen Verlauf unterscheiden sich die Kurven nur unwesentlich von denen der herkömmlich vermaschten Netze, wenngleich auch die Stromamplituden aufgrund weniger gleichzeitig zu ladender Fahrzeuge bei gleichem Fahrzeugenergiebedarf geringer ausfallen. Problematisch erscheinen die konzeptbedingt großen zu übertragenden Energien, die bei tendenziell kurzen Haltezeiten sehr große Ströme bei der einzelnen Übertragung erfordern.

Ein Ausweg aus den bei einer Spannung von 750 V entstehenden hohen zu übertragenden Strömen ist eine Anhebung der Spannung auf z. B. den doppelten Spannungswert. Im Gegensatz zu Nahverkehrsbahnen mit Fahrleitung ist dies bei einem Betrieb nach dem *DockingPrinzip* grundsätzlich möglich, da kein Spannungsfall in der Fahrleitung berücksichtigt werden muss und somit keine Spannungsdifferenz der Nennspannung nach oben erforderlich ist. Mit einer Spannungsanhebung sind jedoch auch höhere Schutzanforderungen an die Energieübertragung und aufwendigere elektrische und elektronische Komponenten verbunden. Ob diese Maßnahmen wirtschaftlich sinnvoll sind, muss im Einzelfall geprüft werden.

5.3.3.2 Auslegung

Das hinsichtlich der elektrischen und thermischen Auslegung kritischste Element eines Unterwerks ist der Stromrichter. Um mit dem Unterwerk die zuvor aufgezeigten Leistungs- und Strombelastungen des Nachladepunkts zu erfüllen, müssen die ZBDK dieser Anforderungen unter den korrespondierenden Belastbarkeitskurven des Unterwerks bzw. des Stromrichters liegen.

Für die Stromrichter im Bahnbetrieb (wie z. B. auch für die Transformatoren) sind standardisierte Lastspiele in den Normen DIN EN 50328, DIN EN 60146-1-1 und DIN IEC 60146-1-1 [200, 202, 203] festgelegt. Dabei wird in den Normen die Belastung der Stromrichter in verschiedene Belastungsklassen I bis IX unterschieden. Straßen- und Stadtbahnen werden den Belastungsklassen VI und VII, U- und S-Bahnen den Belastungsklassen V, VI und VIII und Obusse der Belastungsklasse V zugeordnet. Eine Übersicht zu den Festlegungen der verschiedenen Normen gibt die Tabelle im Anhang K.

Für die Belastungsklassen IV bis VII gelten die in dieser Übersicht angegebenen Werte für die Strombelastbarkeit jeweils einzeln und nachdem die Temperaturen die gleichen Werte wie beim Dauerbetrieb mit Bemessungsstrom angenommen haben. Die angegebenen Werte der Strombelastbarkeit der Klassen VIII und IX gelten kumulativ, also in unmittelbarer Folge ohne das Abwarten der Abkühlung.

Die in der Übersicht angegebenen Beispiel-Lastspiele sind in den Normen für typisch angenommene Betriebsarten angegeben. Sie sind weniger streng in ihren Lastbedingungen als die textlich angegebenen Bemessungsströme (Strombelastbarkeit), um eine dichte Abfolge mehrerer Spitzenlasten mit dann geringeren Spitzenwerten zu berücksichtigen.

Für das Belastungsprofil an Nachladepunkten ist die dichte Folge von Spitzenwerten charakteristisch. Deshalb wird in den nachfolgenden Betrachtungen bei der Bemessung von Aggregaten immer von den angegebenen Beispiel-Lastspielen ausgegangen.

Bisher für Straßenbahnen üblich und von verschiedenen Herstellern am Markt erhältlich [10, 253] sind Gleichrichter in den Belastungsklassen IV, V und VI.

Aus den Vorgaben für die Prüfprofile der verschiedenen Belastungsklassen in den genannten Normen lassen sich die zeitgewichteten Belastbarkeitsdauerkurven für Stromrichter der jeweiligen Klasse aufstellen. In der Abbildung 5.15 sind diese zusammen mit den oben ermittelten Belastungen für die drei Grundszenarien des Netzaufbaus dargestellt. Die angegebenen Nennströme liegen in der Größenordnung marktüblicher Aggregate.

Für Belastungen in Knotenpunkt-Haltestellen herkömmlich vermaschter Netze wird am gewählten Beispiel Haltestelle Hauptbahnhof in Leipzig deutlich, dass selbst für diesen höchstbelasteten Knotenpunkt der Energie- und Leistungsbedarf des OFB nach dem

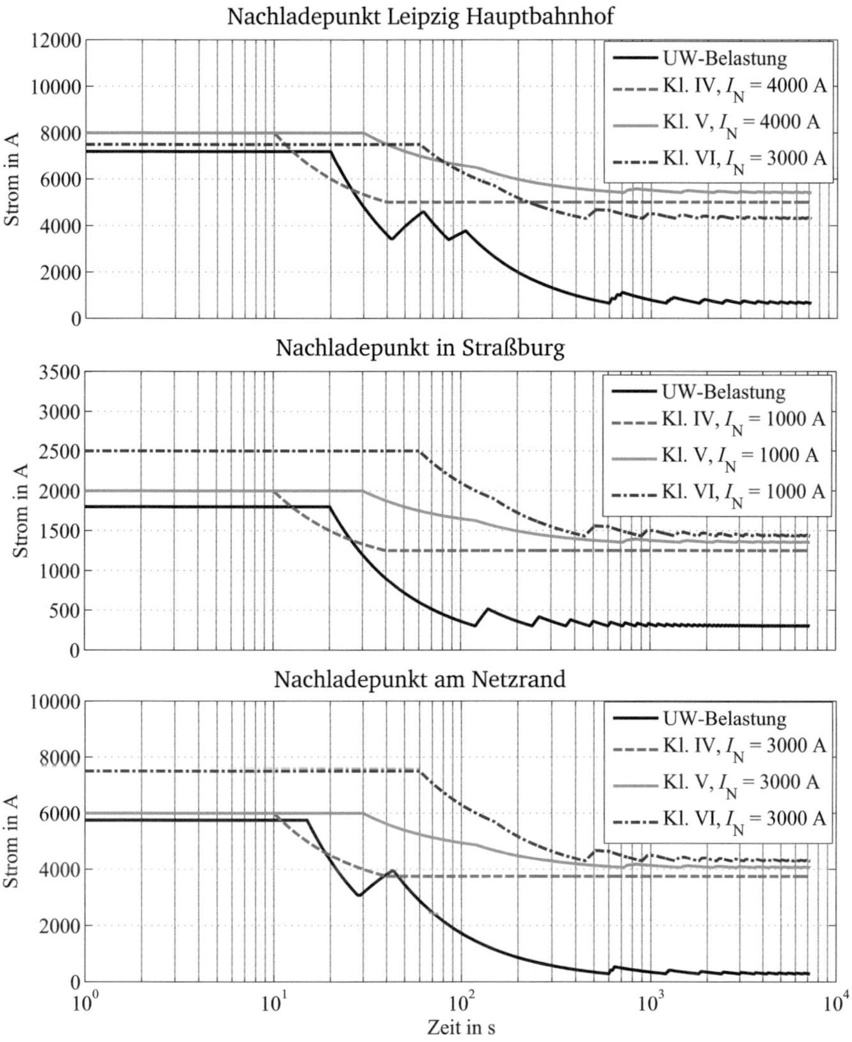

Abbildung 5.15: Belastung an den Nachladepunkten und Belastbarkeit von Stromrichtern nach DIN IEC 60146

DockingPrinzip aus üblichen Gleichrichter-Unterwerken gedeckt werden kann. Für den Stromrichter ist die Belastungsklasse IV mit 4000 A Bemessungsstrom zwar unzureichend, jedoch bei Wahl der Belastungsklasse V bei selbem Bemessungsstrom oder der Belastungsklasse VI bei nur 3000 A Bemessungsstrom werden die Anforderungen des Nachladepunkts dauerhaft erfüllt.

In Netzen mit Einzellinien und Linienüberlagerung im Stadtzentrum zeigt das Beispiel Straßburg, dass auch hier herkömmliche Unterwerksausrüstungen die Anforderungen des Nachladepunkts erfüllen können. Durch weniger gleichzeitig zu ladende Fahrzeuge und gleichmäßigere Verteilung sind dabei Stromrichter mit nur 1000 A Bemessungsstrom erforderlich. Bei 1000 A Bemessungsstrom sind die Belastungsklassen V oder VI zu wählen. Soll die Klasse IV gewählt werden, sind dabei Stromrichter mit höheren Bemessungsströmen zu verwenden.

Diese prinzipiellen Aussagen zur Eignung von herkömmlichen GUW treffen auch auf die Netzrandbereiche zu. Hier wurden 3000 A Bemessungsstrom ermittelt. Durch die in diesen Fällen weiten Nachladepunktabstände und damit großen zu übertragenden Einzelenergien sind die Leistungen und Ströme im Kurzzeitbereich in ähnlicher Größenordnung wie an hochbelasteten Knotenpunkten in der Innenstadt. Es wurde jedoch oben bereits dargestellt, dass beim aktuellen Entwicklungsstand in diesem Bereich Beschränkungen hinsichtlich der maximal übertragbaren Leistungen und Ströme bestehen. Somit muss derzeit von dichterer Nachladepunktanordnung im Netzrandbereich und damit geringeren Maximalströmen in der ZBDK ausgegangen werden.

5.3.3.3 Weitere Randbedingungen beim Einsatz von GUW

Neben der dargestellten prinzipiellen Eignung von GUW zur Speisung von Nachladepunkten müssen beim Auslegungsprozess weitere Einflussgrößen beachtet werden. Diese sind jeweils individuell für den Anwendungsfall zu untersuchen und zu bewerten:

- *Bauliche Einordnung in die Umgebung*
  Herkömmliche GUW haben eine Größe des Baukörpers von beispielsweise rund 6 m x 5 m x 4 m (L x B x H). In gewachsenen Innenstädten, wo ohnehin meist baulich wenig Platz zur Verfügung steht, stellt neben der elektrischen Dimensionierung die Anordnung des GUW in unmittelbarer Nähe des Nachladepunkts ein große Herausforderung dar.

- *Anbindung an das MS-Netz des Energieversorgers*
  Bei der Wahl des Aufstellungsorts ist weiterhin die Verfügbarkeit eines Mittelspannungs-Anschlusses der entsprechenden Leistungsklasse zu berücksichtigen. Dieser ist üblicherweise nur an ausgewählten Punkten in einer Stadt verfügbar. Die zur Anbindung des GUW an das MS-Netz zu überbrückende „letzte Meile“ kann somit ein besonders kostenintensiver Investitionsbestandteil werden.

- *Kosten des GUW und des Leistungspreises für den Energiebezug*
  Neben den hohen Investitionen für ein GUW sind auch die Betriebskosten zu berücksichtigen. Ein GUW ohne Energiespeicher wird die auftretenden hohen Leistungsspitzen bei gleichzeitiger Speicherladung mehrerer Fahrzeuge ungedämpft an das Energieversorgungsnetz weitergeben. Haben diese Leistungsspitzen einen direkten Einfluss auf den Energiebezugspreis, werden sich höhere Betriebskosten ergeben, als bei Anlagen mit Leistungsspitzendämpfung durch Energiespeicher oder durch Berechnung des „Leistungspreises“ als 15 min-Mittelwert.

5.3.4 Ausführung des Nachladepunkts als Docking-Station

5.3.4.1 Aufbau und Wirkungsweise der Docking-Station

Wird der Nachladepunkt aus einer Docking-Station versorgt, ist die Speichercharakteristik ihrer Komponenten zu berücksichtigen. Im Allgemeinen gilt dabei die Annahme konstanter Spannung an den Speicherklemmen und damit konstantem Bemessungsstrom nicht mehr. Deshalb ist diese Ausführungsvariante separat zu betrachten.

Die Docking-Station bezieht ihre Energie aus dem Netz des Energieversorgers zeitkontinuierlich auf niedrigem Leistungsniveau. Sie ist so konzipiert, dass sie aus einem „Hausanschluss“, also im Niederspannungsnetz aus einer Netzstation MS/NS versorgt wird. Ein Energiespeicher (z. B. aus Doppelschichtkondensatoren) nimmt kontinuierlich die Energie aus dem Versorgungsnetz auf. Damit ist das Leistungsprofil in Richtung des Energieversorgers nahezu konstant. Die Übertragung der im Energiespeicher vorgesammelten Energie auf das Fahrzeug erfolgt während der Ladezeit mit hoher Leistung. Dafür ist die Station mit folgenden Hauptkomponenten ausgerüstet:

- Netzteil mit Gleichrichter, Absicherung, Schutzschalter, Netzdrossel und Gleichstromsteller,
- schnellentladefähiger Energiespeicher (z. B. DSK) und
- Gleichstromsteller mit Leistungsschaltern zum Nachladepunkt.

In der Abbildung 5.16 ist der Aufbau als Prinzipschaltbild in Verbindung mit einem Fahrzeug am Nachladepunkt dargestellt. Schalter, Sicherungen u. ä. wurden dabei aus Übersichtlichkeitsgründen nicht eingezeichnet. In der Abbildung sind die bekannten Betrachtungspunkte BP1 und BP2 sowie ein neuer Betrachtungspunkt BP3, zwischen Gleichstromsteller und Stationsenergiespeicher verzeichnet. Ebenfalls vermerkt sind die Prozesse des Speicher-Vorladens mit geringer Leistung und die Schnellladung des Fahrzeugenergiespeichers mit hoher Leistung.

5.3.4.2 Verlauf der Strombelastung

Allgemeine Betrachtung

Am Betrachtungspunkt BP2 (Kontaktsystem) wird, wie oben dargestellt, eine konstante Leistung gefordert. Da von einer Docking-Station jedoch im Gegensatz zu einem Unterwerk keine Fahrleitungsabschnitte gespeist werden, entstehen bezüglich des Spannungsniveaus bei der Übertragung keine Einschränkungen. Um die Übertragungsströme und damit die Bauteilbelastungen gering zu halten, kann eine möglichst hohe Übertragungsspannung U_L gewählt werden, die oberhalb der System-Nennspannung U_N und unterhalb der fahrzeugseitig zulässigen Maximalspannung $U_\mathrm{Fzg,max}$ liegt:

$$U_\mathrm{L} = w \cdot U_\mathrm{N}, \quad \text{mit} \quad U_\mathrm{L} < U_\mathrm{Fzg,max}, \; w \in \mathbb{R}, \; w > 1. \tag{5.9}$$

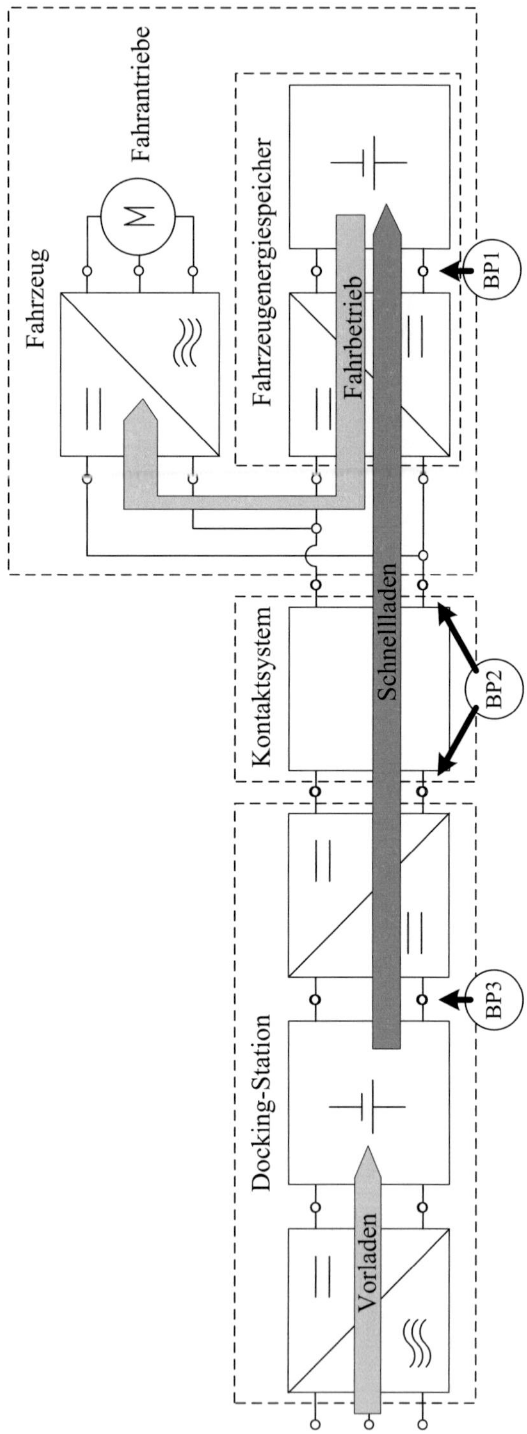

Abbildung 5.16: Prinzipschaltbild Docking-Station mit Fahrzeug

Der Gleichstromsteller zwischen Stationsenergiespeicher und Kontaktsystem wird versuchen, die Übertragungsspannung U_L am Betrachtungspunkt BP2 konstant zu halten. Da die Spannung am Energiespeicher, also am Betrachtungspunkt BP3, jedoch vom Ladezustand des Speichers abhängt, wird der Strom am BP3 während der Übertragung ebenfalls nicht konstant sein. Weiterhin wird der zulässige Spannungsbereich des Energiespeichers am BP3 immer unterhalb der Übertragungsspannung U_L gewählt werden, um die Leistungselektronik möglichst einfach ausführen zu können. Dann arbeitet der Steller in der auftretenden Energieflussrichtung gemäß des dunkelgrauen Pfeiles in Abbildung 5.16 ausschließlich als Hochsetzsteller. Folglich entsteht bei kleinerer Spannung am BP3 an diesem BP ein höherer Strom als am BP2 und damit die größere (thermische) Belastung. Hinsichtlich der Auslegung der Docking-Station und ihrer Komponenten ist somit der Stromverlauf am BP3 entscheidend.

Um den Stromverlauf beschreiben zu können, muss der Spannungsbereich, in dem der Stationsenergiespeicher arbeitet, bekannt sein. Allgemein sei eine maximale Spannung des Energiespeichers:

$$U_{\mathrm{ES,max}} = \beta \cdot U_{\mathrm{L}}, \qquad \beta \in \mathbb{R}, 0 < \beta < 1 \tag{5.10}$$

sowie ein Spannungshub von κ (in %) und ein in diesem Bereich annähernd linearer Verlauf zwischen Speicherspannung U_{ES} und Energieinhalt angenommen.

Bei vollständig geladenem Stationsenergiespeicher ergibt sich damit zu Beginn des Ladeprozesses ein Strom am BP3 von:

$$I_{\mathrm{ES},1} = \frac{1}{w \cdot \beta} \cdot \frac{P_{\mathrm{L}}}{U_{\mathrm{N}}} = \frac{P_{\mathrm{L}}}{U_{\mathrm{ES,max}}}. \tag{5.11}$$

Unter der Annahme, dass am Ende des Ladesprozesses der Stationsenergiespeicher auch den kompletten Spannungshub κ (in %) ausgeschöpft hat, wird der Strom dann zu:

$$I_{\mathrm{ES},2} = \frac{100}{w \cdot \beta \cdot \kappa} \cdot \frac{P_{\mathrm{L}}}{U_{\mathrm{N}}} = \frac{100 \cdot P_{\mathrm{L}}}{\kappa \cdot U_{\mathrm{ES,max}}}. \tag{5.12}$$

Zwischen diesen beiden Arbeitspunkten steigt der Strom linear an. Eine Strombegrenzung möge in dieser vereinfachten Rechnung nicht auftreten.

Üblicherweise werden in der Praxis Spannungshübe κ von etwa 50 % verwendet. Wie in der Abbildung 2.7 (Seite 24) zu sehen ist, wird in diesem Bereich die Linearitätsannahme zwischen DSK-Spannung und -energieinhalt sehr gut getroffen.

Bei der Darstellung anhand der bekannten drei Grundszenarien für die Netzstruktur wird fortan angenommen, dass die Energieübertragung bei $U_{\mathrm{L}} = 900\,\mathrm{V}$ (entspricht höchster Dauerspannung bei Nennspannung DC 750 V gemäß [199]) erfolgt, der Stationsenergiespeicher eine obere Spannung von $U_{\mathrm{ES,max}} = 800\,\mathrm{V}$ besitzt und folglich $\beta = 8/9$ beträgt. Der Spannungshub der Ladung soll für alle Ladungen eines Pulks insgesamt $\kappa = 50\,\%$ betragen.

ZBDK für Knotenpunkt-Haltestellen in herkömmlich vermaschter Netzstruktur

Für das herkömmlich vermaschte Netz im Beispiel Haltestelle Hauptbahnhof in Leipzig möge sich der Spannungshub der Ladung auf die drei Leistungsspitzen mit 18 %, 18 % und 14 % aufteilen. Damit ergibt sich der Stromverlauf in Abbildung 5.17.

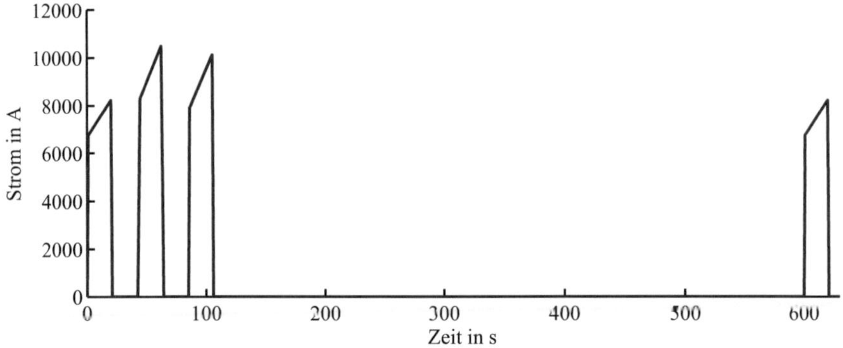

Abbildung 5.17: Gesamtstromverlauf am BP3 der Docking-Station am Nachladepunkt Leipzig Hauptbahnhof

Aus diesem Stromverlauf lässt sich die Belastungsdauerkurve der Strommittelwerte berechnen. Diese ist in der Abbildung 5.18 für einen Zeitraum von bis zu zwei Stunden dargestellt (schwarze Kurve). Wie bereits in der korrespondierenden Darstellung bei der Unterwerksspeisung, sind in derselben Abbildung zusätzliche ZBDK für alternative Lastprofile eingezeichnet. Die dafür verwendeten Kombinationen aus Ladeleistung und Ladezeit sind in der Tabelle 5.1 aufgeführt.

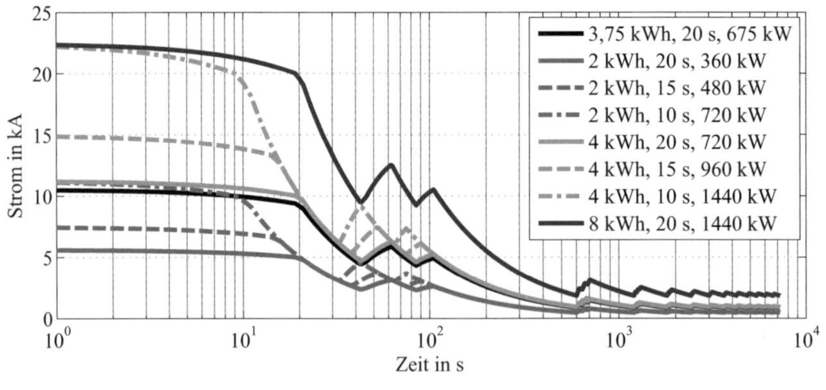

Abbildung 5.18: ZBDK des Stroms für die Leistungsverläufe am BP3 des Nachladepunkts Leipzig Hauptbahnhof nach Abbildung 5.17 und Werten nach Tabelle 5.1

Im Unterschied zu den ZBDK bei Speisung aus einem Unterwerk ist der leicht abfallende Verlauf der Kurven im Kurzzeitbereich aufgrund der sinkenden DSK-Speicherspannung in der Station auffällig. Ebenso sind deutlich höhere Ströme bei sonst gleichen Bedingungen aufgrund des Übersetzungsverhältnisses von BP2 zu BP3 erkennbar. Das Maximum im Bereich zwischen 40 und 60 Sekunden ist bei allen Kurven ähnlich der Unterwerksspeisung deutlich ausgeprägt.

ZBDK für Knotenpunkt-Haltestellen bei Überlagerung von Einzellinien im Stadtzentrum

Der Stromverlauf für das Grundszenario „Überlagerung von Einzellinien im Stadtzentrum“ ist in der Abbildung 5.19 dargestellt. Für jede Ladung wird dabei der gesamte Spannungshub von 50 % verwendet.

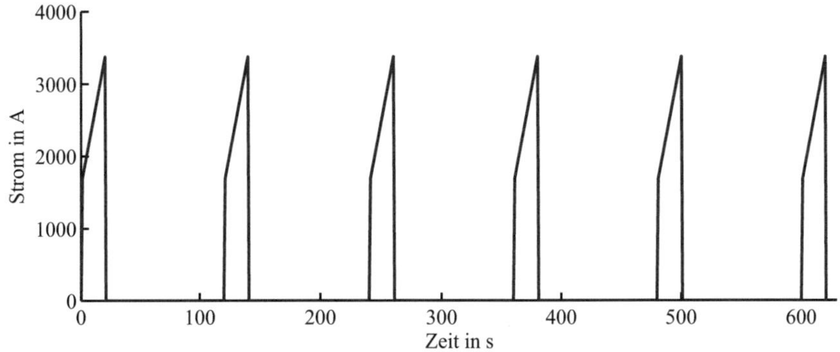

Abbildung 5.19: Gesamtstromverlauf am BP3 der Docking-Station am Nachladepunkt in Straßburg

Aus dem Gesamtstromverlauf am Nachladepunkt wird die ZBDK gebildet (schwarze Kurve in Abbildung 5.20). Für weitere ausgewählte Kombinationen aus Ladeleistung und Ladezeit (siehe Tabelle 5.1) und dem unterstellten 2-min-Takt sind die entsprechenden Belastungsdauerkurven des Strommittelwerts ebenfalls in der Abbildung eingetragen.

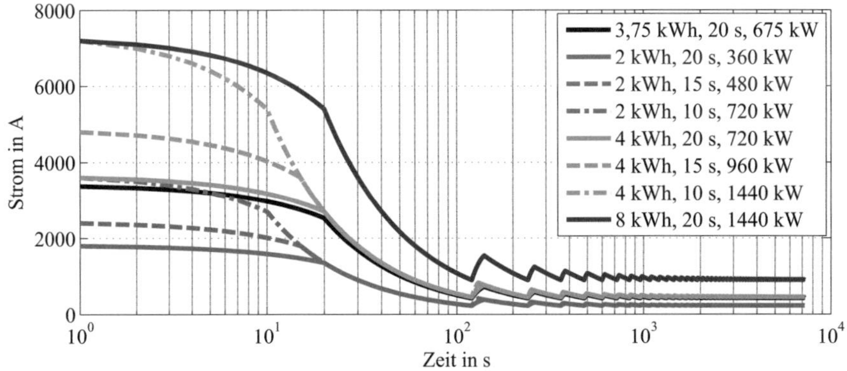

Abbildung 5.20: ZBDK des Stroms für die Leistungsverläufe am BP3 eines Nachladepunkts in Straßburg nach Abbildung 5.19 und Werten nach Tabelle 5.1

Gemäß der Charakteristik der Stationsspeicherentladung sinkt die ZBDK im Kurzzeitbereich ab. Im Vergleich zu den Kurvenverläufen dieser Netzstruktur bei Unterwerksspeisung sind rund doppelt so hohe Kurzzeitbelastungen erkennbar. Die prinzipiellen Unterschiede zur vermaschten Netzstruktur gelten wie bei Unterwerksspeisung.

ZBDK für Haltestellen im Netzrandbereich

Für Haltestellen im Netzrandbereich soll der verfügbare Spannungshub zu je 25 % auf die zwei Leistungsspitzen eines Pulks aufgeteilt werden. Damit ergibt sich der Stromverlauf in Abbildung 5.21. Die zugehörige zeitgewichtete Belastungsdauerkurve der Strommittelwerte und weiterer Ladezeit-Ladeleistungs-Kombinationen (siehe Tabelle 5.2) sind in der Abbildung 5.22 dargestellt.

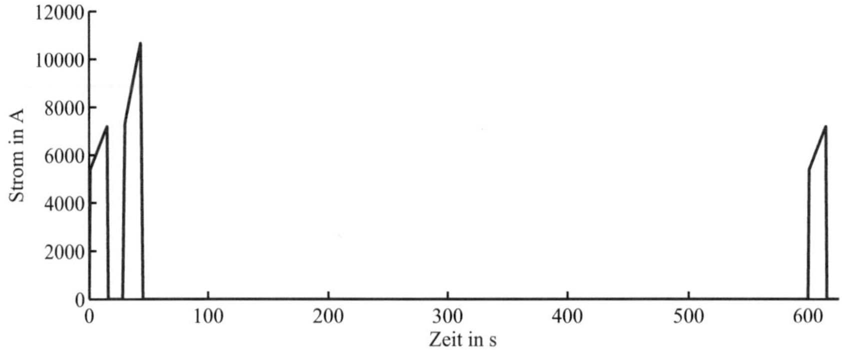

Abbildung 5.21: Gesamtstromverlauf am BP3 der Docking-Station für einen Nachladepunkt am Netzrand

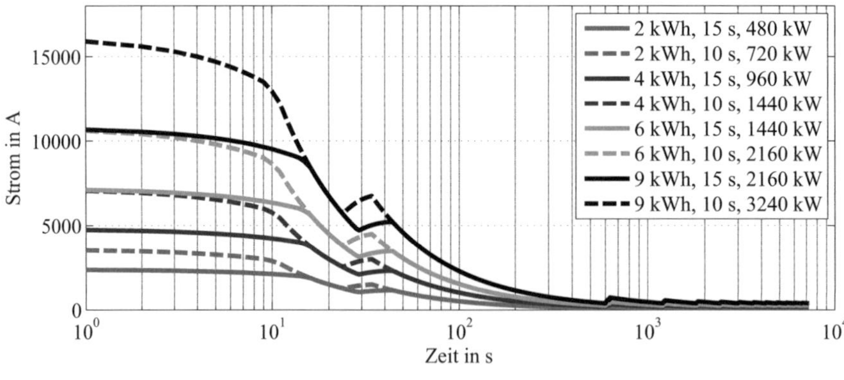

Abbildung 5.22: ZBDK des Stroms für die Leistungsverläufe am BP3 eines Nachladepunkts am Netzrand nach Abbildung 5.21 und Werten nach Tabelle 5.2

Auch bei der Speisung aus einer Docking-Station sind die ZBDK-Verläufe am Netzrand denen der vermaschten Netzstruktur sehr ähnlich. Die bei der Unterwerksspeisung getroffenen Einschränkungen gelten jedoch auch hier.

5.3.4.3 Auslegung

Der Stromrichter am netzseitigen Eingang der Docking-Station wird nur über das Vorladen der Speicherelemente mit konstantem geringem Strom belastet. Aus Sicht der elektrischen und thermischen Auslegung ist dieses Aggregat damit unkritisch. Bezüglich der Auslegung kritische Komponenten sind diejenigen am BP3, dem Belastungspunkt mit dem höchsten Strom. Das betrifft folglich den Gleichstromsteller zwischen BP3 und BP2.

Da es sich bei diesem Gleichstromsteller um einen Steller mit aktiven leistungselektronischen Bauelementen handelt, und nicht um einen Bahnstromrichter mit ausschließlich passiven Dioden wie bei einem GUW, sind die einschlägigen Bahnnormen nicht unmittelbar anwendbar. Im Sinne einer Spezialanfertigung ist deshalb ein Aggregat zu dimensionieren, welches die aufgestellten Belastungsanforderungen (ZBDK am BP3) stets erfüllen oder übersteigen muss.

5.3.4.4 Netzbezug beim Vorladen des Stationsenergiespeichers

Einbinden ins Energieversorgungsnetz

Als besonderer Charme des OFB nach dem *DockingPrinzip* wird das Konzept zur Einbindung der Docking-Stationen in das Energieversorgungsnetz herausgestellt [71, 125]. Wie oben bereits dargestellt, soll die Station der Vergleichmäßigung der Netzbezugsleistung dienen und sehr flexibel in einem Netz positionierbar sein.

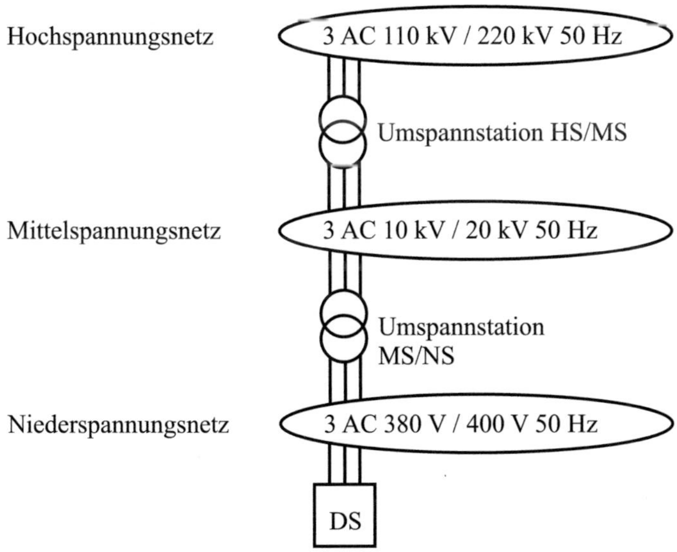

Abbildung 5.23: Energieversorgungsnetz mit Docking-Station

Der Anschluss der Docking-Station erfolgt deshalb in der Art eines Hausanschlusses am Niederspannungsnetz des Energieversorgers mit 3 AC 380 V 50 Hz über vorhandene Umspannstationen MS/NS (Abbildung 5.23). Diese Umspannstationen stehen in Städten in der

Regel im Abstand von weniger als 500 m und verfügen über Nennleistungen von $P_{\text{nenn}} =$ 400 kVA bis 630 kVA [326]. Eine detaillierte Untersuchung der Lage dieser Umspannstationen erfolgt am Beispiel im Abschnitt 5.4.

Berechnen der konstanten Vorladeleistung

Die konstante Leistung P_{VL} zum Vorladen der Energiespeicher einer Docking-Station kann aus der auf das Fahrzeug zu übertragenden Energie E_{L}, dem Wirkungsgrad η_{DS} der Docking-Station und der Vorladezeit t_{VL} berechnet werden:

$$P_{\text{VL}} = \frac{E_{\text{L}}}{\eta_{\text{DS}} \cdot t_{\text{VL}}}. \tag{5.13}$$

Die stationsinternen Verluste setzen sich aus den Anteilen für das Netzteil, für den Energiespeicher und für den Gleichstromsteller in Richtung Kontaktsystem zusammen. Der Wirkungsgrad des Netzteils mit Gleichrichter in der Station wird orientierend an derzeit verfügbarer Technik mit > 96 % gefordert.

Beim Laden und Entladen eines DSK-Speichers entstehen Verlustleistungen in Abhängigkeit vom Gesamtinnenwiderstand des Speichers und der Stromflüsse. Der Speicher-Innenwiderstand wird durch den Innenwiderstand der Einzelkondensatoren sowie den gewählten Aufbau von serieller und paralleler Verschaltung beeinflusst. Die Höhe der Strombelastung verändert sich bei Ladevorgängen mit konstanter Leistung, wie in Abschnitt 2.1.3.5 dargestellt, in Abhängigkeit des Ladezustands des Speichers. Deshalb muss eine genaue Quantifizierung des mittleren Wirkungsgrads am für den Anwendungsfall konfigurierten Speicheraufbau erfolgen. In einer groben Abschätzung soll der mittlere Speicherwirkungsgrad für das Ein- und Ausspeichern basierend auf einer Beispielsimulation ebenfalls mit etwa 96 % angenommen werden. Für den Gleichstromsteller am BP3 wird in der betrachteten Leistungsklasse ein Wirkungsgrad von rund 97,5 % unterstellt. Damit liegt der Gesamtwirkungsgrad der Docking-Station vom Energiebezug aus dem Energieversorgungsnetz bis zum Kontaktsystem in der ersten Abschätzung bei rund 90 %. Ausführliche Betrachtungen zur Größe der Wirkungsgrade werden in [124] dargestellt.

Die in die Fahrzeuge zu ladende Energie und die daraus abzuleitende konstante Vorladeleistung soll für zwei verschiedene Beispiele gezeigt werden. Zum Einen sind das die bekannten und oben bereits verwendeten „worst case“-Szenarien mit großen Straßenbahnen. Bei diesen wurde ein Energiebedarf von 5 kWh/km unterstellt. Alternativ dazu wird ein OFB nach dem *DockingPrinzip* ausschließlich bei Bussen untersucht. Dabei wird von einem Energiebedarf von rund 2 kWh/km pro Fahrzeug ausgegangen.

In der Tabelle 5.3 sind die Ergebnisse der Berechnung der Vorladeleistung nach Gleichung (5.13) für beide Fahrzeugalternativen und die drei Grundszenarien zur Netzstruktur zusammengestellt.

Für Straßenbahnen in allen Netzarten und für Busse in Knotenpunkten im herkömmlich vermaschten Netz zeigt die Tabelle konstante Energiebezugsleistungen P_{VL} von 220 kW bis

Merkmal		vermaschte Netzstruktur (Leipzig)		überlagerte Einzellinien (Straßburg)		Netzrand-bereich (2 Linien)	
		Strab	Bus	Strab	Bus	Strab	Bus
Energiebedarf pro Fzg.	kWh/km	5	2	5	2	5	2
E_{NP} (pro Fzg.)	kWh	3,75	1,5	3,75	1,5	9	3,6
Anzahl Fzg. pro Takt	-	22	22	2	2	4	4
E_L	kWh	82,5	33	7,5	3	36	14,4
t_{VL} = Takt	s	600	600	120	120	600	600
P_{VL}	**kW**	**550**	**220**	**250**	**100**	**240**	**96**

Tabelle 5.3: Berechnung der konstanten Energiebezugsleistung aus dem Versorgungsnetz bei einem Wirkungsgrad von η_{DS}= 90 % der Docking-Station

550 kW. Dies sind Leistungen in der Größenordnung der halben bis zur gesamten Nennleistung einer Umspannstation MS/NS. Derart große freie Leistungen werden bei bestehenden Umspannstationen kaum anzutreffen sein. Eine freie Leistung von rund 100 kW, wie für den Betrieb mit Bussen im Netzrandbereich und bei überlagerten Einzellinien scheint jedoch problemlos möglich zu sein [326].

5.3.4.5 Weitere Parameter einer Docking-Station

Baugröße - Platzbedarf

Wie bereits bei der Speisung aus Unterwerken diskutiert, ist der Platzbedarf einer Docking-Station für die städtebauliche Einordnung zu ermitteln. Ein Docking-Station-Prototyp des Fraunhofer IVI aus dem Jahre 2003 (siehe Abbildung 5.24) hat auf einer Fläche von 3,3 m x 2,1 m einen umbauten Raum von rund 19 m^3 bei einem nutzbaren Speicherinhalt von rund 2,3 kWh. Dieser Prototyp ist für Entwicklungsaufgaben besonders großzügig hinsichtlich des Bauraums bemessen worden.

Abbildung 5.24: Docking-Station-Prototyp des Fraunhofer IVI aus dem Jahr 2003

Mittlerweile sind die Speichermodule erheblich kompakter geworden, so dass mit einer um 1/3 höheren volumetrischen Dichte von rund 0,3 kWh/m^3 für eine komplette Docking-

Station zu rechnen ist. Im Vergleich zu den für ein Fahrzeugspeichersystem in Tabelle 2.1 angegebenen Wert von rund 1 Wh/l = 1 kWh/m^3 muss beachtet werden, dass in der Docking-Station zusätzlich die Komponente „Netzteil mit Leistungselektronik“ und ein aufwendigerer Container- oder Einhausungsaufbau zu berücksichtigen ist.

Bei diesen Energiedichten für das Gesamtsystem ist folglich mit Baugrößen der Speichereinheit einer Docking-Station in der Größe von 10 m^3 bis 270 m^3 zu rechnen. Zum Größenvergleich sei die Größe eines modernen GUW mit ca. 120 m^3 bis 500 m^3 oder ein 20 ft-ISO-Containers angegeben, der ca. 33 m^3 fasst.

Lebensdauer und Kosten

Begrenzend für die Lebensdauer einer Docking-Station wirkt aus heutiger Sicht die Lebensdauer der in der Station installierten Energiespeicher. Bei DSK ist für übliche Umgebungstemperaturen von 25 °C die kalendarische Lebensdauer vom Hersteller mit 10 Jahren angegeben. Die Zyklenfestigkeit der DSK beträgt rund 10^6 Zyklen. Diese hohe Zyklenzahl wird bei gewöhnlichem Betrieb einer Straßenbahn im 10 min-Takt in den 10 Jahren nicht erreicht.

Auf Basis einer Preisanfrage bei einem Speicherhersteller werden die Kosten einer kleinen Docking-Station mit rund 3 kWh nutzbarem Energieinhalt nach eigenen Abschätzungen in der Größenordnung von 150.000 Euro bis 200.000 Euro liegen. Da die Docking-Station die auftretenden Leistungsspitzen bei der Speicherladung nicht an das Energieversorgungsnetz weiter gibt, sondern zu einer gleichmäßigen Bezugsleistung verstetigt, ist im Vergleich zur Speisung aus einem GUW mit geringerem Leistungspreisanteil und damit geringeren Betriebskosten zu rechnen.

5.4 Entfernung zur Umspannstation

5.4.1 Vorbemerkung

Für die Ausführung eines Nachladepunkts als Docking-Station ist neben den elektrischen Kenngrößen zu zeigen, dass der Anschluss im Niederspannungssnetz an der nächst gelegenen Umspannstation MS/NS in geringen Entfernungen vom Nachladepunkt möglich ist. Dies ist insbesondere dann wichtig, wenn nötige Tiefbauarbeiten zur Verlegung der elektrischen Anschlusskabel der Nachladestation nennenswerte Baukosten verursachen.

Die Positionen bestehender Umspannstationen MS/NS des Energieversorgers mögen für die nachfolgenden Betrachtungen bekannt sein. Zum Berechnen der Entfernung wären dann die Positionen der Nachladepunkte zu ermitteln. Da bei Neubau-Planungen einer Linie möglicherweise die konkrete Haltestellenlage jedoch noch nicht bekannt ist, soll nachfolgend ein prinzipieller Zugang dargestellt werden, wie ein Entfernungsmaß für alle Punkte einer Fläche bei bekannten Positionen der Umspannstationen berechnet werden kann.

Sind in einem bestehenden oder geplanten ÖPNV-Netz die Linienverläufe bekannt, kann für jeden Punkt der Linie die geringste Entfernung zu einer Umspannstation mit einer alternativen Berechnung bestimmt werden. Beide Verfahren können im Berechnungsgang auch die jeweils freie Dauerleistung der Umspannstationen berücksichtigen.

Die skizzierten Verfahren werden im Anschluss auf das Beispiel Dresden angewendet.

5.4.2 Berechnung für die Fläche bei Neubau von Linien

Für eine erste Bewertung, in welchen Teilen einer zu erschließenden Fläche ein Betrieb im *DockingPrinzip* sinnvoll ist, kann die Dichte der Umspannstationen für alle Punkte einer Fläche berechnet werden. Dafür muss die Lage jeder Umspannstation

$$\mathbf{u} \in \mathrm{U} \qquad \mathrm{U} := \{(x_{\mathrm{u},i}, y_{\mathrm{u},i}) : i = 1, \ldots, k\} \tag{5.14}$$

bekannt sein. Hinsichtlich der an die Berechnungswerte gestellten Genauigkeit ist es ausreichend, die Fläche durch eine Menge R von Punkten mit

$$\mathrm{R} := \{(x, y) : x \in \mathrm{X} \wedge y \in \mathrm{Y}\} \qquad \mathrm{X} := \{x_0, \ldots, x_n\}, \mathrm{Y} := \{y_0, \ldots, y_m\} \tag{5.15}$$

zu beschreiben.

Für das so aufgespannte Netz an Berechnungspunkten ist die Dichte der Umspannstationen in Stationen pro Quadratkilometer für jeden Punkt $\mathbf{r} \in \mathrm{R}$ durch die Anzahl $c(\mathbf{r})$ der Umspannstationen innerhalb eines Kreises um $\mathbf{r}$ mit dem Flächeninhalt von $1\,\mathrm{km}^2$ (Radius r_{1qkm}) bestimmt:

$$c(\mathbf{r}) = c(x, y) = |\{\mathbf{u} \in \mathrm{U} : \|\mathbf{u} - \mathbf{r}\|_2 \leq r_{\mathrm{1qkm}}\}| \,. \tag{5.16}$$

Eine Darstellung der Ergebnisse erfolgt beispielsweise farb- oder graustufenkodiert in einem zweidimensionalen skalaren Feld („Höhenfeld"). Für Dresden ist eine solche Auswertung im Abschnitt 5.4.4.2 vorgestellt.

Ist weiterhin die konkrete Lage der Haltestellen (noch) nicht bekannt, jedoch eine Aussage über die erwarteten minimalen Abstände zur nächsten Umspannstation gefragt, kann dies ebenfalls für die gesamte zu erschließende Fläche dargestellt werden.

Hinsichtlich der gestellten Genauigkeit gelten obige Aussagen entsprechend, so dass für jeden Punkt $\mathbf{r} \in \mathrm{R}$ der minimale Abstand $l_{\min}(\mathbf{r})$ zur nächsten Umspannstation berechnet werden kann:

$$l_{\min}(\mathbf{r}) = l_{\min}(x, y) = \min_{\mathbf{u} \in \mathrm{U}} \left(\|\mathbf{u} - \mathbf{r}\|_2\right) = \min_{\mathbf{u} \in \mathrm{U}} \left(\sqrt{(x_\mathrm{u} - x)^2 + (y_\mathrm{u} - y)^2}\right) \tag{5.17}$$

Dabei lassen sich auch die freien Dauerleistungen der Umspannstationen $P_{\mathrm{frei}}(\mathbf{u})$ berücksichtigen, indem für $l_{\min}(\mathbf{r})$ keine Umspannstationen $\mathbf{u}$ zugelassen werden, für die die benötigte Leistung an diesem Punkt $P_{\mathrm{VL}}(\mathbf{r}) > P_{\mathrm{frei}}(\mathbf{u})$ ist.

Der berechnete Abstand lässt sich ebenfalls in einem farbcodierten zweidimensionalen skalaren Feld darstellen. Beispielhaft wird diese Darstellung für Dresden im Abschnitt 5.4.4.2 gezeigt.

5.4.3 Berechnung bei bestehenden Linien – Haltestellenberechnung

Ist die Lage der Haltestellen bekannt, kann die Entfernung zur jeweils nächst gelegenen Umspannstation direkt mit Gleichung (5.17) berechnet werden. Dazu nehmen die Punkte $\mathbf{r}$ die bekannten Koordinaten der Haltestellen an.

Da in diesem Abschnitt die Fragen der Versorgungssicherheit im Hinblick auf eine redundante Anbindung der Docking-Stationen an die Energieversorung (so genanntes $(n-1)$-Kriterium) nicht behandelt werden, soll es ausreichen, nur die jeweils kürzeste Entfernung zu bestimmen und so die Anbindung über eine (redundante) Stichleitung zur nächsten Umspannstation zu unterstellen. Prinzipiell ist das Verfahren jedoch erweiterbar, um auch die zwei kürzesten Entfernungen zu ermitteln und somit eine auf zwei verschiedenen Wegen basierte, redundante Anbindung der Docking-Stationen zu erreichen. Eine Aufteilung des Leistungsbedarfs an der Haltestelle auf diese zwei Anbindungen ist dann ebenfalls möglich.

5.4.4 Entfernung zur Umspannstation im Praxisbeispiel Dresden

5.4.4.1 Energieversorgung in Dresden

Beide zuvor beschriebenen Verfahren sind zur Veranschaulichung für Dresden nachfolgend dargestellt. Die Energieversorgung in Dresden erfolgt durch das Netz der DREWAG - Stadtwerke Dresden GmbH. Die Lage der firmeneigenen Umspannstationen wurde mit dem Stand Juli 2009 zur Verfügung gestellt. Dabei ist zu beachten, dass neu eingemeindete Stadtteile und Ortschaften bisher nicht zum Netzgebiet der DREWAG zählen. Die freie Dauerleistung der einzelnen Stationen ist im Datensatz nicht enthalten. Die Stationsauslastung wird im Mittel mit etwa 40 % angegeben; ein kontinuierlicher Leistungsabgriff von 100 kW wird von Seiten der DREWAG als möglich erachtet [326]. Fortan wird somit von einer stets ausreichenden, freien Dauerleistung jeder Umspannstation von 100 kW ausgegangen.

Die Stadtgrenzen sowie das DREWAG-Versorgungsgebiet sind in den folgenden Abbildungen schematisch dargestellt. Zur besseren Orientierung sind die wichtigsten Verkehrsachsen (Elbe und Autobahnen (grau) sowie Eisenbahnstrecken (schwarz)) in der Karte enthalten. Weiterhin ist der Innenstadtbereich (26er-Ring - weiß) gekennzeichnet.

5.4.4.2 Berechnung für die Fläche

Eine Übersicht zur Dichte der Umspannstationen im Versorgungsgebiet der DREWAG ist in Abbildung 5.25 dargestellt. Die Fläche wird dabei durch ein orthogonales Netz mit einem Punktabstand von je zehn Metern approximiert. Sehr deutlich ist hier die Häufung der Stationen im Stadtzentrum zu erkennen.

Wendet man das Verfahren zur Bestimmung der minimalen Entfernungen aller Punkte zur nächsten Umspannstation nach Gleichung (5.17) mit gleichem Punktabstand von 10 m an, erhält man Abbildung 5.26.

Auffällig sind die großen Bereiche mit hellgrauen Farbtönen, also großen Entfernungen, im Norden und Nordosten der Stadt. In diesen Gebieten befindet sich die Dresdner Heide,

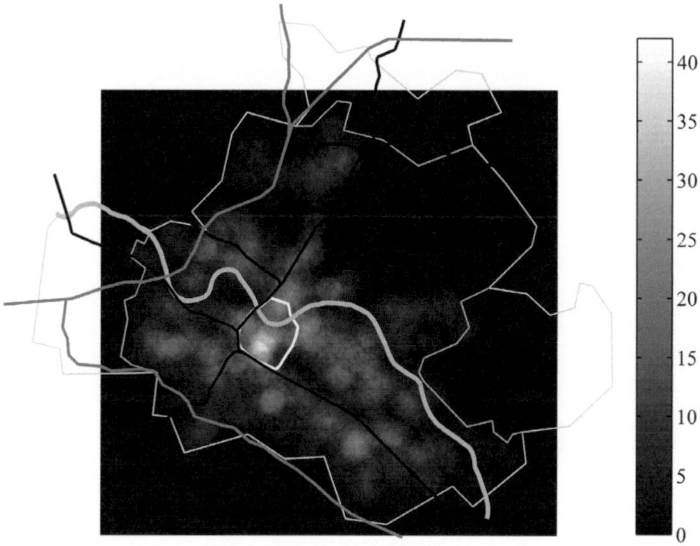

Abbildung 5.25: Dichte der Umspannstationen in Dresden in Station je km^2

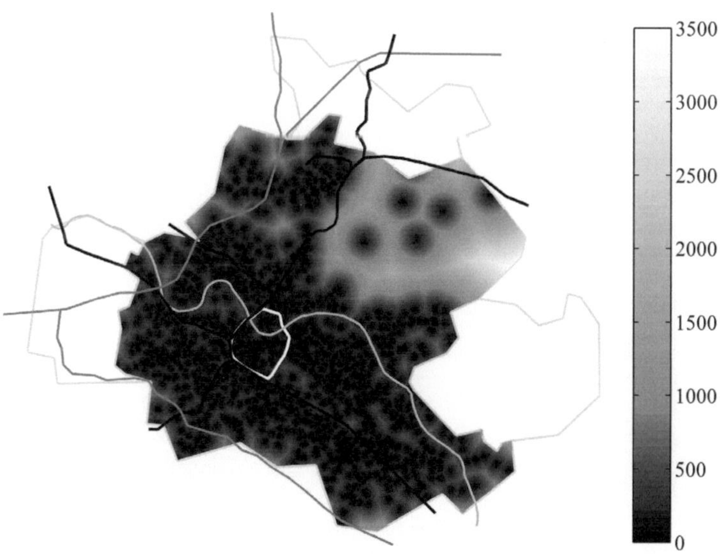

Abbildung 5.26: Abstand zur nächsten Umspannstation der DREWAG (in m) für die versorgte Fläche in Dresden

eine ausgedehnte geschlossene Waldfläche ohne Erschließung durch den Stadtverkehr. Bleiben diese Gebiete, sowie weitere Gebiete ohne Verkehrserschließung (Heller, Großer Garten, Elbe-Flutrinne, alter Elbarm im Dresdner Osten) bei der Darstellung unberücksichtigt, ergibt sich für Entfernungen bis 500 m die Darstellung in Abbildung 5.27.

Abbildung 5.27: Abstand zur nächsten Umspannstation der DREWAG (in m) für die versorgte Fläche in Dresden und Entfernungen kleiner 500 m

Über alle diese Netzpunkte gemittelt, ergibt sich ein mittlerer Abstand zur nächsten Umspannstation von 207 m im Gesamtnetz. Die Häufigkeitsverteilung dazu ist in Abbildung 5.28 dargestellt.[20] Die Verteilung ähnelt einer Erlang-Verteilung, konnte aber nicht signifikant als solche geschätzt werden.

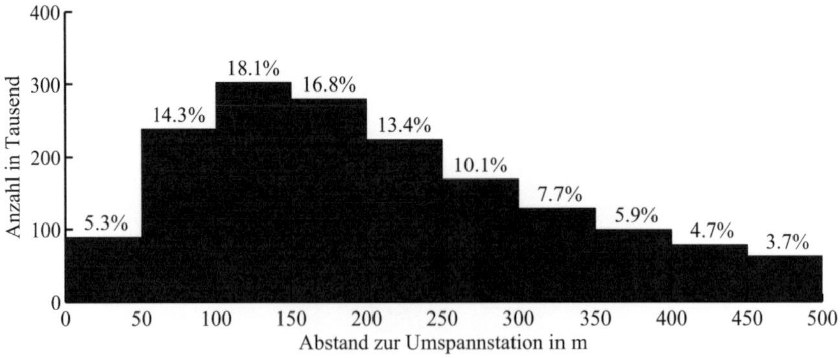

Abbildung 5.28: Histogramm des Abstands zur nächsten Umspannstation für die versorgte Fläche in Dresden und Entfernungen kleiner 500 m

[20] Es werden wiederum jeweils die unteren Intervallgrenzen zum Intervall eingeschlossen, die oberen Grenzen nicht.

Betrachtet man nur die Punkte in der Innenstadt (26er-Ring), beträgt der mittlere Abstand nur 124 m. Der maximale Abstand ist 437 m. Rund 85 % der Netzpunkte sind bis zu 200 m von Umspannstationen entfernt (Abbildung L.2 im Anhang L). Die Verteilung für die Innenstadt kann als gemischte Erlang-Verteilung mit den Parametern $w = 0.4; k_1 = 2; \lambda_1 = 1/40; k_2 = 4; \lambda_2 = 1/36$ dargestellt werden.

Diese Untersuchung zeigt am Beispiel Dresden, dass innerhalb existierender Stadtstrukturen die Entfernungen zu Umspannstationen im Mittel um 200 m betragen. In Stadtzentren kann sich dieser Wert fast halbieren.

5.4.4.3 Berechnung für das bestehende Haltestellennetz

Eine genauere Aussage über den minimalen Abstand zur nächsten Umspannstation ist bei Kenntnis der konkreten Haltestellenpositionen mit Gleichung (5.17) und den Randbedingungen nach Abschnitt 5.4.3 berechenbar. Für Dresden war von der DVB AG ein Datensatz verfügbar, der die genauen und richtungsreinen Positionen aller Haltestellen in Dresden, unterschieden nach Straßenbahnhaltestellen, Bushaltestellen und Bedarfs- und Ersatzhaltestellen enthielt.

Da alle Halteplätze einer Haltestelle aus derselben Energieversorgungsinfrastruktur bedient werden sollen, ist für alle Positionen ein gemeinsamer Anschlusspunkt vorzusehen. Folglich wurden die Lagekoordinaten aller Halteplätze einer Haltestelle zu einem einzigen Positionswert per Mittelwertbildung vereinigt.

Für das Gesamtnetz aller Haltestellen im DREWAG Versorgungsgebiet ergibt sich ein Abstands-Mittelwert von 135 m. Dabei ist nur ein einzelner Wert mit 530 m größer als 500 m. Die Häufigkeitsverteilung ist in Abbildung 5.29 dargestellt. Eine signifikante Schätzung durch eine Erlang-Verteilung wurde nicht gefunden.

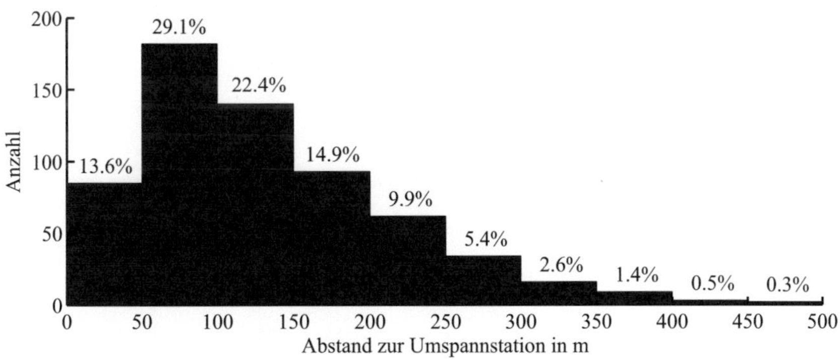

Abbildung 5.29: Histogramm des Abstands zur nächsten Umspannstation für alle Haltestellen der versorgten Fläche in Dresden

Betrachtet man nur den Innenstadtbereich (26er-Ring), sinkt der Abstands-Mittelwert auf 111 m. Von nur drei Haltestellen ist eine Umspannstation mehr als 200 m entfernt; der Maximalwert beträgt 296 m. Das Histogramm sowie eine Approximation durch Erlang-

Verteilungen ist in Abbildung L.4 im Anhang L dargestellt. Für Haltestellen außerhalb der Innenstadt liegt der Abstandsmittelwert bei 136 m.

Eine getrennte Betrachtung für Straßenbahn- und Bushaltestellen bringt keine wesentliche Änderung und wird deshalb als Anhang L angefügt.

Bei der Energieübertragung nach dem *DockingPrinzip* werden bevorzugt die Knotenpunkt-Haltestellen (siehe Tabelle F.2 im Anhang) ausgewählt. Deshalb werden die Entfernungen der Umspannstationen für die 52 potenziellen Knotenpunkt-Haltestellen ermittelt.

Für diese Auswahl sinkt der Abstandsmittelwert für das Gesamtnetz auf 112 m und ist damit vergleichbar zum Wert für die Innenstadt bei Betrachtung aller Haltestellen. Der maximale Abstandswert beträgt 425 m. Alle anderen Abstandswerte sind kleiner als 200 m. Das entsprechende Histogramm sowie eine signifikante Schätzung mit einer Erlang-Verteilung ($k = 2; \lambda = 1/68$) ist in Abbildung 5.30 dargestellt. Die Darstellungen für den Innenstadtbereich und den Bereich außerhalb der Innenstadt sind im Anhang L angefügt. Die Mittelwerte der Abstände liegen bei 99 m bzw. 120 m.

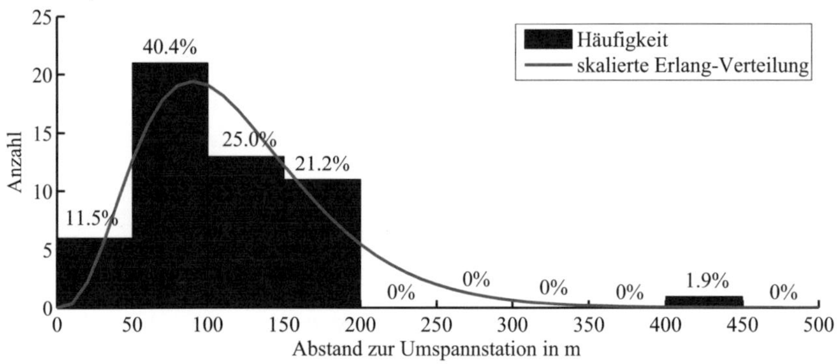

Abbildung 5.30: Histogramm des Abstands zur nächsten Umspannstation für Knotenpunkt-Haltestellen der versorgten Fläche in Dresden

5.4.5 Schlussfolgerungen für maximale Entfernungen zu Umspannstationen

Am Beispiel der Umspannstations- und Haltestellenlage in Dresden wurden die direkten Entfernungen zur nächstgelegenen Umspannstation analysiert. Dabei wurden die Entfernungen für alle Haltestellen und insbesondere für die potenziellen Knotenpunkt-Haltestellen mit Nachladestationen im OFB nach dem *DockingPrinzip* betrachtet. Hinsichtlich der Anwendung im *DockingPrinzip* lassen sich für vergleichbare Energieversorgungs- und Liniennetze die Ergebnisse folgendermaßen zusammenfassen.

Etwa die Hälfte aller Knotenpunkt-Haltestellen im Gesamtnetz und außerhalb der Innenstadt kann mit Entfernungen unter 100 m an vorhandenen Umspannstationen angeschlossen werden. Ein weiteres Viertel wird bei Vergrößern des Anschlusswegs auf höchstens 150 m versorgt. Bis auf Ausnahmen sind alle Haltestellen bei maximalen Entfernungen von 200 m erreichbar.

Diese Werte zeigen, dass Anschlusslängen für Nachladestationen deutlich unter dem mittleren Haltestellenabstand liegen. In der praktischen Umsetzung sind für die tatsächlichen Anschlusswege natürlich zusätzlich Umwegfaktoren zu berücksichtigen, die sich aus der konkreten Anordnung der Versorgungsnetzleitungen ergeben. Trotzdem sind Anschlusslängen von 100 bis 200 m bezüglich des Bauaufwandes als vertretbar einzuschätzen.

Damit wurde gezeigt, dass in einer Stadt der Anschluss einer Docking-Station mit maximal 100 kW Dauerleistung am Niederspannungsnetz überall in vertretbaren Entfernungen möglich ist.

6 Zusammenfassung und weiterer Untersuchungsbedarf

Die Ergebnisse der vorliegenden Arbeit sollen dazu beitragen, die Energieversorgung bei einem oberleitungsfreien Betrieb von elektrischen Fahrzeugen des ÖPNV nach dem *Docking-Prinzip* zu dimensionieren. Sie lassen sich in sechs Punkten zusammenfassen:

1. Die auf Basis einer stochastischen Energiebedarfsermittlung geschaffenen Methoden ermöglichen einen Zugang zur systematischen Lösung bisher unbehandelter Optimierungsprobleme bei der Energieversorgung im OFB nach dem *DockingPrinzip*.

2. Die im Kapitel 3 beschiebene Modellierung des Energiebedarfs zwischen zwei Nachladepunkten als Kombination aus deterministischen Kantengewichten der Markov-Kette und Semi-Markov-Teilprozess bildet die Grundlage für eine zuverlässigkeitsbasierte Bemessung von fahrzeugseitigen Energiespeichern und wegseitiger Nachladeinfrastruktur.

3. Für die Bestimmung der Lage der Nachladepunkte und Dimensionierung der Größe fahrzeugseitiger Energiespeicher wurde im Kapitel 4 der Arbeit ein neues Optimierungsverfahren vorgeschlagen. Dieses Verfahren löst das mehrkriterielle Optimierungsproblem mit einem ingenieurtechnisch überschaubaren Ansatz basierend auf dem Modell der lexikographischen Ordnung.
   Hierbei lassen sich verschiedene Betreiberkriterien, beispielsweise Kosten- und Lebensdaueraspekte oder eine geringe Betriebsbeeinflussung durch das Nachladen, berücksichtigen.

4. Eine Demonstration des Verfahrens erfolgte in einer Fallstudie beispielhaft an ausgewählten Messdaten des Straßenbahnbetriebs in Dresden. Die dafür entstandene Software kann für die Abbildung des Betriebs ganzer Linien nach dem *DockingPrinzip* genutzt werden.

5. Das Kapitel 5 der Arbeit behandelte die für einen OFB nach dem *DockingPrinzip* notwendige wegseitige Energieversorgungsinfrastruktur. Hierbei wurde einerseits gezeigt, wie mit der stochastischen Beschreibung des Energiebedarfs ein Leistungsprofil und eine zeitgewichtete Belastungsdauerkurve (ZBDK) am Nachladepunkt erstellt werden kann. Andererseits ist die Eignung und notwendige Größe von Gleichstromunterwerken und Energieversorgungseinrichtungen mit Energievorsammelfunktion (Docking-Station) untersucht worden.

6. Anhand des Haltestellennetzes in Dresden konnte im Fallbeispiel gezeigt werden, dass ein Anschluss von Docking-Stationen an das Niederspannungsnetz des Energieversorgers in einer bestehenden städtischen Siedlungsstruktur mit Kabelwegen von wenigen hundert Metern nahezu überall möglich ist.

Die Modellierung des Energiebedarfs als stochastische Größe und die darauf aufbauenden Verfahren zur Dimensionierung von mobilen (fahrzeugseitigen) Energiespeichern sowie wegseitiger Energieversorgung haben sich als geeignete Lösung für die komplexen Probleme der OFB-spezifischen Systemplanung erwiesen.

Zwar ist ein OFB nach dem *DockingPrinzip* heute bereits für kleine und leichte Fahrzeuge, wie z. B. Busse, sinnvoll und machbar, aufgrund der Energie- und Leistungsdichten verfügbarer Speichertechnologien und deren hohen Kosten stößt diese Betriebsart jedoch bei Straßenbahnen derzeit an seine Grenzen. Beide Aspekte werden in Zukunft in den Hintergrund treten. Dann wird auch für Straßenbahnen ein OFB nach dem *DockingPrinzip* umsetzbar sein.

Über das *DockingPrinzip* hinausgehend können die Grundlagen zur stochastischen Energiebedarfsbestimmung und zur Dimensionierung mobiler Energiespeicher auch bei anderen OFB-Formen oder auch im konventionellen, oberleitungsbehafteten Betrieb Ansätze für eine Systemoptimierung bieten. Wenn die Arbeit mit den vorgestellten Verfahren neue Zugänge zur Lösung der OFB-spezifischen Optimierungsprobleme erschließen konnte, hat sie die ihr zugedachte Aufgabe erfüllt.

Voraussetzung für das vorgestellte Verfahren ist das Vorliegen der Verteilungsfunktionen für die Energie auf den Streckenabschnitten. Sollten diese z. B. bei Neuplanungen nicht vorliegen oder durch Messungen ermittelbar sein, ist eine Schätzung anhand der Streckencharakteristik denkbar. Dafür ist zuvor ein Erfahrungshorizont durch die Anwendung der vorgestellten Methodik auf eine Vielzahl verschiedener Strecken aufzubauen, der diese Streckencharakterisierung erlaubt. Weiteren Arbeiten bleibt es vorbehalten hierfür geeignete Allgemeingültigkeitskriterien zu ermitteln und zu analysieren. Gegebenenfalls können auch Simulationen den Aufbau des Erfahrungshorizonts unterstützen.

Weiterführende Untersuchungen zu verschiedenen Themengebieten der Energieversorgung beim Betrieb nach dem *DockingPrinzip* sind nötig und wünschenswert, insbesondere zu:

- *Konkreter Aufbau der wegseitigen Energieversorgungseinrichtungen*
  Eine prinzipielle Untersuchung, welche Spannungsart und welches Spannungssystem bei einem Betrieb nach dem *DockingPrinzip* sinnvoll und wirtschaftlich ist, wird im Gesamtkontext Bahnsystem sicher nur bei Neubauvorhaben „auf der grünen Wiese" diskutiert werden können. Ansätze dazu liefern [23, 171].
  Bei Verwendung herkömmlicher Unterwerke wird deren Modifikation hinsichtlich vereinfachter Schutztechnik oder dem vermehrten Einsatz von Industriekomponenten zu betrachten sein.
  Für Docking-Stationen sind die Vorteile einer Einbindung in höhere Spannungsebe-

nen (MS) des Energieversorgungsnetzes und damit geringerer Übertragungsverluste zu prüfen. Außerdem bleibt die Frage der Komponentenverfügbarkeit und einer redundanten Anbindung an das Versorgungsnetz ($(n-1)$-Sicherheit) beziehungsweise einer aus Verfügbarkeitsgründen dichtere Stationsanordnung weiterführenden Arbeiten vorbehalten.

- *Optimierung der Ladevorgänge*
  Einerseits ist die Optimierung des einzelnen Ladevorgangs hinsichtlich günstiger Eigenschaften für eine Überlagerung mit anderen Ladevorgängen an der gleichen Nachladestation interessant. Andererseits ist der Frage nach einer Koordinierung von Start- und Endzeiten gleichzeitig stattfindender Ladevorgänge bis hin zu einem zentral gesteuerten Management von Ladevorgängen nachzugehen.

- *Fahrzeugseitige Optimierungen*
  Um die vorhandenen Haltezeiten noch besser nutzen und bei gleichem, begrenztem Strom größere Leistungen in ein Fahrzeug übertragen zu können, sollte künftig untersucht werden, ob auf Fahrzeugen im reinen Betrieb nach dem *DockingPrinzip* die Spannungsebene höher gesetzt werden kann. Grundsätzlich ist dies möglich, da die Einschränkungen in der Spannungshöhe aufgrund zulässiger Spannungstoleranz und zulässigem Spannungsfall bei herkömmlichen fahrleitungsbehafteten Straßenbahnsystemen auf den Betrieb nach dem *DockingPrinzip* nicht zutreffen. Ob diese Maßnahme wirtschaftlich sinnvoll ist, muss jedoch geprüft werden.
  Ferner wäre denkbar, mit den vorgestellten Modellen neue Formen des Energiemanagements auf dem Fahrzeug zu entwickeln. Durch Einbeziehen des stochastischen Energiebedarfseinflusses schon während des Fahrtverlaufs wären ein geringer Energiespeicherinhalt frühzeitig prognostizierbar und beispielsweise energetische Notfallmaßnahmen entsprechend vorausschauend umsetzbar.

Verzeichnis der Formelzeichen

Die angegebenen Formelzeichen werden in der Arbeit zum Teil indiziert. Aus Gründen der Übersichtlichkeit wird im nachfolgenden Formelverzeichnis darauf oftmals verzichtet.

Formelzeichen	Erklärung
a, $a_{\max}$	Beschleunigung / Anfahrbeschleunigung, maximale ~
A	Weg im Graph / Kantenzug / Kantenfolge
$\mathbf{A}$	Adjazenzmatrix
$\widetilde{A}$, $\widetilde{B}$, $\widetilde{C}$	Parameter der Fahrzeugwiderstandsberechnung
B	Pfad
b_{L}	Laufkreisabstand
$b_{\max}$	maximale Bremsverzögerung
c_2	Luftwiderstandskonstante
c_{A}	Achsabstand im Fahrzeug bzw. Drehgestell
C_{DSK}	Nennkapazität des DSK
$C_k^J, \overline{C}_k^n$	reelle Koeffizienten für Gaver-Stehfest-Algorithmus
$c(\mathbf{r})$	Anzahl der Umspannstationen
d	Kante des Graphen
d	Differentialoperator
$\mathbf{d}$	Vektor der Wahrscheinlichkeiten der Anfangsverteilung
D, D_{ij}	Abbildung / Kantengewicht
d_i	Anfangswahrscheinlichkeit für Zustand i
E	Energie / Energiebedarf
$\mathbf{E}$	Matrix der Kantengewichte
$\widetilde{E}$	mittlerer Energiebedarf für Fahrt zwischen Nachladepunkten
$\widetilde{E}^*$	Energiebedarf im Zielzustand N für deterministischen Energieanteil
E_1, E_2	Energie des ersten / zweiten Energiespeichers
E_1^*, E_2^*	Energiespeichergröße des ersten / zweiten Speichers
$\overline{E}_1$	maximaler (Nutz-)Energieinhalt des ersten Energiespeichers
$E_{2,\min}$	mindestens notwendiger Energieinhalt des zweiten Energiespeichers
E_{a}	Energiebedarf für Fahrzeugbeschleunigung
E_{A}	zu Fahrtbeginn benötigte (positive) Energiemenge
E_{B}	zu Fahrtende rekuperierte Energiemenge
E_{AB}	Gesamtenergiebedarf
E_{BAT}, E_{DSK}	Nutzenergieinhalt der Batterie, ~ des DSK
$E_{\mathrm{Fzg,Lin}}$	vom Fahrzeug entlang der Linie benötigte Energie

Fortsetzung auf Folgeseite

Formelzeichen	Erklärung
E_{h}	Energiebedarf für Heizung
E_{ij}	mittlerer Energiebedarf der Kante (i, j)
E^{*}_{ij}	deterministischer Energieanteil der Kante (i, j)
E^{o}_{ij}	stochastischer Energieanteil der Kante (i, j)
E_{l}	Energiebedarf des Pfads l
E_{L}	auf das Fahrzeug zu übertragende Energie (Ladevorgang)
$E_{\mathrm{L,Lin}}$, $E_{\mathrm{L,Lin,max}}$	übertragbare Energiemenge entlang einer Linie, maximal ~
E'_{m}	gravimetrische Energiedichte
$E^{(\mathrm{ges})}_{\mathrm{min}}$	Mindestgröße für Gesamtenergieinhalt des Speichers auf gesamter Linie
$E^{(j)}_{\mathrm{min}}$	Mindestgröße für Gesamtenergieinhalt des Speichers für einen Abschnitt j
E_{n}	Energiebedarf für Hilfsbetriebe
E_{NP}	Energiebedarf des Fahrzeugs am Nachladepunkt
E_{SMS}	Nutzenergieinhalt des SMS
E'_{V}	volumetrische Energiedichte
E_{W}	Energiebedarf für Traktion
E_{WFZ}	Energiebedarf für Fahrzeugwiderstände
E_{WS}	Energiebedarf für Streckenwiderstände
ΔE	Diskretisierungsintervall für die Verteilungsdichten der Energie
$f(.)$	(stetige) Funktion / stetige Dichtefunktion
$F(.)$	Funktion im Laplace-Bereich
F_{a}	Beschleunigungskraft
F_{DS}	Druck- und Sogwiderstandskonstante
F_{ij}, f_{ij}	Verteilungs- / Dichtefunktion des Energiebedarfs für Kante (i, j) / für Übergang vom Zustand r zum Zustand s
F_{OF}	Oberflächenwiderstandskonstante
F_{W}	Widerstandskraft
F_{WB}, f_{WB}	Bogenwiderstandskraft, spezifische ~
F_{WF}, f_{WF}	Fahrzeugwiderstandskraft, spezifische ~
F_{WFT}	Fahrzeugwiderstandskraft des Triebfahrzeugs
F_{WFW}	Fahrzeugwiderstandskraft der Wagen
F_{WFZ}, f_{WFZ}	Fahrzeugwiderstandskraft des Zuges, spezifische ~
F_{WN}	Neigungswiderstandskraft
F_{WS}	Streckenwiderstandskraft
F_{WW}	Weichenwiderstandskraft
$g(.)$	Funktion
g	Fallbeschleunigung
G	Graph
$\mathbf{G}$	Matrix der Verteilungsdichten $\widehat{q}_i$
G_{L}, G_{T}	Gewichtskraft aller Laufachsen, ~ Treibachsen
Δh	Höhendifferenz über $\Delta s'$
i, j	natürliche Zahlen / Indizes / Zustände / Knoten

Fortsetzung auf Folgeseite

Formelzeichen	Erklärung
$\mathbf{I}$	Einheitsmatrix
I_{BAT}	Batterieklemmenstrom
$I_{\mathrm{ES},1}, I_{\mathrm{ES},2}$	Strombegrenzungen bei Energiespeicherladung
I_{L}, $I_{\mathrm{L,max}}$	Strombelastung am Nachladepunkt / Ladestrom, maximaler ~
I_{N}	Nennstrom
I_{S}	Steigung
J	gerade natürliche Zahl
k	natürliche Zahl / Index / Parameter der Erlang-Verteilung
K	Menge von Kanten
k_0, k_1, k_2	Konstanten bei der Fahrwiderstandsberechnung
$k_{0\mathrm{L}}$, $k_{0\mathrm{T}}$	Grundwiderstandszahlen für Laufachsen, ~ Treibachsen
K_1, K_2	Bewertungsfunktionen
$k_{\mathrm{min}}^{(j)}$	natürliche Zahl / minimale Anzahl Intervalle
l, L	natürliche Zahl / Index / Parameter im Gaver-Stehfest-Algorithmus
$\mathscr{L}$	Laplace-Operator
l_{Fzg}	Fahrzeuglänge
$l_{\mathrm{min}}(\mathbf{r})$	minimaler Abstand zur nächsten Umspannstation
m	natürliche Zahl / Parameter
M	Menge
m_{Fzg}	Masse des Fahrzeugs / Zuges
m_{D}	rotierende Masse (Drehmasse)
m_{L}, m_{T}	Masse aller Laufachsen, ~ Treibachsen
n	natürliche Zahl / Anzahl / Index / Parameter
N	natürliche Zahl / Knoten / Zustand / Zielknoten / Zielzustand
$\mathbb{N}$	Menge der natürlichen Zahlen
p	Wahrscheinlichkeit / Wahrscheinlichkeitsdichte
$\mathbf{p}(.)$, $\widehat{\mathbf{p}}(.)$	Vektor der Verteilungen für den seit Prozessanfang insgesamt benötigten Energiebedarf in allen Zuständen, Laplace-transformierter ~
$\mathrm{P}(.)$	Wahrscheinlichkeit
$\mathbf{P}(.)$	Matrix der Übergangswahrscheinlichkeiten / Übergangsmatrix
P_{BW}	Leistung des Bremswiderstands
$P_{\mathrm{Dim,min}}$	minimale Dimensionierungsleistung des Nachladepunkts
$P_{\mathrm{frei}}(\mathbf{u})$	freie Dauerleistung der Umspannstationen $\mathbf{u}$
P_{gesamt}	Gesamtleistung am Stromabnehmer
$\mathrm{P}_{\mathrm{ges}}(.)$	Verteilungsfunktion des Energiebedarfs für gesamte Linie
P_{h}, $\overline{P}_{\mathrm{h}}$	Heizverbraucherleistung, mittlere ~
$\widehat{p}_i$	Element aus $\widehat{\mathbf{p}}(.)$
$p_{ij}(.), p_{ij}$	Übergangswahrscheinlichkeit von i nach j
P_{L}	Ladeleistung / Übertragungsleistung
P'_{m}	gravimetrische Leistungsdichte
P_{M}	Leistung des Antriebs (Fahrmotor)

Fortsetzung auf Folgeseite

Formelzeichen	Erklärung
$p_N(.)$	Dichtefunktion des Energiebedarfs im Zielzustand N
P_n, $\overline{P}_\mathrm{n}$	Nebenverbraucher- / Hilfsbetriebeleistung, mittlere ~
P_nenn	Nennleistung
P_NV	Summe aus Heiz- und Nebenverbraucher-/Hilfsbetriebeleistung
$p_N^o(.)$	Dichtefunktion des stochastischen Energiebedarfsanteils im Zielzustand N
$\mathrm{P}_N^{(j)}(.)$, $p_N^{(j)}(.)$	stetige Verteilungs- / Dichtefunktion des Energiebedarfs für Streckenabschnitt j im Zielzustand N
$p_\mathrm{NLP}(.)$	Dichtefunktion der Summenleistung für gleichzeitig ladende Fahrzeuge am Nachladepunkt
P'_V	volumetrische Leistungsdichte
P_VL	Vorladeleistung der Energiespeicher einer Docking-Station
Q	Gütekriterium
$\widehat{\mathbf{q}}(.)$	Matrix der gewichteten Dichtefunktionen im Laplace-Bereich
$Q_i(.)$	gewichtete Verteilung des Energiebedarfs im Zustand i
$\widehat{q}_i(.)$	Verteilungsdichte zu $Q_i(.)$ im Laplace-Bereich
$q_{ij}(.)$, $\widehat{q}_{ij}(.)$	gewichtete Dichtefunktion für Kante (i,j), Laplace-transformierte ~
Q_N	Batterienennladung
$\mathbf{r}$	Element der Menge R
R	Menge von Punkten einer Fläche
$\mathbb{R}$	Menge der reellen Zahlen
$\widetilde{R}(.)$, $\widetilde{r}(.)$	Verteilungs- / Dichtefunktion für benötigte Energie aus zweitem Energiespeicher
$r^{(j)}(.)$	(diskrete) Dichtefunktion eine „Restverteilung“ auf Streckenabschnitt j
r_1qkm	Radius für Kreis mit Flächeninhalt von 1 km^2
R_B	Bogenradius
s	Funktionsargument im Laplace-Bereich
S	Semi-Markov-Prozess
s_0, s_1, s_2, s_3	Wege
$\widetilde{s}$	Zuverlässigkeit für die „Missionserfüllung“ / Versorgungssicherheit
s_AB	Haltestellenabstand
$\Delta s'$	Projektion des Weges in die Horizontale
t	Zeit, Zeitpunkt
T	Verweildauer in einem Zustand
t_Fahrt	Fahrzeit
t_H	Haltezeit
t_Nf	Nachfolgezeit
t_VL	Vorladezeit
u	kontinuierliche Größe der benötigten Energie
u^*, u^*_{ij}	deterministische „Mindest“-Energiemenge / ~ für Kante (i,j)
$\mathbf{u}$	Position einer Umspannstation
U	Menge der Positionen von Umspannstationen

Fortsetzung auf Folgeseite

Formelzeichen	Erklärung
U_0, U_{BAT}	Batteriekonstantspannung / Batterieruhespannung
$U_{\mathrm{BAT,Entladen}}$	Batteriespannung beim Entladen
$U_{\mathrm{BAT,Laden}}$	Batteriespannung beim Laden
$U_{\mathrm{DSK,max}}$, $U_{\mathrm{DSK,min}}$	obere Betriebsspannung des DSK, untere ~
U_{ES}, $U_{\mathrm{ES,max}}$	Energiespeicherspannung, maximale ~
$U_{\mathrm{Fzg,max}}$	fahrzeugseitig zulässige Maximalspannung
U_{L}	Übertragungsspannung
U_{N}	System-Nennspannung
V	Menge von Knoten
v	Knoten
v_{Fzg}, $v_{\max}$	Geschwindigkeit, Höchstgeschwindigkeit
w	reelle Zahl / Gewicht bei gemischten Erlang-Verteilungen / Übersetzungsverhältnis
W	Paar von Prozessen
W_{AB}	Arbeit für den Bewegungsprozess am Bezugspunkt Stromabnehmer
W_{h}	Arbeit der Heizung
W_{n}	Arbeit der Nebenverbraucher
W_{W}	Arbeit für die Überwindung der Widerstandskräfte
x	Funktionsargument
x, y	x,y-Koordinaten
$x_{\mathrm{u}}, y_{\mathrm{u}}$	x,y-Koordinaten einer Umspannstation
X, Y	Prozesse / Markov-Kette
X, Y	Menge von x-Koordinaten, ~ y-Koordinaten
X_i	Wahrscheinlichkeitsfunktion
z	Ladeleistung
$Z(.)$	diskreter Zustand
Z	Zustandsmenge / Zustandsraum
Δz	Diskretisierungsintervall der Ladeleistung
α	reeller Parameter der Delta-Funktion
β	reelle Zahl / Übersetzungsverhältnis
$\gamma(.)$	Erlang-Verteilung
$\delta(.)$, $\Delta(.)$	Delta-Distribution, Approximation der Delta-Funktion
η_{DS}, η_{Tfz}	Wirkungsgrad der Docking-Station, ~ des Triebfahrzeugs
θ	diskrete Zeit / Zeitpunkt
Θ_{SMS}	Masseträgheitsmoment des SMS
κ	reelle Zahl / Speichernutzungsgrad
λ	reelle Zahl / Parameter der Erlang-Verteilung
ξ	Massefaktor
φ	Winkel
χ^2	Bezeichnung in Verbindung mit einer Verteilung
$\omega_{\mathrm{SMS,max}}$, $\omega_{\mathrm{SMS,min}}$	obere Betriebs-Kreisfrequenz des SMS, untere ~

Abkürzungsverzeichnis

Abkürzung	Erklärung
AC	alternating current – Wechselstrom
AEG	Allgemeine Elektricitäts-Gesellschaft
AG	Aktiengesellschaft
BAT	Batteriespeicher
BOGESTRA	Bochum-Gelsenkirchener Straßenbahn AG
BP	Betrachtungspunkt
BSAG	Bremer Straßenbahn AG
BSVAG	Braunschweiger Verkehrs-AG
BVG	Berliner Verkehrsbetriebe AöR
CCM	Centre for Concepts in Mechatronics
CTS	Compagnie des Transport Strasbourgeois – Straßburger Verkehrsbetriebe
CV	Cottbusverkehr GmbH
CVAG	Chemnitzer Verkehrs-AG
DC	direct current – Gleichstrom
DDR	Deutsche Demokratische Republik
DSK	Doppelschichtkondensatorspeicher
DVB AG	Dresdner Verkehrsbetriebe AG
DVG	Duisburger Verkehrsgesellschaft AG
EBO	Eisenbahn-Bau- und -Betriebsordnung
EfVAG	Erfurter Verkehrsbetriebe AG
EVAG	Essener Verkehrs-Aktiengesellschaft
FCH	Fast Charged Hybrid
FOTG	Frankfurt-Offenbacher Trambahn-Gesellschaft
Fzg.	Fahrzeug
GLT	Guided Light Transport – „leichter spurgeführter Verkehr“
GPS	Global Positioning System – globales Navigationssatellitensystem
GUW	Gleichstromunterwerk
GVB	Geraer Verkehrsbetrieb GmbH
HBS	Heidelberger Straßen- und Bergbahn GmbH
HKL	Helsinki City Transport
HS	Hochspannung
Hst.	Haltestelle

Fortsetzung auf Folgeseite

Abkürzung	Erklärung
HVG	Halberstädter Verkehrs-GmbH
IISB	Institut für Integrierte Systeme und Bauelementetechnologie
Inc.	Incorporated – Namenszusatz amerikanischer Unternehmen
ISO	International Organization for Standardization – Internationale Organisation für Normung
IVI	Institut für Verkehrs- und Infrastruktursysteme
Jenah	Jenaer Nahverkehr GmbH
k. A.	keine Angabe
Kl.	Klasse
KVB	Kölner Verkehrs-Betriebe AG
LLC	Limited Liability Company – Bezeichnung für eine Kapitalgesellschaft in der USA
LSA	Lichtsignalanlage
Ltd.	Limited – Bezeichnung für eine Kapitalgesellschaft
LVB	Leipziger Verkehrsbetriebe GmbH
MHVG	Mülheimer VerkehrsGesellschaft mbH
MIV	motorisierter Individualverkehr
MoBiel	MoBiel GmbH (Bielefeld)
MS	Mittelspannung
MVB	Magdeburger Verkehrsbetriebe AG (seit 1999 Magdeburger Verkehrsbetriebe GmbH)
MVG	Münchner Verkehrsgesellschaft mbH
MVV	MVV Verkehr AG (Mannheim)
NGTD 12 DD	Niederflur-Gelenktriebwagen mit Drehgestellen, 12 Achsen, Typ Dresden
NiCd	Nickel-Cadmium
NiMH	Nickel-Metallhydrid
NS	Niederspannung
NV	Nebenverbraucher
NVS	Nahverkehr Schwerin GmbH
OFB	oberleitungsfreier Betrieb
OL	Oberleitung
ÖPNV	öffentlicher Personennahverkehr
PBefG	Personen-Beförderungs-Gesetz
PKW	Personenkraftwagen
PSB	Plauener Straßenbahn GmbH
RBL	Rechnergestütztes Betriebsleitsystem
RER	Réseau Express Régional – S-Bahn
RHB	Rhein-Haardtbahn GmbH
RNV	Verkehrsverbund Rhein-Neckar / Rhein-Neckar-Verkehr GmbH
RSAG	Rostocker Straßenbahn AG

Fortsetzung auf Folgeseite

Abkürzung	Erklärung
S. L.	Sociedad de responsabilidad limitada – Bezeichnung für eine spanische Kapitalgesellschaft, etwa wie GmbH
SMS	Schwungmassespeicher
SOC	State of Charge - Ladezustand
S.p.A.	società per azioni – Bezeichnung für eine italienischen Kapitalgesellschaft
SRS	Schöneicher-Rüdersdorfer Straßenbahn GmbH
SSB	Stuttgarter Straßenbahnen AG
SVF	Stadtverkehrsgesellschaft mbH Frankfurt (Oder)
üstra	üstra Hannoversche Verkehrsbetriebe AG
UITP	Union Internationale des Transports Publics – Internationaler Verband für öffentliches Verkehrswesen
USA	United States of Amerika – Vereinigte Staaten von Amerika
UW	Unterwerk
VAG	Verkehrs-Aktiengesellschaft (Nürnberg)
VAG Freiburg	Freiburger Verkehrs AG
VAL	Véhicule automatique léger – „leichter automatisch betriebener Zug“
VBK	Verkehrsbetriebe Karlsruhe GmbH
VBL	Verkehrsbetriebe Ludwigshafen GmbH
VBNH	Verkehrsbetriebe Nordhausen GmbH
VGF	Stadtwerke Verkehrsgesellschaft Frankfurt am Main mbH
ViP	Verkehrsbetrieb Potsdam GmbH
WSB	Würzburger Straßenbahn GmbH
ZBDK	zeitgewichtete Belastungsdauerkurve

Literaturverzeichnis

[1] ABATE, Joseph; VALKÓ, Peter P.: *Multi-precision Laplace transform inversion.* In: International Journal for Numerical Methods in Engineering 60 (2004), S. 979-993

[2] ALBRECHT, Thomas: *Ein Beitrag zur Nutzbarmachung Genetischer Algorithmen für die optimale Steuerung und Planung eines flexiblen Stadtschnellbahnbetriebes.* Dresden, Technische Universität, Fakultät Verkehrswissenschaften „Friedrich List", Dissertation, 2005

[3] ALSTOM (Hrsg.): *ALSTOM is rewarded for its APS and passes an important milestone with its flywheel.* Pressemitteilung vom 14. Juni 2006. – Abrufbar im Internet. URL: http://www.alstom.com/news-and-events/news/ALSTOM-is-rewarded-for-its-APS-and-passes-an-important-milestone-with-its-\discretionary{-}{}{}flywheel-20060613/. Stand: 11.02.2011

[4] ALSTOM TRANSPORT (Hrsg.): *Alstom's innovations at the heart of cities development.* Pressemitteilung vom 22. Februar 2007. – Abrufbar im Internet. URL: http://www.alstom.com/transport/news-and-events/press-releases/Alstoms-innovations-at-the-heart-of-cities-development-20070222/. Stand: 11.02.2011

[5] ALTMANN, Siegfried u.a.: *VEM-Handbuch : Energieversorgung elektrischer Bahnen.* 1. Aufl. Berlin : Verlag Technik, 1975

[6] AOWEI TECHNOLOGY DEVELOPMENT CO., LTD. (Hrsg.): *Internetpräsenz.* URL: http://www.aowei.com/english/about.htm und http://www.aowei.com/english/case_news01.htm?type_id=182&id=82. Stand: 11.02.2011

[7] ARENTS, Paul: *Hybridbusse steigern die Umweltleistung der flämischen ÖPNV-Gesellschaft De Lijn.* In: PTI - Public Transportation International (2009), Nr. 5, S. 6-7

[8] ASTONBUS (Hrsg.): *E-City – Electric Urban Bus.* Marina del Rey : Astonbus, 2010. – Firmenschrift. Abrufbar im Internet. URL: http://www.astonbus.com/descargas/E-City-10-12m-EN.pdf. Stand: 11.02.2011

[9] BACK, Michael: *Prädiktive Antriebsregelung zum energieoptimalen Betrieb von Hybridfahrzeugen.* Karlsruhe : Universitätsverlag, 2006. – ISBN: 3-86644-031-6

[10] BALFOUR BEATTY RAIL GMBH POWER SYSTEMS (BBRAIL) (Hrsg.): *Diodengleichrichter zur Bahnstromversorgung.* Offenbach/Main : BBRail, 2002. – Firmenschrift. Ab-

rufbar im Internet. URL: http://www.bbrail.de/de/portfolio/bahnstromversorgung.html. Stand: 11.02.2011

[11] BARTHOLOMÄUS, Ralf; KLINGNER, Matthias; LEHNERT, Martin: *Prediction of power demand for hybrid vehicles operating in fixed-route service.* In: INTERNATIONAL FEDERATION OF AUTOMATIC CONTROL (IFAC) (Veranst.): *Proceedings of the 17th World Congress of the IFAC (Seoul, Korea, 06-11.07.2008).* S. 5640-5645. – ISBN: 978-3-902661-00-5

[12] BAUCH, Torsten: *Optimale Gestaltung von Traktionsnetzen elektrischer Nahverkehrsbahnen.* Dresden, Technische Universität, Institut für Elektrische Verkehrssysteme, Diplomarbeit, 1996

[13] BAUER, Gerhard; BETHGE, Matthias; MATTHES, Heiner; MENSDORF, Joachim; RÖBER, Dieter; WERNER, Lutz; WIEGARD, Hans: *Straßenbahn-Archiv. Bd. 1 : Geschichte Technik Betrieb.* 1. Aufl. Berlin : Transpress, 1983

[14] BAUMGARDT, Ludwig: *Nutzbremsung elektrischer Wagen.* In: Elektrotechnische Zeitschrift (1894), Nr. 36, S. 489-491

[15] BECK, Horst: *Kriterien zur Kennzeichnung der Betriebsgüte und der praktischen Leistungsfähigkeit von Straßenbahnnetzen : Störmaßstäbe für spezielle Streckenabschnitte und Knoten. Ein Beitrag zur Verkehrsplanung im öffentlichen Nahverkehrswesen.* Düsseldorf : VDI-Verlag, 1965 (Fortschritt-Bericht VDI-Zeitschrift, Reihe 12, Nr. 5)

[16] BECKER: *Stromrückgewinnung mit Hauptstrommotoren (bei der Stuttgarter Straßenbahn).* Deutsche Strassen- und Kleinbahn-Zeitung (1922), Nr. 19a, S. 244-245

[17] BEDELL, Roger: *A Practical, 70-90% Electric Bus without Overhead Wires.* In: STAVANGER FORUM AS; EUROPEAN ASSOCIATION FOR BATTERY, HYBRID AND FUEL CELL ELECTRIC VEHICLES (AVERE); WORLD ELECTRIC VEHICLE ASSOCIATION (WEVA) (Veranst.): *International Battery, Hybrid and Fuel Cell Electric Vehicle Symposium EVS24 (Stavanger, Norwegen 13.-16.05.2009).* – Abrufbar im Internet. URL: http://www.opbrid.com/~opbridco/media/EVS24%20Full%20Paper%203530236.pdf. Stand: 11.02.2011

[18] BERLINER VERKEHRSBETRIEBE (BVG) AÖR (Hrsg.): *Zahlenspiegel 2010.* Berlin : BVG, 2010. – Firmenschrift. Abrufbar im Internet. URL: http://www.bvg.de/index.php/de/binaries/asset/download/751953/file/1-1. Stand: 11.02.2011

[19] BERTRAM, Horst: *Die ersten Straßenbahnwagen mit Stromrückgewinnung durch Nutzbremsen liefen bei der Aachener Kleinbahn-Gesellschaft (AKG).* Industriearchäologie : Zeitschrift für Technikgeschichte 3 (1979), Nr. 2, S. 9-12

[20] BERTRAM, Horst; BERTRAM, Franz Joseph: *100 Jahre Öcher Tram 1880-1980 : Zur Geschichte des öffentlichen Personen-Nahverkehrs im Aachener Raum.* 1. Aufl. Aachen-Brand : Aquensia-Klette, 1980. – ISBN 3-922255-07-8

[21] BIELLA, Wolfgang: *Rechnergesteuerte Fahrkennlinienvorgaben für energieoptimale Zugfahrten bei Gleichstrombahnen.* In: Elektrische Bahnen 87 (1989), Nr. 5, S. 141-148

[22] BIESENACK, Hartmut; BRAUN, Erich; GEORGE, Gerhard; GIRBERT, Karl-Heinz; HOFMANN, Gerhard; KLINGE, Ralf; PUSCHMANN, Rainer; RÖHLIG, Steffen; SCHLECHTER, Ewald; SCHMIEDER, Axel; SCHNEIDER, Egid: *Energieversorgung elektrischer Bahnen.* 1. Aufl. Wiesbaden : B.G. Teubner, 2006. – ISBN 3-519-06249-6

[23] BIESENACK, Hartmut; METHNER, Sabine; HELLINGER, Rolf: *Mehrkriterielle Optimierung elektrischer Bahnsysteme.* In: Elektrische Bahnen 106 (2008), Nr. 6, S. 272-277

[24] BIESENACK, Hartmut; SCHMIDT, Peter: *Dimensionierung von elektrotechnischen Betriebsmitteln der Bahnenergieversorgung.* In: ZEV+DET Glasers Annalen 118 (1994), Nr. 4, S. 255-258

[25] BINDER, Robert; VAG VERKEHRS-AKTIENGES. NÜRNBERG (Hrsg.): *Der Stadtverkehr in Nürnberg und Fürth von 1881 bis 1981.* Nürnberg : VAG Verkehrs-Aktienges., 1988

[26] BIMMERMANN, Reiner: *Aachener Straßenbahn. Band 1 : Geschichte.* 1. Aufl. Aachen : Schweers + Wall, 1999. – ISBN 3-89494-116-2

[27] BLUMENTHAL, Michael; HAUCK, Thorsten; KORTEMEYER, Alfred; WALCHER, Martin: *COMBINO – Niederflurbahnen : Erprobung, Erfahrungen, Erkenntnisse.* In: Der Nahverkehr 16 (1998), Nr. 9, S. 50-57

[28] BOCHUM-GELSENKIRCHENER STRASSENBAHNEN AG (Hrsg.): *Internetpräsenz.* URL: `http://www.bogestra.de/ueber-uns/zahlen-und-fakten.html`. Stand: 11.02.2011

[29] BOMBARDIER TRANSPORTATION GMBH: *NGT8-Frankfurt, Typprüfung Energie.* Bautzen : Bombardier Transportation, 2005 (3EGM074594-5003). – interner Prüfbericht, unveröffentlicht

[30] BOMBARDIER TRANSPORTATION GMBH: *Technische Machbarkeitsuntersuchung : Anhang zum Meilensteinbericht „Das DockingPrinzip – Klimaschutz durch emissionsreduzierte Nahverkehrssysteme“.* Mannheim : Bombardier Transportation, 2007

[31] BONZ, Manfred: *Lebens-Zyklus-Kosten als Entscheidungskriterium für die Beschaffung von Fahrzeugen und Anlagen.* In: VDI-GESELLSCHAFT FAHRZEUG- UND VERKEHRSTECHNIK (Hrsg.): *Systemoptimierung im spurgeführten Verkehr : Lebenszykluskosten(LCC), Zuverlässigkeit, Instandhaltbarkeit, Verfügbarkeit (München, 25.-26.09.1997).* Düsseldorf : VDI-Verlag, 1997 (VDI-Berichte 1344), S. 7-13. – ISBN: 3-18-091344-4

[32] BOTTARI, Maurizio: *Energy savings in trolleybuses.* In: TROLLEY PROJECT (Veranst.): *First City-Industry-Summit (Parma, Italien 21.10.2010).* – Abrufbar im Internet. URL: `http://www.trolley-project.eu/fileadmin/user_upload/Library/CITY_PARMA_100907_Vossloh-Kiepe-Hybrid-Trolley_engl.pdf`. Stand: 11.02.2011

[33] BRANDES, Enrico: *Entwicklung eines Simulationsmodells zur Berücksichtigung von Elektro-Traktionsenergiespeichern in elektrischen Bahnsystemen des ÖPNV.* Dresden, Technische Universität, Institut für Bahnfahrzeuge und Bahntechnik, Professur Elektrische Bahnen, Diplomarbeit, 2010

[34] BRAUNSCHWEIGER VERKEHRS-AG (Hrsg.): *Zahlen, Daten, Informationen.* Braunschweig : Braunschweiger Verkehrs-AG, 2010. – Firmenschrift. Abrufbar im Internet. URL: http://www.braunschweiger-verkehrs-ag.de/downloads/flyer_ZahlenDatenFakten.pdf. Stand: 11.02.2011

[35] BREDAMENARINIBUS S.P.A. (Hrsg.): *ZEUS.* Bologna : BredaMenarinibus, 2010. – Firmenschrift. Abrufbar im Internet. URL: http://www.bredamenarinibus.it. Stand: 11.02.2011

[36] BREITKOPF, Matthias: *Linieneinsatzanalyse eines 18m-Hybridbusses in Hannover – Abschlussbericht.* Dresden : Fraunhofer IVI, 2009. – Projektbericht, unveröffentlicht

[37] BREITKOPF, Matthias; KNOTE, Thoralf; BÖTTCHER, Andreas: *Leipzig testet Hybridbus : Mess- und Befragungsergebnisse aus dem Linieneinsatz.* In: Der Nahverkehr 28 (2010), Nr. 3, S. 17-20

[38] BREMER STRASSENBAHN AG (BSAG) (Hrsg.): *BSAG in Zahlen 2009.* Bremen : BSAG, 2010. – Firmenschrift. Abrufbar im Internet. URL: http://www.bsag.de/pdf/BSAG_GB09_Zahlenfolder_www_ss.pdf. Stand: 11.02.2011

[39] BRENNER, Manfred F.: *Steuerung des Individualverkehrs und des öffentlichen Personenverkehrs unter Berücksichtigung der Gesamtverkehrszeiten.* Köln : Bundesministerium für Verkehr, Abt. Straßenbau, 1980 (Forschung Strassenbau und Strassenverkehrstechnik 281)

[40] BREUER, Klaus Dieter; KAPPUS, Jürgen; KULOW, Peter; OEHLER, Axel; PULS, Dieter; STAHLBERG, Udo; WAMT, Hans-Eckhard: *Praktisches Vorgehen zur Entwicklung von Vorgaben bezüglich Life Cycle Cost (LCC) in Lastenheften für Nahverkehrs-Schienenfahrzeuge.* Köln : VDV, 2000 (VDV-Mitteilungen 1502)

[41] BRÜCKE-OSTEUROPA; WIKIMEDIA FOUNDATION INC. (Hrsg.): *Expo 2010 Electric Bus.* URL: http://upload.wikimedia.org/wikipedia/commons/d/db/Expo_2010_Electric_Bus.jpg. Stand: 11.02.2011

[42] CALLAGHAN, Lisa; LYNCH, Sheila: *Analysis of Electric Drive Technologies For Transit Applications: Battery-Electric, Hybrid-Electric, and Fuel Cells.* Washington : U.S. Department of Transportation, Federal Transit Administration, 2005. – Abschlussbericht. Abrufbar im Internet. URL: http://www.fta.dot.gov/documents/Electric_Drive_Bus_Analysis.pdf. Stand: 11.02.2011

[43] CCM CENTRE FOR CONCEPTS IN MECHATRONICS (Hrsg.): *EMAFER RxV-II Data Sheet.* Nuenen : CCM, 2005. – Firmenschrift. Abrufbar im Internet. URL: http://www.ccm.nl/pdf/RxV-II-datasheet-v1.0.pdf. Stand: 11.02.2011

[44] CHEMNITZER VERKEHRS-AG (CVAG) (Hrsg.): *Internetpräsenz.* URL: http://www.cvag.de und http://www.cvag.de/cgi-bin/click.system?navid=Zahlen%2C_Daten%2C_Fakten_1298&sid=c. Stand: 11.02.2011

[45] COMPAGNIE DES TRANSPORT STRASBOURGEOIS (CTS) (HRSG.): *Internetpräsenz der CTS.* URL: http://www.cts.fr. Stand: 11.02.2011

[46] COTTBUSVERKEHR GMBH (Hrsg.): *Internetpräsenz.* URL: http://www.cottbusverkehr.de/unternehmen/uber-uns/daten-fakten/. Stand: 11.02.2011

[47] CREMER-CHAPÉ, Marcel: *ASEAG - 50 Jahre Energieversorgung, 70 Jahre Straßenbahn : Ein Blick in Vergangenheit und Gegenwart.* Aachen : Aachener Straßenbahn- und Energieversorgungs-A.-G., 1950. – Festschrift

[48] CTS STRASSBURG (Hrsg.): *Plan schématique - Mini-plan.* Straßburg : CTS Straßburg, 2009. – Straßenbahn-Netzplan im Kreditkartenformat. Abrufbar im Internet. URL: http://www.cts-strasbourg.fr/Portals/0/PDF/plans/CTS%20tram-Format%20carte-2009-WEB.pdf. Stand: 13.11.2009

[49] DAVIES, Brian; MARTIN, Brian: *Numerical inversion of the laplace transform: a survey and comparison of methods.* Journal of Computational Physics 33 (1979), Nr. 1, S. 1-32

[50] DESTRAZ, Blaise; BARRADE, Philippe; RUFER, Alfred; KLOHR, Markus: *Study and Simulation of the Energy Balance of an Urban Transportation Network.* In: EPE ASSOCIATION (Veranst.) u. a.: *12th European Conference on Power Electronics and Applications (Aalborg, Dänemark 02.-05.09.2007).*

[51] DITTMANN, Detlef: *Hybridfahrzeuge – eine Lösung für den Schienenverkehr?* In: LAND RHEINLAND-PFALZ (Veranst.) u. a.: *8. Deutscher Nahverkehrstag (Ludwigshafen 22.-23.04.2010).* – Abrufbar im Internet. URL: http://www.deutschernahverkehrstag.de/download/if1_detlef_dittmann.pdf. Stand: 11.02.2011

[52] DRECHSLER, Georg; ZIMMERMANN, Matthias: *Karlsruher Erfahrungen mit dem Beschleunigungsprogramm.* In: Der Nahverkehr 11 (1993), Nr. 9, S. 43-51

[53] DRESDNER VERKEHRSBETRIEBE AG (DVB AG) (Hrsg.): *Internetpräsenz.* URL: http://www.dvbag.de. Stand: 11.02.2011

[54] DRESDNER VERKEHRSBETRIEBE AG (DVB AG) (Hrsg.): *Unternehmensinterne Studien zu Energienbedarfsmessungen an den Straßenbahnfahrzeugen der DVB AG.* Dresden : DVB AG, 1997-2007. – unveröffentlicht

[55] DRESDNER VERKEHRSBETRIEBE AG (DVB AG) (Hrsg.): *Zahlen & Daten 2008.* Dresden : DVB AG, 2008. – Firmenschrift

[56] DRESDNER VERKEHRSBETRIEBE AG (DVB AG) (Hrsg.): *Zahlen & Daten 2009.* Dresden : DVB AG, 2009. – Firmenschrift. Abrufbar im Internet. URL: http://www.dvb.de/downloads/de/Die-DVB-AG/Zahlen-Daten/zahlen_daten2009_dt.pdf. Stand: 11.02.2011

[57] DROSDOWSKI, Günther (Hrsg.); DOSE, Maria (Mitarb.): *Duden Das Große Fremdwörterbuch : Herkunft und Bedeutung der Wörter.* Mannheim : Dudenverl., 1994. – ISBN 3-411-04161-7

[58] DUISBURGER VERKEHRSGESELLSCHAFT AG (Hrsg.): *Internetpräsenz.* URL: http://www.dvg-duisburg.de/die-dvg/daten-fakten-zur-dvg/wirtschaftsdaten.html. Stand: 11.02.2011

[59] ECKARDT, Gustav Felix: *Konstruktion eines wegseitigen Stromübertragungssystems für den öffentlichen Personennahverkehr (ÖPNV).* Dresden, Technische Universität, Institut für Maschinenelemente und Maschinenkonstruktion, Diplomarbeit, 2011

[60] ELECTRIC FUEL TRANSPORTATION CORP. (Hrsg.): *Electric Fuel introduces practical, zero-emission transportation.* New York : Electric Fuel Transportation Corp., 2003. – Firmenschrift (Produktblatt). Abrufbar im Internet. URL: http://www.electric-fuel.com/evtech/EF-tech-brochure.pdf. Stand: 11.02.2011

[61] ERFURTER VERKEHRSBETRIEBE AG (Hrsg.): *Internetpräsenz.* URL: https://www.stadtwerke-erfurt.de/pb/site/swegruppe/node/139998/Lde/index.html. Stand: 30.11.2010

[62] ESSENER VERKEHRS-AG (EVAG) (Hrsg.): *Kleine EVAG Statistik 2010.* Bremen : EVAG, 2010. – Firmenschrift. Abrufbar im Internet. URL: http://www.evag.de/fileadmin/downloads/geschaeftsberichte/Kleine_EVAG_Statistik_2010.pdf. Stand: 11.02.2011

[63] EUROPEAN COMMISSION (Hrsg.): *Europe in figures - Eurostat yearbook 2010.* Luxemburg : Publications Office of the European Union, 2010. – ISBN: 978-92-79-14884-2. Abrufbar im Internet. URL: http://epp.eurostat.ec.europa.eu/cache/ITY_OFFPUB/KS-CD-10-220/EN/KS-CD-10-220-EN.pdf. Stand: 11.02.2011

[64] EUROPEAN RAIL RESEARCH ADVISORY COUNCIL (ERRAC) (Hrsg.): *Light Rail and Metro Systems in Europe – Current market, perspectives and research implication.* Brüssel : ERRAC, 2004. – Abrufbar im Internet. URL: http://www.errac.org/IMG/pdf/LRailandMetroinEU-042004.pdf. Stand: 11.02.2011

[65] EVERS, Wolfgang; BREIDING, Sven: *Anwendung von Energiespeichern in Oberleitungsbussen.* In: ETG-Fachbericht 107 (2007), S. 381-385. – Tagungsband zum Internationalen ETG-Kongress (Karlsruhe 23.-24.10.2007)

[66] EVWORLD.COM, INC.: *Altair Nano to Supply Electric Bus Batteries to Proterra.* URL: http://evworld.com/news.cfm?newsid=23564. Stand: 11.02.2011

[67] FILIPOVIĆ, Žarko: *Elektrische Bahnen : Grundlagen, Triebfahrzeuge, Stromversorgung.* 4., überarb. Aufl. Berlin : Springer, 2005. – ISBN 3-540-21310-4

[68] FILTER, Jörg; BÖTTCHER, Jürgen: *Hybridtechnik hat sich bewährt : BOGESTRA zieht positive Bilanz.* In: Nahverkehrspraxis (2010), Nr. 6, S. 25-27

[69] FRAUNHOFER IISB (Hrsg.): *Elektroautos auf dem Prüfstand – Eröffnung des neuen Testzentrums für Elektrofahrzeuge am Fraunhofer IISB.* Pressemitteilung vom 19.07.2010. – Abrufbar im Internet. URL: http://www.iisb.fraunhofer.de/de/profil/2010-07-19_Testzentrum.pdf. Stand: 11.02.2011

[70] FRAUNHOFER IVI: *Das DockingPrinzip – Klimaschutz durch emissionsreduzierte Nahverkehrssysteme.* Dresden : Fraunhofer IVI, 2005. – Projektantrag zum BMBF-Förderprogramm „klimazwei"

[71] FRAUNHOFER IVI: *»DockingPrinzip«.* Dresden : Fraunhofer IVI, 2010. – Firmenschrift (Produktblatt). Abrufbar im Internet. URL: http://www.ivi.fraunhofer.de/frames/german/projects/produktbl_neues_CD/PB_DockingPrinzip.pdf. Stand: 11.02.2011

[72] FRAUNHOFER IVI: *2. Projektzwischenbericht im Projekt „DockingPrinzip – Klimaschutz durch emissionsreduzierte Nahverkehrssysteme".* Dresden : Fraunhofer IVI, 2007

[73] FREIBURGER VERKEHRS AG (Hrsg.): *Internetpräsenz.* URL: http://www.vag-freiburg.de. Stand: 11.02.2011

[74] FRÖHLICH, Michael; KLOHR, Markus; IN DER BEEK, Martin: *Die nächste Generation umweltfreundlicher Stadtbahnen.* In: Der Eisenbahningenieur 59 (2008), Nr. 7, S. 21-26

[75] GAMSIZLAR, Ömer: *Konstruktion eines Hochstrom-Kontaktsystems auf Basis elektromechanischer Aktoren.* Dresden, Technische Universität, Institut für Maschinenelemente und Maschinenkonstruktion, Diplomarbeit, 2009

[76] GAMSIZLAR, Ömer: *Entwicklung und Prüfung einer neuartigen Hochstromübertragungseinrichtung für stillstehende Fahrzeuge.* Dresden, Technische Universität, Institut für Maschinenelemente und Maschinenkonstruktion, Großer Beleg, 2009

[77] GASSEL, Christian; ALBRECHT, Thomas; KRIMMLING, Jürgen: *Nutzung von Bedarfshalten zur Steigerung der Energieeffizienz.* In: Der Eisenbahningenieur 59 (2008), Nr. 10, S. 46-50

[78] GASSEL, Christian; KRIMMLING, Jürgen: *Additional benefit of ITCS data in road traffic control systems – Ways to enhance multimodal transport quality and energy efficiency.* In: WORLD CONFERENCE ON TRANSPORT RESEARCH SOCIETY (Hrsg.): *General Proceedings of the 12th World Conference on Transport Research Society (Portugal 11.-15.07.2010).* Paper C2-03243. – ISBN 978-989-96986-0-4

[79] GAVER, Donald P., Jr.: *Observing stochastic processes and approximate transform inversion.* In: Operation Research 14 (1966), Nr. 3, S. 444-459

[80] GEBHARDT, Sven; JAHN, Josef: *Nahverkehrs-Hybridfahrzeug Twino.* In: Elektrische Bahnen 99 (2001), Nr. 4, S. 188-192

[81] GEMMER, Brigitte; KRAUSS, Thomas: *Ein neues Busnetz für München.* In: Verkehr und Technik 57 (2004), Nr. 10, S. 415-422

[82] DE GENNARO, Francesco: *ATM Milan trolleybuses – main features and experiences* In: TROLLEY PROJECT (Veranst.): *First City-Industry-Summit (Parma, Italien 21.10.2010).* – Abrufbar im Internet. URL: http://www.trolley-project.eu/fileadmin/user_upload/Library/ATM_Milan_Trolleybuses_-_Main_Features_and_Experiences.pdf. Stand: 11.02.2011

[83] GERAER VERKEHRSBETRIEB GMBH (Hrsg.): *Internetpräsenz.* URL: `http://www.gvbgera.de/unternehmen/zahlen-und-fakten`. Stand: 11.02.2011

[84] GLICKENSTEIN, Harvey: *Electric trains without the wires.* In: IEEE Vehicular Technology Magazine 1 (2006), Nr. 4, S. 50-54

[85] GODBERSEN, Christian; GUNSELMANN, Walter: *Einsatz von Energiespeichern in Nahverkehrssystemen : Reduzierung von Betriebskosten und Entlastung der Umwelt.* In: Der Nahverkehr 19 (2001), Nr. 7-8, S. 38-42

[86] GÖRGLER, Jürgen: *Volvo 7700 Hybrid: Serienreife belegt?* In: Verkehr und Technik 63 (2010), Nr. 5, S. 165-168

[87] GRANTHAM, Andrew: *Hybrid Technology Enters the Real World.* In: Railway Gazette International 163 (2007), Nr. 7, S. 428-429

[88] GREEN CAR CONGRESS: *Opbrid Introduces New Overhead Fast-Charging System for Buses; Leveraging Lithium Titanate (nLTO) Battery Technology for Rapid Charge Hybrids.* URL: `http://www.greencarcongress.com/2010/10/opbrid-20101006.html`. Stand: 11.02.2011

[89] GREEN CAR CONGRESS: *Smith Electric Vehicles Launches Electric Minibus and Boom Lift at CV Operator Show.* URL: `http://www.greencarcongress.com/2010/04/smith-20100416.html`. Stand: 11.02.2011

[90] GRONECK, Christoph: *Neue Straßenbahnen in Frankreich : die Wiederkehr eines urbanen Verkehrsmittels.* Freiburg : EK-Verlag, 2003. – ISBN 3-88255-844-X

[91] GRONECK, Christoph: *Metros in Frankreich.* 1. Aufl. Berlin : Schwandl, 2006. – ISBN 3-936573-13-1

[92] GRONECK, Christoph: *Trams in France.* URL: `http://www.trams-in-france.net`. Stand: 13.11.2009

[93] GUEZENNEC, Yann; CHOI, Ta-young; PAGANELLI, Gino; RIZZONI, Giorgio: *Supervisory Control of Fuel Cell Vehicles and its Link to Overall System Efficiency and Low-Level Control Requirements.* In: AMERICAN AUTOMATIC CONTROL COUNCIL (AACC) (Veranst.): *Proceedings of the American Control Conference (Denver, Colorado, USA 04.-06.06.2003).*

[94] GUNSELMANN, Walter; HÖSCHLER, Paul; REINER, Gerhard: *Energiespeichereinsatz im Stadtbahnnetz Köln.* In: Elektrische Bahnen 98 (2000), Nr. 11-12, S. 463-468

[95] HAAKE, Hans-Dieter; KOSSOW, Carsten; SCHÜLTING, Ludger: *Erste IGBT-Gleichstromsteller für Magdeburger Tatra-T4D-Wagen.* In: Der Nahverkehr 14 (1996), Nr. 4, S. 48-56

[96] HAASE, Ralf: *Die Einordnung des ÖPNV in den Entwicklungsplan Elektromobilität : Notwendigkeit und Chance für elektrische Stadtbussysteme in deutschen Modellregionen.* In: Der Nahverkehr 27 (2009), Nr. 7/8, S. 17-22

[97] HALBERSTÄDTER VERKEHRS-GMBH (Hrsg.): *Internetpräsenz.* URL: http://www.stadtverkehr-halberstadt.de/kennzahlen.php. Stand: 11.02.2011

[98] HALFMANN, Ulrich; HEIN, Gerd; OLSEN, Henning; RÖHLIG, Steffen: *Wirtschaftliche Optimierung von Stadtbahnen durch Nutzung der Bremsenergie in Energiespeichern.* In: EBERSPÄCHTER, Jörg (Gesamtleitung): *NetWorlds : Leben und Arbeiten in vernetzten Welten, VDE-Kongress 2002. Band 1 : Fachtagungsberichte der ITG und ETG.* Berlin : VDE-Verlag, 2002, S. 419-425. – ISBN 3-8007-2723-4

[99] HAUPTMANN, André: *Beschreibung der Bahnbelastung im Hochgeschwindigkeitsverkehr.* Dresden, Technische Universität, Fakultät Verkehrswissenschaften „Friedrich List", Dissertation, 1998

[100] HAUPTMANN, André; HIMME, Claus; HOHMANN, Hugo; NEWESELY, Gerald; PETZ, Michael: *Markt und Technik von mehrsystemfähigen bzw. hybriden Stadt-/Überlandbahnen (TramTrains).* In: ZEVrail Glasers Annalen 131 (1996), Sonderheft Tagungsband SFT 2005, S. 260-271

[101] HELLIGE, Bernd: *Beitrag zur Untersuchung der Belastung von Energieversorgungsanlagen bei Straßenbahnen.* Dresden, Hochschule für Verkehrswesen „Friedrich List", Dissertation A, 1971

[102] HELSINKI CITY TRANSPORT (HKL) (Hrsg.): *Transport data 2008.* Helsinki : HKL, 2008. – Firmenschrift. Abrufbar im Internet. URL: http://www.hel.fi/wps/wcm/connect/285d52004a17377693a3fb3d8d1d4668/HKL_INFO_2008_ENG_2.pdf?MOD=AJPERES. Stand: 11.02.2011

[103] HELSINKI CITY TRANSPORT (HKL); HKL TRAM (Hrsg.): *Internetpräsenz.* URL: http://www.hkl.fi/tram. Stand: 11.02.2011

[104] HÉRISSÉ, Philippe: *Ecoliner - der neue amerikanische Trolleybus ohne Fahrleitung.* In: Stadtverkehr 55 (2010), Nr. 11, S. 34-35

[105] HÉRISSÉ, Philippe: *Premiére mondiale pour Veolia en Californie : L'Ecoliner, un bus sans fuel et sans fils.* In: Ville, Rail & Transports 504 (2010), S. 54-59

[106] HEUCK, Klaus; DETTMANN, Klaus-Dieter; SCHULZ, Detlef: *Elektrische Energieversorgung.* 8., überarb. u. aktual. Aufl. Wiesbaden : Vieweg + Teubner, 2010. – ISBN 978-3-8348-0736-6

[107] HEUSER, Ralf; LOERBROKS, Alexander; NIEBAUER, Peter; SCHINDLER, Jörg; SCHURIG, Volker; WURSTER, Reinhold: *Fortschrittliche Antriebskonzepte für Busse und Verteilerfahrzeuge mit niedrigsten Emissionen; Stufe 1 : Technischer Abschlussbericht.* Ottobrunn : LBS GmbH, 1996. – BMBF-Förderkennzeichen TV 9367.

[108] HEYNER, Gerhard; SCHÜLER-HAINISCH, Eckhard: *Modell zur Berechnung der Lebenszykluskosten von Bahngesamtsystemen als Ansatz zur Gesamtsystemoptimierung.* In: VDI-GESELLSCHAFT FAHRZEUG- UND VERKEHRSTECHNIK (Hrsg.): *Systemoptimierung*

im spurgeführten Verkehr : Lebenszykluskosten(LCC), Zuverlässigkeit, Instandhaltbarkeit, Verfügbarkeit (München, 25.-26.09.1997). Düsseldorf : VDI-Verlag, 1997 (VDI-Berichte 1344), S. 7-13. – ISBN: 3-18-091344-4

[109] HIMME, Klaus: *3. Projektzwischenbericht im Projekt „DockingPrinzip – Klimaschutz durch emissionsreduzierte Nahverkehrssysteme“.* Mannheim : Bombardier Transportation, 2007

[110] HOFMANN, Gerhard: *Ein stochastisches Simulationsmodell der Bahnbelastung und dessen Verwendung bei der thermischen Dimensionierung elektrotechnischer Betriebsmittel elektrischer Bahnen für den ungestörten Betriebsfall.* Dresden, Hochschule für Verkehrswesen „Friedrich List“, Dissertation A, 1978

[111] HOFMANN, Gerhard; RÖHLIG, Steffen: *Zeitgewichtete Belastungsdauerkurve bei elektrischen Bahnen.* In: Elektrische Bahnen 95 (1997), Nr. 10, S. 272-279

[112] HOFMANN, Gerhard; SCHMIDT, Peter: *Stochastische Dimensionierung elektrotechnischer Betriebsmittel elektrischer Bahnen.* In: Elektrie 32 (1978), Nr. 10, S. 554-556

[113] HONDIUS, Harry: *Deutschlands größte Hybridbus-Flotte fährt an Rhein und Ruhr.* In: Stadtverkehr 55 (2010), Nr. 10 S. 6-13

[114] HONDIUS, Harry: *Linienbusse auf der 63. IAA Nutzfahrzeuge.* In: Stadtverkehr 55 (2010), Nr. 11, S. 6-14

[115] HONDIUS, Harry: *Vorstellung eines Solaris Urbino 12 Hybrid mit Eaton-HDU-Automat.* In: Stadtverkehr 55 (2010), Nr. 5, S. 22-27

[116] HÖRING, Otto (Bearb.): *Elektrische Bahnen.* Berlin : de Gruyter, 1929 (Siemens Handbücher 15)

[117] JENAER NAHVERKEHR GMBH (Hrsg.): *Internetpräsenz.* URL: `http://www.jenah.de/index.php?id=203`. Stand: 11.02.2011

[118] JOSSEN, Andreas; WEYDANZ, Wolfgang: *Moderne Akkumulatoren richtig einsetzen.* Neusäß : Ubooks, 2006. – ISBN 3-937536-01-9

[119] KÄHLER, Steffen: *Energiesparmaßnahmen im Stadtbahnnetz der üstra.* In: Elektrische Bahnen 100 (2002), Nr. 8-9, S. 335-340

[120] KALENOJA, Hanna: *Energy consumption and environmental effects of passenger transport modes. A life cycle study on passenger transport modes.* In: UNIVERSITÄT AALBORG (Veranst.): *Conference on traffic-days at Aalborg University (Aalborg, Dänemark 19.-20.08.1996).* Konferenzband Teil 1, S. 255-267. – Abrufbar im Internet. URL: `http://www.trafikdage.dk/td/papers/papers96/tr_og_em/kaleno/kaleno.pdf`. Stand: 11.02.2011

[121] KAMM, Peter: *Der Trolleybus in Zürich : Entstehung, Betrieb und Fahrzeuge seit 1939.* Zürich : Tram Museum Zürich, 2008. – ISBN 3-909062-06-7

[122] KERSCHL, Stefan; HIPP, Eberhard; LEXEN, Gerald: *Effizienter Hybridantrieb mit Ultracaps für Stadtbusse.* In: RWTH AACHEN (Veranst.): *14. Aachener Kolloquium Fahrzeug-*

und Motorentechnik (Aachen 04.-06.10.2005). Konferenzbericht, S. 1-17. – Abrufbar im Internet. URL: `http://www.aachener-kolloquium.de/pdf/Vortr_Nachger/Kerschl.pdf`. Stand: 11.02.2011

[123] KIESSLING, Friedrich; PUSCHMANN, Rainer; SCHMIEDER, Axel; SCHMIDT, Peter: *Fahrleitungen elektrischer Bahnen : Planung Berechnung Ausführung*. 2., überarb. Aufl. Stuttgart : B.G. Teubner, 1998. – ISBN 3-519-16177-X

[124] KLAUSNER, Sven: *Modellierung der thermischen Wechselbeanspruchung leistungselektronischer Wandler in Fahrzeugen des ÖPNV (Arbeitstitel)*. Dresden, Technische Universität, Fakultät Maschinenwesen, Dissertation, vorauss. 2011/2012

[125] KLAUSNER, Sven; KLINGNER, Matthias: *Speicherbasierte Busse und Bahnen - eine Renaissance des Gyrobusses?* In: DEUTSCHE GESELLSCHAFT FÜR ELEKTRISCHE STRASSENFAHRZEUGE (DGES) (Veranst.): *Fachtagung „Elektromobilität - Aktuelle Trends und Entwicklungen" (Dudenhofen 09.-10.06.2009)*.

[126] KLAUSNER, Sven; KNOTE, Thoralf: *Betrieb von schnellladefähigen Elektrobussen – Parameter und Anmerkungen zum Ultracap Bus der Firma Sinautec Automobile Technologies LLC* Dresden : Fraunhofer IVI, 2010. – internes Projektdokument (unveröffentlicht)

[127] KLAUSNER, Sven; LEHNERT, Martin: *Betriebsspezifische Auslegung von Energiespeichern für Straßenbahnen*. In: Elektrische Bahnen 106 (2008), Nr. 5, S. 237-246

[128] KLAUSNER, Sven; LEHNERT, Martin; GAMSIZLAR, Ömer; NIEBERLE, Rupert: *Neuartige Schnellladeeinrichtungen für Traktionsenergiespeicher auf Stadtbahnen*. In: TU DRESDEN, FAKULTÄT VERKEHRSWISSENSCHAFTEN (Veranst.): *22. Verkehrswissenschaftliche Tage (Dresden 28.-29.09.2009)*.

[129] KLINGNER, Matthias: *Mehrwertige Modelle zur Beschreibung der Zuverlässigkeit und Leistungsfähigkeit technischer Systeme*. In: AKADEMIE DER WISSENSCHAFT DER DDR, ZENTRALINSTITUT FÜR KYBERNETIK UND INFORMATIONSPROZESSE (Hrsg.): ZKI-Informationen (1986), Nr. 3

[130] KLINGNER, Matthias: *Methode zur Berechnung Semi-Markovscher Zuverlässigkeitsmodelle*. In: Messen, Steuern, Regeln 32 (1989), Nr. 9, S. 397-401

[131] KNIGHT, John H.; RAICHE, Art D.: *Transient electromagnetic calculations using the Gaver-Stehfest inverse Laplace-Transform method*. In: Geophysics 47 (1982), Nr. 1, S. 47-50

[132] KNOTE, Thoralf: *Elektromobilität im ÖPNV: Nachlade- und Speichertechnologien*. In: SÄCHSISCHE ENERGIEAGENTUR (SAENA) GMBH (Veranst.): *Fachforum „E-Mobilität - Technologien und Infrastruktur" im Rahmen der Messe enertec (Leipzig 27.01.2011)*. – Abrufbar im Internet. URL: `https://intra.saena.de/tycon/file.php?id=1481`. Stand: 12.03.2011

[133] KNOTE, Thoralf; HAUFE, Beate: *Wirtschaftlichkeitsuntersuchungen : Anhang zum Mei-*

lensteinbericht „Das DockingPrinzip – Klimaschutz durch emissionsreduzierte Nahverkehrssysteme“. Dresden : Fraunhofer IVI, 2007

[134] KOCH, Robert; MÜLLER, Hubert: *Combino duo – die Zwei-System-Straßenbahn : Nordhausen erhält erste Hybrid-Variante aus der Straßenbahn-Famile.* In: Der Nahverkehr 20 (2002), Nr. 6, S. 24-26

[135] KÖLNER VERKEHRS-BETRIEBE AG (KVB) (Hrsg.): *Geschäftsbericht 2007.* Köln : KVB, 2008. – Firmenschrift. Abrufbar im Internet. URL: `http://www.kvb-koeln.de/german/unternehmen/leistungsdaten/geschaeftsbericht.html`. Stand: 28.09.2009

[136] KÖLNER VERKEHRS-BETRIEBE AG (KVB) (Hrsg.): *Internetpräsenz.* URL: `http://www.kvb-koeln.de/german/unternehmen/leistungsdaten/bahn.html` und `http://www.kvb-koeln.de/german/unternehmen/leistungsdaten/bus.html`. Stand: 11.02.2011

[137] KOMMISSION DER EUROPÄISCHEN GEMEINSCHAFTEN: *Für ein mobiles Europa — Nachhaltige Mobilität für unseren Kontinent Halbzeitbilanz zum Verkehrsweißbuch der Europäischen Kommission von 2001.* In: Mitteilung der Kommission an den Rat und an das Europäische Parlament, KOM (2006) 314. – Dokumentnummer: SEC (2006) 768, Abrufbar im Internet. URL: `http://ec.europa.eu/transport/transport_policy_review/doc/2006_transport_policy_review_de.pdf`. Stand: 11.02.2011

[138] KÖTHER, Christoph; SPODEN, Paul-Gerhard: *Ökologisch und ökonomisch : Die Hagener Straßenbahn AG beschafft ihre ersten beiden Hybridbusse.* In: Der Nahverkehr 28 (2010), Nr. 10, S. 47-49

[139] KRAUS, Günther D.; ROCKENFELT, Bernd R.: *Einsparung von Traktionsenergie durch energiesparende Fahrweise bei S-Bahnen.* In: Elektrische Bahnen 82 (1984), Nr. 6, S. 172-178

[140] KRAUS, Heinrich: *Grundlagen elektrischer Bahnen.* 1. Aufl. Düsseldorf : Werner, 1986. – ISBN 3-8041-2392-9

[141] KRUG, Wolfgang Ludwig: *Einfluß der Straßenbahn auf die Leistungsfähigkeit signalgeregelter Knotenpunkte.* Bonn : Bundesminister für Verkehr, Abt. Strassenbau (Hrsg.), 1965 (Schriftenreihe Straßenbau und Straßenverkehrstechnik 41)

[142] LACÔTE, François; MOSKOWITZ, Jean-Paul: *Wireless Light Rail: ALSTOM’s solutions.* In: ZEVrail Glasers Annalen 128 (2004), Sonderheft Tagungsband SFT 2004, S. 64-73

[143] LANDESHAUPTSTADT MÜNCHEN, STATISTISCHES AMT (Hrsg.): *Jahreszahlen 2005.* München : Landeshauptstadt München, 2005. – Abrufbar im Internet. URL: `http://www.mstatistik-muenchen.de/themen/verkehr/jahreszahlen/jahreszahlen_2005/p-jt060702.pdf`. Stand: 11.02.2011

[144] LEHMANN, Helmut: *Fahrdynamik der Zugfahrt : Theorie und Anwendung.* 2. überarb. Aufl. Aachen : Shaker, 2006. – ISBN 3-8322-4384-4

[145] LEHNERT, Martin; HARTER, Matthias; KLINGNER, Matthias: *Generic requirement specification of FC clusters typically for tram implementation.* Dresden : Fraunhofer IVI, 2006.

– Projektbericht D I.1.1.1 im Projekt FELICITAS-Fuel cell power trains and clustering in heavy-duty transports

[146] LEHNERT, Martin; KLAUSNER, Sven: *Auslegung mobiler Energiespeicher für Straßenbahnen.* In: INNOVATIONSZENTRUM BAHNTECHNIK EUROPA (Veranst.); VDE / ETG FACHBEREICH BAHNEN UND FAHRZEUGE MIT ELEKTRISCHEN ANTRIEBEN (Veranst.): *Symposium Elektrische Fahrzeugantriebe und -ausrüstung (Dresden 27.-28.11.2008).* – Abrufbar im Internet. URL: http://www.izbe.de. Stand: 11.02.2011

[147] LEHNERT, Martin; KLAUSNER, Sven: *Auslegung und Steuerung mobiler Traktionsenergiespeicher.* In: Elektrische Bahnen 107 (2009), Nr. 9, S. 383-391

[148] LEHNERT, Martin; KLAUSNER, Sven: *Auslegung von Energiespeichern für Straßenbahnen.* In: INNOVATIONSZENTRUM BAHNTECHNIK EUROPA (Veranst.): *Themenabend Energiespeichereinsatz bei Straßenbahnen (Dresden 17.09.2008).*

[149] LEHNERT, Martin; KLAUSNER, Sven: *Energieeinsparung durch Energiespeicher bei Straßenbahnen am Beispiel der Dresdner Verkehrsbetriebe.* In: VERBUNDINITIATIVE BAHNTECHNIK SACHSEN (Veranst.): *Symposium „Energieeffizienz im Schienenverkehr" (Delitzsch 20.08.2009).*

[150] LEHNERT, Martin; KLAUSNER, Sven: *Hochstromenergieübertragung in elektrisch angetriebene Fahrzeuge.* In: INNOVATIONSZENTRUM BAHNTECHNIK EUROPA (Veranst.): *Symposium Elektrische Fahrzeugantriebe und -ausrüstung (Dresden 02.-03.12.2010).* – Abrufbar im Internet. URL: http://www.izbe.de. Stand: 11.02.2011

[151] LEHNERT, Martin; KLAUSNER, Sven; BARTHOLOMÄUS, Ralf: *Energieverbrauch bei Stadtbahnsystemen - Identifizierung von Einsparpotentialen.* In: Bahntechnik aktuell, Proceedings 14 (2008), S. 15-26

[152] LEHNERT, Martin; KLAUSNER, Sven; HIMME, Claus; KLOHR, Markus: *Das DockingPrinzip - Klimaschutz durch emissionsreduzierte Nahverkehrssysteme: Gemeinsamer Schlussbericht des Projektverbundes Fraunhofer IVI und Bombardier Transportation.* Dresden : Fraunhofer IVI, 2010. – Abrufbar im Internet über Fraunhofer Publica. URL: http://publica.fraunhofer.de. Stand: 11.02.2011

[153] LEHNHOFF, Nicola; JANSSEN, Solveigh: *Untersuchung und Optimierung der Fahrgastwechselzeit.* In: Der Nahverkehr 21 (2003), Nr. 7/8, S. 14-20

[154] LEIPZIGER VERKEHRSBETRIEBE (LVB) GMBH (Hrsg.): *Internetpräsenz.* URL: http://www.lvb.de. Stand: 11.02.2011

[155] LEIPZIGER VERKEHRSBETRIEBE (LVB) GMBH (Hrsg.): *Liniennetzplan.* Leipzig : LVB, 2008. – Firmenschrift

[156] LEIPZIGER VERKEHRSBETRIEBE (LVB) GMBH (Hrsg.): *Zahlen und Fakten der Leipziger Verkehrsbetriebe 2010.* Leipzig : LVB, 2010. – Firmenschrift. Abrufbar im Internet. URL: http://www.lvb.de/file/download/5e1e7042d253033ea1fec04762e34276.pdf/f/dl. Stand: 11.02.2011

[157] LEUTHARDT, Helmut: *Betriebskosten von Linienbussen im systematischen Vergleich.* In: Der Nahverkehr 23 (2005), Nr. 11, S. 20-25

[158] LEUTWILER, Ernst B.: *40 Jahre Gyrobus.* In: Tram. Fachzeitschrift für den öffentlichen Personennahverkehr in der Schweiz 7 (1991), Nr. 1, S. 3 – Text Abrufbar im Internet. URL: `http://www.tram-museum-archiv.ch/Seiten_Zueribus/gyrobus-D.shtml`. Stand: 11.02.2011

[159] LINDER, Ulrich, BAIER, Torsten: *Energiesparsame Fahrweise im Nahverkehr.* In: Eisenbahntechnische Rundschau 51 (2002), Nr. 7/8, S. 432-438

[160] LINDNER, Peter: *Beschleunigungsmaßnahmen für den ÖPNV als wichtiges Element integrierten Verkehrssystemmanagements.* In: Verkehr und Technik 41 (1988), Nr. 6, S. 251-253

[161] LINGEN, Jörg von, SCHMIDT, Peter: *Zeitgewichtete Belastung und Belastbarkeit und deren Nutzung für die Dimensionierung von Bahnenergieversorgungsanlagen.* In: Elektrie 48 (1994), Nr. 11/12, S. 448-457

[162] LI-TEC BATTERY GMBH & CO. KG (Hrsg.): *HEI 40 High Energy Zelle : ICM-NP 110190240 Datenblatt.* Kamenz : Li-Tec Battery, 2008. – Firmenschrift. Abrufbar im Internet. URL: `http://www.products4engineers.nl/resources/upload/KGaxYt-BE88-(2).pdf`. Stand: 11.02.2011

[163] LÖSEL, Thomas; RÖHLIG, Steffen: *Stand der Entwicklung von Energiespeichern bei Gleichstrom-Nahverkehrsbahnen.* In: Elektrische Bahnen 102 (2004), Nr. 10, S. 426-432

[164] LUNANOVA, Marco: *Optimierung von Nebenaggregaten.* Wiesbaden : Vieweg + Teubner, 2009. – ISBN: 978-3-8348-0730-4

[165] LUNZ, Benedikt; SINHUBER, Philipp; SAUER, Dirk Uwe: *Potenziale von Energiespeichern zur Elektrifizierung des Nahverkehrs : Stand der Technik und Entwicklungsperspektiven.* In: Der Nahverkehr 27 (2009), Nr. 7/8, S. 23-27

[166] MAGDEBURGER VERKEHRSBETRIEBE GMBH (Hrsg.): *Internetpräsenz.* URL: `http://www.mvbnet.de` und `http://www.mvbnet.de/unternehmen/zahlen-fakten/verkehrsgebiet`. Stand: 11.02.2011

[167] MARQUORDT, Christian: *Neuer Hybridbus: Göppel präsentiert den ersten „go4city12 H“.* In: Stadtverkehr 56 (2011), Nr. 3, S. 22-23

[168] MATTERSDORFF, Wilhelm: *Stromrückgewinnung mit Verbundmotoren.* In: Verkehrstechnik (1930), Nr. 50, S. 657-660

[169] MAXWELL TECHNOLOGIES (Hrsg.): *Datasheet K2 Series 650 F - 3,000 F Ultracapacitors.* San Diego : Maxwell Technologies, 2010. – Firmenschrift, Dokument-Nummer: 1015370.1. Abrufbar im Internet. URL: `http://www.tecategroup.com/capacitors/datasheets/maxwell/DATASHEET_K2_SERIES_1015370.pdf`. Stand: 11.02.2011

[170] MEINERT, Michael: *Lösungen zum oberleitungslosen Betrieb der Firma Siemens.* In: VERBAND DEUTSCHER VERKEHRSUNTERNEHMEN (VDV) (Veranst.): *4. Fachtagung „Elektrische Energieanlagen von Gleichstrom-Nahverkehrsbahnen“ (Dresden 04.-05.02.2010).*

[171] METHNER, Sabine: *Dimensionierung elektrischer Bahnsysteme mit mehrkriteriellen genetischen Algorithmen.* Dresden, Technische Universität, Fakultät Verkehrswissenschaften „Friedrich List“, Dissertation, 2010

[172] MIETTINEN, Kaisa: *Introduction to Multiobjective Optimization: Noninteractive Approaches.* In: BRANKE, Jürgen; DEB, Kalyanmoy; MIETTINEN, Kaisa; SLOWINSKI, Roman (Eds.): *Multiobjective Optimization : Interactive and Evolutionary Approaches.* Berlin : Springer, 2008 (Lecture Notes in Computer Science 5252), S. 1-26. – ISBN: 3-540-88907-8

[173] MITSCHKE, Manfred; WALLENTOWITZ, Henning: *Dynamik der Kraftfahrzeuge.* 4., neubearb. Aufl. Berlin : Springer, 2004. – ISBN: 3-540-42011-8

[174] MIYATAKE, Masafumi; HAGA, Hiroto: *Optimization of Speed Profile and Quick Charging of a Catenary Free Train with On-board Energy Storage.* In: ASSOCIAZIONE NAZIONALE AZIONAMENTI ELETTRICI (Veranst.): *International Conference on Electrical Systems for Aircraft, Railway and Ship Propulsion (ESARS) (Bologna, Italien 19.-21.10.2010).*

[175] MIYATAKE, Masafumi; KO, Hideyoshi: *Optimization of Train Speed Profile for Minimum Energy Consumption.* In: IEEJ Transactions on Electrical and Electronics Engineering 5 (2010), Nr. 3, S. 263-269

[176] MIYATAKE, Masafumi; MATSUDA, Kunihiko: *Energy Saving Speed and Charge/discharge Control of a Railway Vehicle with On-board Energy Storage by Means of an Optimization Model.* In: IEEJ Transactions on Electrical and Electronics Engineering 4 (2009), Nr. 6, S. 771-778

[177] MIYATAKE, Masafumi; MATSUDA, Kunihiko; HAGA, Hiroto: *Charge/discharge control of a train with on-board energy storage devices for energy minimization and consideration of catenary free operation.* In: ALLAN, Jeff; HILL, Roger John; BREBBIA, Carlos Alberto; SCIUTTO, Giuseppe; SONE, Satoru (Hrsg.): *Computers in Railways XI (9. Internationalen Konferenz „Computer Aided Design, Manufacture and Operation in the Railway and Other Advanced Mass Transit Systems (COMPRAIL)“ Dresden 17.-19.05.2004).* WIT Press : Southampton, 2001, S. 339-348. – ISBN: 978-1-84564-126-9

[178] MOBIEL GMBH (Hrsg.): *Internetpräsenz.* URL: `http://www.mobiel.de/zahlen.html`. Stand: 11.02.2011

[179] MONINGER, Friedrich: *Drehmassenspeicher in Nahverkehrssystemen.* In: Elektrische Bahnen 96 (1998), Nr. 8, S. 257-260

[180] MOSKOWITZ, Jean-Paul: *Fulltram project.* In: HYDROGEN INNOVATION & RESEARCH CENTRE (Veranst.): *2nd International hydrogen train & hydrail conference (Herning, Dänemark 07.06.2006).* – Abrufbar im Internet. URL: `http://www.hydrogentrain.`

dk/Files/System/Hydrogen%20Train/Filer/6_Jean-Paul_Moskowitz.pdf. Stand: 11.02.2011

[181] Mülheimer VerkehrsGesellschaft mbH (Hrsg.): *Internetpräsenz.* URL: http://www.mhvg.de/unternehmen/daten-und-fakten/linien-und-leistungen.html. Stand: 11.02.2011

[182] Nahverkehr Schwerin GmbH (Hrsg.): *Internetpräsenz.* URL: http://www.nahverkehr-schwerin.de/unternehmen/zahlen_fakten/betriebskennziffern.html. Stand: 11.02.2011

[183] di Napoli, Augusto; Crescimbini, Fabio; Solero, Luca; Pede, Giovanni; Bianco, Giovanni Lo; Pasquali, Manlio: *Ultracapacitor and battery storage system supporting fuel-cell powered vehicles.* In: TU Berlin; European Electric Road Vehicle Association (AVERE) (Veranst.): *18th International electric fuel cell and hybrid vehicle Symposium EVS (Berlin 20.-21.10.2001).*

[184] Nimphius, Gerhard: *Energiebedarf der Fahrzeuge aus Sicht der Fahrzeugbetreiber.* In: Verband deutscher Verkehrsunternehmen: *Fachtagung Elektrische Energieanlagen von Gleichstrom-Nahverkehrsbahnen (Dresden 30.-31.03.2006).*

[185] Nimphius, Gerhard: *Weiterentwicklung der Bahnstromversorgung.* In: Verband deutscher Verkehrsunternehmen: *4. Fachtagung Elektrische Energieanlagen von Gleichstrom-Nahverkehrsbahnen (Dresden 04.-05.02.2010).*

[186] N. N.: *Chronik.* In: Elektrotechnische Zeitschrift (1904), Nr. 33, S. 722

[187] N. N.: *Darmstadt testet drei Busse mit Vossloh-Kiepe-Hybridtechnologie.* In: Verkehr und Technik 64 (2011), Nr. 1, S. 38

[188] N. N.: *Erprobung des MITRAC-Energiespeichers bei RNV-Stadtbahn in Mannheim erfolgreich abgeschlossen.* In: Verkehr und Technik 61 (2008), Nr. 3, S. 120

[189] N. N.: *MVG weitet Hybridbus-Test aus.* In: Nahverkehrspraxis (2010), Nr. 6, S. 20-22

[190] N. N.: *RNV weiter auf Ausbaukurs.* In: Stadtverkehr 55 (2010), Nr. 12, S. 50

[191] N. N.: *Solar electric bus for Adelaide.* In: ECOS 142 (2008), S. 7

[192] N. N.: *Stadtbusse mit Allison Transmission Hybridantrieben jetzt auch in Großbritannien und Australien.* In: Verkehr und Technik 62 (2009), Nr. 9, S. 347

[193] N. N.: *Variobahn mit Energiespeicher in Heidelberg in Betrieb.* In: Elektrische Bahnen 108 (2010), Nr. 1-2, S. 93-94

[194] N. N.: *Zugförderung mit Stromrückgewinnung von Johnson-Lundell.* Elektrotechnische Zeitschrift (1905), Nr. 42, S. 971-973

[195] Nollau, Volker: *Semi-Markovsche Prozesse.* Frankfurt am Main : Thun, 1981. – ISBN: 3-87144-567-3

[196] Norm DIN 1338 : 1996-08. *Formelschreibweise und Formelsatz*

[197] Norm DIN 1360 : 1982-04. *Umschrift kyrillischer Alphabete slawischer Sprachen*

[198] NORM DIN 1505 Teil 2 : 1984-01. *Titelangaben von Dokumenten : Zitierregeln*

[199] NORM DIN EN 50163 : 2005-07. *Bahnanwendungen – Speisespannungen von Bahnnetzen*

[200] NORM DIN EN 50328 : 2003-09. *Bahnanwendungen – Ortsfeste Anlagen – Leistungselektronische Stromrichter für Unterwerke*

[201] NORM DIN EN 50329 : 2003-09. *Bahnanwendungen – Ortsfeste Anlagen – Bahn-Transformatoren*

[202] NORM DIN EN 60146-1-1 : 1994-03. *Halbleiter-Stromrichter; Allgemeine Anforderungen und netzgeführte Stromrichter; Teil 1-1: Festlegung der Grundanforderungen*

[203] NORM DIN IEC 60146-1-1 : 2007-04 (Entwurf). *Halbleiter-Stromrichter – Allgemeine Anforderungen und netzgeführte Stromrichter – Teil 1-1: Festlegung der Grundanforderungen*

[204] OETTICH, Steffen; ALBRECHT, Thomas: *Anschlussoptimierende und ressourcenschonende Steuerung des Stadtschnellbahnbetriebs: Ein mehrkriterieller Ansatz zur Echtzeit-Optimierung.* In: Automatisierungstechnik 50 (2002), Nr. 12, S. 597-605

[205] OPBRID TRANSPORTE SOSTENIBLE S.L. (Hrsg.): *Bild aus der Slideshow der Internetpräsenz.* URL: `http://www.opbrid.com/~opbridco/images/stories/BusbaarSlideShow/imgp0755.jpg`. Stand: 11.02.2011

[206] OPBRID TRANSPORTE SOSTENIBLE S.L. (Hrsg.): *Internetpräsenz.* URL: `http://www.opbrid.com`. Stand: 11.02.2011

[207] OTT, Martin W.: *Entwicklung von Elektrofahrzeugen - Herausforderungen an die Organisation und den Entwicklungsprozess.* In: NOVA-INSTITUT GMBH (Veranst.): *Erster Deutscher Elektro-Mobil Kongress (Bonn 16.-17.06.2009).*

[208] PALMA, Leonardo; ENJETI, Prasad N.; HOWZE, Jo W.: *An approach to improve battery run-time in mobile applications with supercapacitors.* In: IEEE POWER ELECTRONICS SOCIETY (PELS) (Veranst.): *Proceedings of the IEEE 34th Annual Conference on Power Electronics Specialist (PESC '03) (Acapulco, Mexiko 15.-19.06.2003).* Bd. 2, S. 918-923. – ISBN: 0-7803-7754-0

[209] PAPE, Hans-Herrmann: *Energieoptimierung: Erfahrungen und Zukunftsaspekte.* In: HELLIGE, Bernd (Hrsg.); KLAU, Ragnar (Hrsg.); ENERGIETECHNISCHE GESELLSCHAFT IM VDE (ETG), FACHAUSSCHUSS 6 (Veranst.); VDV (Veranst.); VDI-GESELLSCHAFT ENERGIETECHNIK (GET) (Veranst.): *Energieversorgung von Gleichstrom-Nahverkehrsbahnen.* Offenbach : vde-verlag, 1991 (ETG-Fachbericht 36), S. 91-96. – ISBN: 3-8007-1822-7

[210] PBefG (idF v. 08.08.1990 und Änderung v. 07.09.2007)

[211] PINTSCHER, Fank: *Kontaktvorgänge und Verschleißverhalten des Systems Fahrdraht – Schleifleiste.* Dresden, Technische Universität, Fakultät Verkehrswissenschaften „Friedrich List", Dissertation, 2003

[212] PLAUENER STRASSENBAHN GMBH (Hrsg.): *Internetpräsenz.* URL: http://www.strassenbahn-plauen.de. Stand: 11.02.2011

[213] POKORNÝ, Aleš: *Niederflur-Minibusse BredaMenarinibus ZEUS M 200 E mit elektrischem Antrieb in Prag.* In: Stadtverkehr 55 (2010), Nr. 3, S. 51

[214] PROTERRA, INC. (Hrsg.): *Internetpräsenz.* URL: http://www.proterra.com. Stand: 11.02.2011

[215] PÜTZ, Ralph: *Klimatisierung von Linienbussen – wohin geht die Entwicklung?* In: VERBAND DEUTSCHER VERKEHRSUNTERNEHMEN (Hrsg.): *Jahresbericht 2005.* Köln : Beka, 2006, S. 72-74. – Abrufbar in Internet. URL: http://www.vdv.de/module/layout_upload/jb_05_06.pdf. Stand: 11.02.2011

[216] PYKE, Ronald: *Markov Renewal Processes with Finitely Many States.* In: The Annals of Mathematical Statistics 32 (1961), Nr. 4, S. 1243-1259

[217] RECHENBERG, Karsten; MEINERT, Michael: *Umweltfreundliches Alternatives Antriebssystem für Schienenfahrzeuge (ALTAS).* Erlangen : Siemens AG Transportation Systems (Hrsg.), 2001. – Abschlußbericht

[218] RHEIN-NECKAR-VERKEHR GMBH (RNV) (Hrsg.): *Geschäftsbericht 2008/2009.* Mannheim : RNV GmbH, 2010. – Firmenschrift. Abrufbar im Internet. URL: http://www.rnv-online.de/cms/Linke_Navigation/Ueber_uns/Unternehmen/Geschaeftsbericht_2008_2009/GB_2008-09_Final.pdf. Stand: 11.02.2011

[219] RHEIN-NECKAR-VERKEHR GMBH (RNV) (Hrsg.): *Internetpräsenz.* URL: http://www.rnv-online.de. Stand: 11.02.2011

[220] RIEGEL, Bernhard: *Energiespeicher: Schlüsseltechnik für die Elektromobilität : Entwicklungstrends bei Energiespeichern.* In: Der Nahverkehr 27 (2009), Nr. 7/8, S. 28-30

[221] RISCH, Curt; LADEMANN, Friedrich: *Der öffentliche Personennahverkehr.* Berlin : Springer, 1957

[222] RÖDER, Gerhard: *Energiebedarfssenkung durch Netzbremsen bei Elektrofahrzeugen.* In: Elektrische Bahnen 150 (1979), Nr. 4, S. 86-96

[223] RÖHLIG, Steffen: *Beschreibung der Bahnbelastung durch zeitgewichtete Belastungsdauerkurven.* In: Elektrie 46 (1992), Nr. 9, S. 410, 412-420

[224] RÖHLIG, Steffen: *Beschreibung und Berechnung der Bahnbelastung von Gleichstrom-Nahverkehrsbahnen.* Dresden, Hochschule für Verkehrswesen „Friedrich List", Dissertation, 1992

[225] RÖHLIG, Steffen: *DC-Bahnen in Deutschland.* In: Elektrische Bahnen 104 (2006), Nr. 3, S. 145-147

[226] RÖHLIG, Steffen; ROTHE, Matthias; SCHMIDT, Peter; WESCHTA, Alois: *Höhere Leistungsfähigkeit der Bahnenergieversorgung bei modernen Stadt-und U-Bahnen.* In: Elektrische Bahnen 91 (1993), Nr. 11, S. 359-365

[227] RÖHLIG, Steffen; THOOLEN, Frans J.M.: *Einsatzmöglichkeiten von Energiespeichern bei Gleichstrom-Nahverkehrsbahnen.* In: Berichte und Informationen der HTW Dresden 9 (2001), Nr. 1, S. 89-99

[228] ROSTOCKER STRASSENBAHN AG (Hrsg.): *Internetpräsenz.* URL: `http://www.rsag-online.de/wir_ueber_uns/statistik`. Stand: 11.02.2011

[229] RÜGER, Siegfried: *Betriebsablauf öffentlicher Verkehrsmittel an Lichtsignalanlagen.* In: Wissenschaftliche Zeitschrift der Hochschule für Verkehrswesen „Friedrich List" Dresden 25 (1978), Nr. 3, S. 523-529

[230] RÜGER, Siegfried: *Betriebstechnologie städtischer öffentlicher Personenverkehr.* Berlin : Transpress, 1974

[231] RÜGER, Siegfried: *Einfluß von Lichtsignalanlagen auf die Reisegeschwindigkeit des ÖPNV.* In: Die Straße 18 (1978), Nr. 10/11, S. 339-342

[232] RÜGER, Siegfried: *Koordinierte Lichtsignalanlagen und öffentlicher Nahverkehr.* In: Die Straße 15 (1975), Nr. 1, S. 4-6

[233] RUTSCHER, Stephan; WONTORRA, Karlheinz: *Obus-/Duobussysteme in Deutschland, den Niederlanden, Österreich und der Schweiz.* In: Köln : VDV, 1997 (VDV-Mitteilungen 2314)

[234] SACHS, Karl: *Die ortsfesten Anlagen elektrischer Bahnen.* 1. Aufl. Zürich : Orell Füssli, 1938

[235] SACRAMENTO MUNICIPAL UTILITY DISTRICT, ELECTRIC TRANSPORTATION DEPARTMENT (Hrsg.): *Electric School Bus with ZEBRA Battery and Integrated Fast Charge - Final Technical Report.* Sacramento : California Air Resources Board, 2004. – Projektbericht. Abrufbar im Internet. URL: `http://www.arb.ca.gov/research/icat/projects/smud.pdf`. Stand: 11.02.2011

[236] SCHINDLER, Mattis: *Übersicht Obusbteriebe der Welt.* Salzburg, 2010. – Abrufbar im Internet. URL: `http://www.trolley-project.eu/fileadmin/user_upload/download/Weltliste_Obus_2010-07_1_.pdf`. Stand: 11.02.2011

[237] SCHLABBACH, Jürgen: *Elektroenergieversorgung – Betriebsmittel, Netze, Kennzahlen und Auswirkungen der elektrischen Energieversorgung.* 3., aktual. und erweiterte Aufl. Berlin : VDE-Verlag, 2009. – ISBN 978-3-8007-3108-4

[238] SCHMIDT, Peter: *Energieversorgung elektrischer Bahnen.* 1. Aufl. Berlin : Transpress, 1988. – ISBN 3-344-00250-3

[239] SCHMITZ, Martin: *Super Caps in Trolleybussen.* In: VERBAND ÖFFENTLICHER VERKEHR (Veranst.): *Trolleybustagung (Genf, Schweiz 31.08.2006).* – Abrufbar im Internet. URL: `http://www.voev.ch/dcs/users/6/9_vossloh_Schmitz.pdf`. Stand: 11.02.2011

[240] SCHMITZ, Martin: *Zero-Emissions-Betrieb für Italiens Großstädte.* In: Verkehr und Technik 63 (2010), Nr. 9, S. 333-336

[241] SCHMITZ, Martin: *24 m langer Hybridbus für umweltfreundlichen Stadtverkehr : Ein Jahr Erfahrung mit Doppelgelenk-Hybridbus in Luxemburg.* In: Der Nahverkehr 28 (2010), Nr. 9, S. 48-51

[242] SCHOLTEN, Johannes; STEINER, Michael: *Energiespeicher auf Gleichstrom-Schienenfahrzeugen.* In: Elektrische Bahnen 101 (2003), Nr. 12, S. 533-538

[243] SCHÖNEICHER-RÜDERSDORFER STRASSENBAHN GMBH (Hrsg.): *Internetpräsenz.* URL: http://www.srs-tram.de/wir.html. Stand: 11.02.2011

[244] SCHUPBACH, Roberto M.; BALDA, Juan C.; ZOLOT, Matthew; KRAMER, Bill: *Design Methodology of a Combined Battery-Ultracapacitor Energy Storage Unit for Vehicle Power Management.* In: IEEE POWER ELECTRONICS SOCIETY (PELS) (Veranst.): *Proceedings of the IEEE 34th Annual Conference on Power Electronics Specialist (PESC '03) (Acapulco, Mexiko 15.-19.06.2003)*, Bd. 2, S. 88-93. – ISBN: 0-7803-7754-0

[245] SCHÜTTE, Jörg; KLINGNER, Matthias: *Neue Energiesysteme für den Schienenverkehr - Erfahrungen mit der AutoTram.* In: Elektrische Bahnen 103 (2005), Nr. 12, S. 564-469

[246] SCHÜTZE, Peter: *Fahrgastzugang und mittlere Wartezeit an Haltestellen im Linienverkehr.* In: Der Nahverkehr 2 (1984), Nr. 1, S. 58-63

[247] SCHUTZRECHT DE 642152 (11.02.1937). Pr.: 04.03.1932. – CREMER-CHAPÉ, Marcel; SCHINGS, Peter: *Schaltung für zwei Straßenbahngleichstrommotoren*

[248] SCHUTZRECHT DE 10 2009 013 822 A1 (23.09.2010). Pr. (Anmeldetag): 18.03.2009. – KLAUSNER, Sven; LEHNERT, Martin: *Vorrichtung zur Herstellung eines wieder lösbaren elektrischen Kontaktes zwischen einem stationären Energieversorgungssystem und einem mittels elektrischer Energie angetriebenen Fahrzeug*

[249] SCHUTZRECHT DE 10 2009 023 027 A1 (02.12.2010). Pr. (Anmeldetag): 28.05.2009. – KLAUSNER, Sven; GAMSIZLAR, Ömer: *Elektrische Kontaktanordnung*

[250] SCHWAIGER, Anton: *Elektrische Bahnen.* Berlin : de Gruyter, 1927 (Sammlung Göschen 958)

[251] SCIARETTA, Antonio; GUZZELLA, Lino; BACK, Michael: *A real-time optimal control strategy for hybrid vehicle with on-board estimation of the control parameters.* In: INTERNATIONAL FEDERATION OF AUTOMATIC CONTROL (IFAC) (Veranst.): *First IFAC Symposium on Advances in Automotive Control (Salerno, Italien 2004).*

[252] SCI VERKEHR GMBH: *Light rail vehicles – Weltweite Marktentwicklungen : Forecast, Bestände, Hersteller, Infrastruktur- und Fahrzeugprojekte.* Köln : SCI Verkehr GmbH, 2010

[253] SIEMENS AG (Hrsg.): *Sitras TCR : Gesteuerter Gleichrichter für die DC-Bahnstromversorgung : Produktinformation / Version 1.0.2.* Erlangen : Siemens AG, 2008. – Firmenschrift Nr. A6Z08110449448. Abrufbar im Internet. URL: http://www.mobility.siemens.com/shared/data/pdf/www/turnkey_systems/tcr_pi_102_00.pdf. Stand: 11.02.2011

[254] SIEVERS, Michael: *Das Hybrid-Pilotprojekt in Nürnberg.* In: PTI - Public Transportation International (2009), Nr. 5, S. 9

[255] SINAUTEC AUTOMOBILE TECHNOLOGIES LLC (Hrsg.): *A Sustainable Solution for Public Transportation.* Arlington : Sinautec LLC, 2008. – Firmenschrift. Abrufbar im Internet. URL: `www.sinautech.com/files/bupercapacito-bus.pdf`. Stand: 11.02.2011

[256] SINAUTEC AUTOMOBILE TECHNOLOGIES LLC (Hrsg.): *A Sustainable Solution for Public Transportation.* Arlington : Sinautec LLC, 2009. – Firmenschrift. Abrufbar im Internet. URL: `http://www.sinautecus.com/files/transportation.pdf`. Stand: 11.02.2011

[257] SINAUTEC AUTOMOBILE TECHNOLOGIES LLC (Hrsg.): *A Sustainable Solution for Public Transportation.* Arlington : Sinautec LLC, 2010. – Firmenschrift. Abrufbar im Internet. URL: `http://www.olino.org/us/wp-content/uploads/2009/10/transportation.pdf`. Stand: 11.02.2011

[258] SÖFFKER, Carsten; TUTZAUER, René: *Energierückgewinnung und fahrdrahtunabhängige Antriebstechnik in Schienenfahrzeugen.* In: INNOVATIONSZENTRUM BAHNTECHNIK EUROPA (Veranst.): *Symposium Elektrische Fahrzeugantriebe und -ausrüstung (Dresden 15.-16.11.2006)*. – Abrufbar im Internet. URL: `http://www.izbe.de`. Stand: 11.02.2011

[259] SOLARIS BUS & COACH: *Erste Solaris-Obusse in Eberswalde in Betrieb.* In: Stadtverkehr 55 (2010), Nr. 12, S. 51

[260] STADTVERKEHRSGESELLSCHAFT MBH FRANKFURT (ODER) (Hrsg.): *Internetpräsenz.* URL: `http://www.svf-ffo.de/wir_ueber_uns/content_wir.php`. Stand: 11.02.2011

[261] STADTWERKE CHEMNITZ AG (Hrsg.): *Die Energiefabrik bringt Chemnitz ganz schön in Fahrt.* In: Service+Info / Stadtwerke Chemnitz (2005), Mai, ohne Seitennummerierung

[262] STADTWERKE VERKEHRSGESELLSCHAFT FRANKFURT AM MAIN MBH (VGF) (Hrsg.): *Zahlenspiegel 2010.* Frankfurt/Main : VGF, 2010. – Firmenschrift. Abrufbar im Internet. URL: `http://www.vgf-ffm.de/fileadmin/data_archive/Downloads/Zahlenspiegel2010.pdf`. Stand: 11.02.2011

[263] STAUDINGER, Michael: *Perspektive für Elektrobusse: Batterien berührungslos laden.* In: Der Nahverkehr 21 (2003), Nr. 12, S. 28-31

[264] STEHFEST, Harald: *Algorithm 368: Numerical inversion of Laplace transform.* In: Communication of the ACM 13 (1970), Nr. 1, S. 47-49

[265] STEHFEST, Harald: *Remark on algorithm 368: Numerical inversion of Laplace transforms.* In: Communication of the ACM 13 (1970), Nr. 10, S. 624

[266] STEIMEL, Andreas: *Kundennutzen durch neue Bahn-Technologien – Fachtagung im ETG-Kongress 2007.* In: Elektrische Bahnen 106 (2008), Nr. 1-2, S. 73-81

[267] STEINER, Michael; KLOHR, Markus: *Energiespeicher in Schienenfahrzeugen.* In: FÖRDERKREIS D. VERBANDES DEUTSCHER VERKEHRSUNTERNEHMEN (Hrsg.), VERBAND D.

BAHNINDUSTRIE IN DEUTSCHLAND (Hrsg.); HAHN, Ursula (Hrsg.); HOCHBRUCK, Hubert (Hrsg.): *Innovation für Wachstum im Schienenverkehr.* Hamburg : Eurailpress, 2005 (Jahrbuch des Bahnwesens 45), S. 66-75. – ISBN 3-7771-0341-1

[268] STEINER, Michael; KLOHR, Markus: *Energy Storage System with UltraCap on Board of Railway Vehicles.* In: ETG-Fachbericht 107 (2007), S. 393-402

[269] STEINER, Michael; SCHOLTEN, Johannes; POISS, Helmut: *Energiespeicher in Straßenbahnen.* In: ETG-Fachbericht 128 (2004), Sonderheft Tagungsband SFT 2004, S. 244-249

[270] STEINERT, Frank: *Optimierung der Betriebsstrategien von Nebenaggregaten im konventionellen Nutzfahrzeug.* In: STEINERT, Frank: *2. VDI-Fachkonferenz Getriebe in Nutzfahrzeugen (Friedrichshafen 07.-08.06.2011).*

[271] STEPHAN, Arnd: *Berechnung und Bewertung der Belastung von Traktionstransformatoren im Hochleistungsverkehr.* Dresden, Hochschule für Verkehrswesen „Friedrich List“, Dissertation, 1995

[272] STEPHAN, Arnd; MALCKE, Ullrich: *Einfluß von Leichterungen auf den Traktionsenergieverbrauch im SPNV.* In: Eisenbahntechnische Rundschau 45 (1996), Nr. 11, S. 702–707

[273] STÖRMER, Horand: *Semi-Markoff-Prozesse mit endlich vielen Zuständen.* Berlin : Springer, 1970

[274] STUBBE, Björn; SIEVERS, Wolfgang; HERKENRATH, Marc: *Hybridbus: Modeerscheinung oder Wegbereiter in die Elektromobilität? : Unter welchen Voraussetzungen sind Hybridfahrzeuge sinnvoll?* In: Der Nahverkehr 28 (2010), Nr. 9, S. 40-47

[275] STUTTGARTER STRASSENBAHNEN AG (SSB) (Hrsg.): *Geschäftsbericht 2009.* Stuttgart : SSB, 2010. – Firmenschrift. Abrufbar im Internet. URL: `http://www.ssb-ag.de/files/ssb_gesch_bericht_2009.pdf`. Stand: 11.02.2011

[276] SUCARRATS, Albert Rodon: *Verbesserungen der Beeinflussung von Lichtsignalanlagen am Beispiel der Straßenbahnen im Stadtgebiet von Barcelona.* In: PTI - Public Transportation International (2010), Nr. 3, S. 14-15

[277] SWANSON, John D.: *Light Rail Without Wires - A Dream Come True?* In: Transportation Research Circular E-C058 (2003), S. 729-744

[278] TAPLIN, Michael; LIGHT RAIL TRANSIT ASSOCIATION (LRTA) (Hrsg.): *A world of trams and urban transit : A complete listing of Light Rail, Light Railway, Tramway & Metro systems throughout the World.* URL: `http://www.lrta.org/world/worldind.html`. Stand: 11.02.2011

[279] TAPLIN, Michael; LIGHT RAIL TRANSIT ASSOCIATION (LRTA) (Hrsg.): *The History of Tramways and Evolution of Light Rail.* URL: `http://www.lrta.org/mrthistory.html`. Stand: 11.02.2011

[280] THOOLEN, Frans J.M.: *Flywheels as high power storage devices for mobile applications.* In: EUROSOLAR E.V.; WELTRAT FÜR ERNEUERBARE ENERGIEN (WCRE) (Veranst.): *1. Int. Konferenz Energieautonomie durch Speicherung Erneuerbarer Energien IRES I (Gelsenkirchen 30.-31.10.2006).*

[281] TÖFFLINGER, Karl: *Neue elektrische Bremsverfahren für Straßen- und Schnellbahnen.* Berlin : Springer, 1934

[282] TUTZAUER, René: *Neue Erfahrungen mit oberleitungslosen Straßenbahnen.* In: ETG-Fachbericht 107 (2007), S. 387-392

[283] TUTZAUER, René: *Wire-free and Energy Saver solutions for Trams.* In: VERBAND DEUTSCHER VERKEHRSUNTERNEHMEN (VDV) (Veranst.): *4. Fachtagung „Elektrische Energieanlagen von Gleichstrom-Nahverkehrsbahnen" (Dresden 04.-05.02.2010).*

[284] UITP (Hrsg.): *ÖPNV: Umwelt und Wirtschaftlichkeit : zweiter Teil: Senkung des Energieverbrauchs durch U-Bahn-Systeme – ein besonderer Beitrag zum Umweltschutz.* In: UITP (Veranst.): *52. Internationale UITP Konferenz (Stuttgart 01.-06.06.1997).* Bd. 3

[285] UHLENHUT, Achim: *Die IAA Nutzfahrzeuge 2010 markierte einen Wendepunkt.* In: Verkehr und Technik 63 (2010), Nr. 12, S. 455-460

[286] UHLENHUT, Achim: *Induktive Fahrstromübertragung „PRIMOVE" steht kurz vor der Einsatzreife.* In: Verkehr und Technik 62 (2009), Nr. 5, S. 158-163

[287] UHLENHUT, Achim: *Elektromobilität im Blickpunkt der Fachmesse Mobility & City Transport : Rückblick auf die Ausstellung zum UITP-Weltkongresses in Wien.* In: Der Nahverkehr 27 (2009), Nr. 7-8, S. 42-45

[288] UHLENHUT, Achim: *Oberleitungsfreier Straßenbahnbetrieb mit Sitras MES und Sitras HES.* In: Verkehr und Technik 62 (2009), Nr. 6, S. 212-214

[289] UHLENHUT, Achim: *Solaris Urbino 12 Hybrid - Der Prototyp mit Parallelhybrid im Detail.* In: Verkehr und Technik 63 (2010), Nr. 6, S. 203-208

[290] UHLENHUT, Achim: *Untersuchung ergibt: Hannoverscher Hybridbus ist sparsam und beliebt.* In: Verkehr und Technik 63 (2010), Nr. 5, S. 169-172

[291] UHLENHUT, Achim: *Weltpremiere in Heidelberg: Erste Straßenbahnserie mit Energiespeicher.* In: Verkehr und Technik 63 (2010), Nr. 4, S. 133-139

[292] ULRICH, Mario: *Entwicklung eines Modells zur Ermittlung des Energiebedarfs von Nutzfahrzeuglenksystemen.* Leipzig, Hochschule für Technik, Wirtschaft und Kultur (FH), Fachbereich Elektrotechnik und Informationstechnik, Studienrichtung Mess-, Steuerungs- und Regelungstechnik, Diplomarbeit, 2010

[293] UMWELTBUNDESAMT: *Daten zur Umwelt - Umweltzustand in Deutschland.* Internetportal des Umweltbundesamts. URL: www.umweltbundesamt.de/daten-zur-umwelt. Stand: 11.02.2011

[294] USÁBEL, Miguel: *Calculating multivariate ruin probabilities via Gaver-Stehfest inversion technique.* In: Insurance: Mathematics and Economics 25 (1999), Nr. 2, S. 133-142

[295] ÜSTRA HANNOVERSCHE VERKEHRSBETRIEBE AG (Hrsg.): *Einsteigen: Die Stadtbahn.* Hannover : üstra, 2008. – Firmenschrift. Abrufbar im Internet. URL: http://www.uestra.de/fileadmin/uestra/downloads/themenbroschueren/Stadtbahnbroschuere.pdf. Stand: 11.02.2011

[296] ÜSTRA HANNOVERSCHE VERKEHRSBETRIEBE AG (Hrsg.): *Einsteigen: Umweltfreundliche Mobilität.* Hannover : üstra, 2008. – Firmenschrift. Abrufbar im Internet. URL: http://www.uestra.de/fileadmin/uestra/downloads/themenbroschueren/Umweltbroschuere.pdf. Stand: 11.02.2011

[297] ÜSTRA HANNOVERSCHE VERKEHRSBETRIEBE AG (Hrsg.): *Internetpräsenz.* URL: http://www.uestra.de/306.html?&tx_ttnews%5Bpointer%5D=2&tx_ttnews%5Btt_news%5D=193&tx_ttnews%5BbackPid%5D=215&cHash=679e61693d. Stand: 11.02.2011

[298] ÜSTRA HANNOVERSCHE VERKEHRSBETRIEBE AG (Hrsg.): *Jahresabschluss zum 31. Dezember 2006 und Lagebericht für das Geschäftsjahr 2006.* Hannover : üstra, 2007. – Firmenschrift. Abrufbar im Internet. URL: http://www.uestra.de/fileadmin/uestra/downloads/geschaeftsberichte/2006_Einzelabschluss.pdf. Stand: 11.02.2011

[299] VALKÓ, Peter P.: *Numerical Inversion of Laplace Transform – A challenge for developers of numerical methods.* privater Internetauftritt. URL: http://www.pe.tamu.edu/valko/public_html/Nil/. Stand: 11.02.2011

[300] VALKÓ, Peter P.; ABATE, Joseph: *Comparison of Sequence Accelerators for the Gaver Method of Numerical Laplace Transform Inversion.* In: Computers and Mathematics with Applications 48 (2004), S. 629-636

[301] VERBAND DEUTSCHER VERKEHRSUNTERNEHMEN (VDV) (Hrsg.): *Statistik.* Köln : VDV, 1996

[302] VERBAND DEUTSCHER VERKEHRSUNTERNEHMEN (VDV) (Hrsg.): *Statistik.* Köln : VDV, 2006

[303] VERBAND DEUTSCHER VERKEHRSUNTERNEHMEN (VDV) (Hrsg.): *Statistik.* Köln : VDV, 2009. – Abrufbar im Internet. URL: www.vdv.de/module/layout_upload/st2009_online.pdf. Stand: 11.02.2011

[304] VERKEHRS-AKTIENGESELLSCHAFT NÜRNBERG (VAG) (Hrsg.): *Ziele erreichen : Geschäftsbericht 2009.* Nürnberg : VAG, 2010. – Firmenschrift. Abrufbar im Internet. URL: http://www.vag.de/consoleo_files/modulefiles//filebrowser/downloads/PDFs/Unternehmen/VAG_Geschaeftsbericht_2009.pdf. Stand: 11.02.2011

[305] VERKEHRSBETRIEBE KARLSRUHE GMBH (VBK) (Hrsg.): *Mobilität für mehr Lebensqualität : Geschäftsbericht 2009 der VBK – Verkehrsbetriebe Karlsruhe GmbH.* Karlsruhe : VBK, 2010. – Firmenschrift. Abrufbar im Internet. URL: http://213.144.24.67/vbk/documentpool/geschaeftsberichte/VBK_GB_2009.pdf. Stand: 11.02.2011

[306] VERKEHRSBETRIEBE NORDHAUSEN GMBH (Hrsg.): *Internetpräsenz.* URL:

http://www.verkehrsbetriebe-nordhausen.de/verkehrsbetrieb/stamm/zahlen%20und%20fakten.html. Stand: 11.02.2011

[307] VERKEHRSBETRIEB POTSDAM GMBH (Hrsg.): *Internetpräsenz.* URL: http://www.swp-potsdam.de/swp/de/verkehr/ueber-uns-vip/fragen_und_antworten_2/st_faq_liste_1.php und http://www.swp-potsdam.de/swp/de/verkehr/ueber-uns-vip/zahlen_und_fakten-vip/stzahlen_fakten_neu.php. Stand: 11.02.2011

[308] VERKEHRSGESELLSCHAFT FRANKFURT AM MAIN MBH (VGF) (Hrsg.): *Frankfurt fährt jetzt Super-Klasse - Die neuen Straßenbahnen der VGF: Mit Sicherheit ein gutes Fahrgefühl.* Frankfurt/Main : VGF, 2006. – Firmenschrift. Abrufbar im Internet. URL: http://www.vgf-ffm.de/fileadmin/data_archive/Downloads/SWagen_Faltblatt.pdf. Stand: 11.02.2011

[309] VERSORGUNGS- UND VERKEHRSGESELLSCHAFT SAARBRÜCKEN MBH (VVS) (Hrsg.): *Zahlenspiegel 2009-2010.* Saarbrücken : VVS, 2010. – Firmenschrift. Abrufbar im Internet. URL: http://www.saarbahn.de/assets/2010_11/1288795823_vvs-zahlenspiegel-2009-2010.pdf. Stand: 11.02.2011

[310] VILLINGER, Heinrich: *Solving cylindrical geothermal problems using the Gaver-Stehfest inverse Laplace transform.* In: Geophysics 50 (1985), Nr. 10, S. 1581-1587

[311] VOIGT, Werner: *Modellfunktion zur Beschreibung der Fahrgastwechselzeiten im Straßenverkehr.* In: Die Straße 15 (1975), Nr. 2, S. 48-51

[312] VOIGT, Werner; KÜHNELT, Wolf-Dieter; GLASS, Martin: *Zeitmessungen im Straßenbahnbetrieb auf der Nord-Süd-Verbindung in Dresden.* In: Die Straße 13 (1973), Nr. 12, S. 493-500

[313] VOSSLOH KIEPE GMBH (Hrsg.): *15 neue Trolleybusse von Vossloh Kiepe für Mailand.* Pressemitteilung vom Januar 2011. – Abrufbar im Internet. URL: http://www.vossloh-kiepe.com/vkproduktordner.2008-07-18.6575776240/pressemitteilungen/15-neue-trolleybusse-von-vossloh-kiepe-fur-mailand. Stand: 11.02.2011

[314] WEIDMANN, Ulrich Alois: *Der Fahrgastwechsel im öffentlichen Personennahverkehr.* Zürich, Eidgenössische Technische Hochschule (ETH), Dissertation, 1994.

[315] WENDE, Dietrich: *Fahrdynamik.* 2., bearbeitete und ergänzte Aufl. Berlin : Transpress, 1990. – ISBN 3-344-00363-1

[316] WENDE, Dietrich: *Fahrdynamik des Schienenverkehrs.* 1. Aufl. Stuttgart : B.G. Teubner, 2003. – ISBN 3-519-00419-4

[317] WESTON, Mike: *Die Hybridbusse von TfL, London.* In: PTI - Public Transportation International (2009), Nr. 5, S. 8

[318] WESTPHAL, Ekkehard: *Modernisierung der Zentralhaltestelle Hauptbahnhof in Leipzig.* In: KOMPETENZZENTRUM FÜR OPERATIVES VERKEHRSMANAGEMENT VIMOS (Veranst.): *VIMOS-Tagung (Dresden 27.11.2008).*

[319] Wolberg, Jörg; Kiefer, Jörg: *Life Cycle Costs - Die Kosten von Betrieb, Wartung und Verfügbarkeit.* In: Signal und Draht 92 (2000), Nr. 6, S. 19-22

[320] Wolf, Johannes: *Ermittlung des hinsichtlich der Reisezeit zweckmäßigsten Haltestellenabstandes im städtischen Nahverkehr.* Dresden, Hochschule für Verkehrswesen „Friedrich List", Dissertation, 1970

[321] Wikimedia Foundation Inc. (Hrsg.): *Portal Straßenbahn.* URL: http://de.wikipedia.org/wiki/Portal:Stra\T1\ssenbahn. Stand: 22.10.2009

[322] Winterflood, Beat: *Voller Schwung unterwegs.* Internetauftritt des FBW Club, Wetzikon, Schweiz. URL: http://www.fbw.ch/galerie/Gyrobus/gyrobus.HTM. Stand: 11.02.2011

[323] Würzburger Versorgungs- und Verkehrs-GmbH (WVV) (Hrsg.): *Zahlen und Fakten 2009.* Würzburg : WVV, 2010. – Firmenschrift. Abrufbar im Internet. URL: http://www.wvv.de/media/www.wvv.de/org/med_1008/12155_100716_wvv_flyer_zahlen_fakten_2009.pdf. Stand: 11.02.2011

[324] Wyatt, David: *Rail and Trolleybus Transit Cities – Stand 2001.* URL: http://home.cc.umanitoba.ca/~wyatt/rail-transit-list.html. Stand: 11.02.2011

[325] Zil; Wikimedia Foundation Inc. (Hrsg.): *Tramway in Nice.* URL: http://upload.wikimedia.org/wikipedia/commons/4/47/Tramway_in_Nice.jpg. Stand: 11.02.2011

[326] —: *Gesprächsprotokoll zum Treffen mit Steffen Klinger, DREWAG Netz GmbH, Anlagenmanagement Stromnetze.* Dresden, 25.05.2009

Anhang

Verzeichnis der Anhänge

A Formelwerk zur Energie- und Leistungsbedarfsermittlung

Die nachfolgende Zusammenstellung aus verschiedenen Literaturquellen zur Fahrdynamik [22, 67, 144, 315, 316] soll einen Überblick über die prinzipielle Berechnung des Energie- und Leistungsbedarfs bei Straßenbahnen geben.

A.1 Arbeit für Fahrt zwischen zwei Ortspunkten

Die Arbeit W_{AB} für den Bewegungsprozess von einem Ortspunkt A (zum Zeitpunkt t_A) zu einem Ortspunkt B (zum Zeitpunkt t_B) ist beim elektrischen Schienenfahrzeug am Bezugspunkt Stromabnehmer (des herkömmlichen Fahrzeugs) zu betrachten. Allgemein kann dafür angesetzt werden:

$$W_{AB} = \frac{\sum W_W}{\eta_{Tfz}} + W_n + W_h \qquad (A.1)$$

mit:

W_W	...	Arbeit für die Überwindung der Widerstandskräfte,
W_n	...	Arbeit der Nebenverbraucher,
W_h	...	Arbeit der Heizung und
η_{Tfz}	...	Wirkungsgrad des Triebfahrzeugs.

Bei elektrischer Traktion, die bei Straßen- und Stadtbahnen vorliegt, wird der Wirkungsgrad des Triebfahrzeugs mit $\eta_{Tfz} = 0{,}8$ (allgemeiner Wert für elektrische Lokomotiven nach [22]) angegeben.

Eine Nutzbremsung mit Rückgewinnung von Bremsenergie, wie bei modernen Nahverkehrsbahnen heute üblich, kann dadurch berücksichtigt werden, dass die Arbeit für die Überwindung der Widerstandskräfte aufgrund großer Bremsverzögerungen zeitweise negativ werden kann. Für diese Zeiten ist entsprechend mit dem Reziproken des Wirkungsgrads zu rechnen.

A.2 Arbeit zum Überwinden der Widerstandskräfte

A.2.1 Widerstandskräfte

Die Arbeit für das Überwinden der Widerstandskräfte W_W kann allgemein aus der Kraft und dem zurückgelegten Weg (hier: s !) durch

$$W_\mathrm{W} = \int_{s_\mathrm{A}}^{s_\mathrm{B}} F_\mathrm{W}(s)\,\mathrm{d}s \tag{A.2}$$

berechnet werden. Somit ist die dafür während der Fahrt aufzubringende Kraft F_W in Abhängigkeit des Weges darzustellen. Diese Widerstandskraft F_W setzt sich gemäß [22, 316] zusammen aus:

$$F_\mathrm{W} = F_\mathrm{WFT} + F_\mathrm{WFW} + F_\mathrm{WS} + F_\mathrm{a} \tag{A.3}$$

mit:

F_WFT ... der Fahrzeugwiderstandskraft des Triebfahrzeugs,
F_WFW ... der Fahrzeugwiderstandskraft der Wagen,
F_WS ... der Streckenwiderstandskraft und
F_a ... der Beschleunigungskraft.

Für Straßenbahnen kann F_WFT und F_WFW zur Fahrzeugwiderstandskraft des Zuges F_WFZ zusammengefasst werden. Damit wird die Widerstandskraft F_W zu:

$$F_\mathrm{W} = F_\mathrm{WFZ} + F_\mathrm{WS} + F_\mathrm{a}. \tag{A.4}$$

A.2.2 Fahrzeugwiderstandskraft

Der Grundaufbau der Berechnungsgleichung für die Fahrzeugwiderstandskraft, auch als Laufwiderstandskraft bezeichnet, lautet für Schienenfahrzeuge allgemein:

$$F_\mathrm{WFZ} = \widetilde{A} + \widetilde{B}\, v_\mathrm{Fzg} + \widetilde{C}\, v_\mathrm{Fzg}^2. \tag{A.5}$$

Die spezifische Widerstandskraft wird jeweils definiert mit:

$$f_\mathrm{WF} = \frac{F_\mathrm{WF}}{m_\mathrm{Fzg} * \mathrm{g}} \tag{A.6}$$

wobei:

f_WF ... die spezifische Widerstandskraft in $\frac{\mathrm{N}}{\mathrm{kN}}$,
F_WF ... die Widerstandskraft in N,
m_Fzg ... die Masse des Zuges in t und
g ... die Fallbeschleunigung $\mathrm{g} = 9{,}81\,\frac{\mathrm{m}}{\mathrm{s}^2}$

ist.

Damit ergibt sich die Fahrzeugwiderstandskraft F_{WFZ} nach Gleichung (A.6) als:

$$F_{\mathrm{WFZ}} = f_{\mathrm{WFZ}} * m_{\mathrm{Fzg}} * \mathrm{g}. \tag{A.7}$$

Die spezifische Fahrzeugswiderstandskraft liegt nach [67] für Straßenbahnen mit Rillenschienen und bei einer Geschwindigkeit bis 60 km/h im Bereich von $f_{\mathrm{WFZ}} = 5 \ldots 12\,\frac{\mathrm{N}}{\mathrm{kN}}$.

Zur genaueren Berechnung der spezifischen Fahrzeugwiderstandskraft für Straßenbahnen kann die allgemeine Gleichung (A.5) gemäß [22] modifiziert werden zu:

$$f_{\mathrm{WFZ}} = k_0 + k_1 \frac{v_{\mathrm{Fzg}}}{100\,\mathrm{km/h}} + k_2 \left(\frac{v_{\mathrm{Fzg}}}{10\,\mathrm{km/h}}\right)^2 \tag{A.8}$$

mit v_{Fzg} in km/h. Für die Konstanten k_0, k_1, k_2 verweist Biesenack auf [316].

Wende wiederum gibt die Zugwiderstandsgleichung für Straßenbahnen in [316] konkret an als:

$$f_{\mathrm{WFZ}} = k_0 + k_2 \left(\frac{v_{\mathrm{Fzg}}}{100\,\mathrm{km/h}}\right)^2 \tag{A.9a}$$

$$k_0 = \frac{k_{0\mathrm{T}} G_{\mathrm{T}} + k_{0\mathrm{L}} G_{\mathrm{L}}}{G_{\mathrm{T}} + G_{\mathrm{L}}} \tag{A.9b}$$

$$k_2 = c_2 + \frac{F_{\mathrm{DS}} + n * F_{\mathrm{OF}}}{G_{\mathrm{T}} + G_{\mathrm{L}}} \tag{A.9c}$$

mit v_{Fzg} in km/h sowie:

- Grundwiderstandszahlen für Treibachsen:
  - Vignolschiene $k_{0\mathrm{T}}$= 4 ‰; Rillenschiene $k_{0\mathrm{T}}$= 6 ‰,
  - Druck- und Sogwiderstandskonstante F_{DS}= 4460 N,
  - Luftwiderstandskonstante c_2= 1,5 ‰ und
  - Gewichtskraft aller Treibachsen $G_{\mathrm{T}} = m_{\mathrm{T}} * \mathrm{g}$ in kN mit m_{T} in t
- Grundwiderstandszahlen für Laufachsen:
  - Vignolschiene $k_{0\mathrm{L}}$= 2,5 ‰; Rillenschiene $k_{0\mathrm{L}}$= 4 ‰,
  - Oberflächenwiderstandskonstante F_{OF}= 800 N,
  - Fahrzeug- bzw. Fahrzeugteileanzahl n und
  - Gewichtskraft aller Laufachsen $G_{\mathrm{L}} = m_{\mathrm{L}} * \mathrm{g}$ in kN mit m_{L} in t.

A.2.3 Beispielrechnung für die Fahrzeugwiderstandskraft

Der vorgestellte empirische Ansatz nach Biesenack und Wende für die Fahrzeugwiderstandskraft ist beispielhaft für einige Geschwindigkeiten berechnet worden und in Tabelle A.1 dem bei Filipović angegeben Wert gegenübergestellt. Ausgegangen wird bei der Berechnung von zwei verschiedenen Fahrzeugtypbeispielen auf Rillenschienen:

- Fahrzeug A: ein dreiteiliger Stadtbahnwagen mit 6 Achsen, davon 4 angetrieben sowie einer Fahrzeugmasse von 40 t,
- Fahrzeug B: ein dreiteiliger Stadtbahnwagen jedoch mit 8 Achsen, davon 6 angetrieben sowie einer Fahrzeugmasse von 60 t.

Wie in Tabelle A.1 ersichtlich, ergeben die verschiedenen Berechnungsmethoden Ergebnisse in gleicher Größenordnung.

Berechnungs-ansatz	**Geschwindig-keit in km/h**	**spezifischer Fahrzeug-widerstand in N/kN**	
		Fahrzeug A	**Fahrzeug B**
nach [316] gemäß Gleichung (A.9b)	0	6.0	5.8
	10	6.2	6.0
	20	6.8	6.4
	30	7.7	7.0
	40	9.0	7.9
	50	10.7	9.1
	60	12.8	10.6
	70	15.3	12.3
	80	18.1	14.3
nach [67]	0...60	5...12	

Tabelle A.1: Spezifischer Fahrzeugwiderstand in N/kN bzw. ‰

A.2.4 Streckenwiderstandskraft

Die Streckenwiderstandskraft F_{WS} wird aus drei Komponenten gebildet:

$$F_{\mathrm{WS}} = F_{\mathrm{WB}} + F_{\mathrm{WN}} + F_{\mathrm{WW}} \tag{A.10}$$

mit:

F_{WB} ... der Bogenwiderstandskraft,
F_{WN} ... der Neigungswiderstandskraft und
F_{WW} ... der Weichenwiderstandskraft.

Für die Bogenwiderstandskraft bei Straßenbahnen wird in [316] eine Formel nach HAMELINK UND ADLER für Fahrten auf Rillenschienen angegeben:

$$f_{\mathrm{WB}} = \frac{0,158c_{\mathrm{A}} + 0,033b_{\mathrm{L}}}{R_{\mathrm{B}}} \tag{A.11}$$

mit:

f_{WB} ... der spezifischen Bogenwiderstandskraft in $\frac{\mathrm{N}}{\mathrm{kN}}$,
b_{L} ... dem Laufkreisabstand in m (entspricht der Spurweite + 0,05 m),
c_{A} ... dem Achsabstand im Fahrzeug bzw. Drehgestellen in m und
R_{B} ... dem Bogenradius in m.

Kleinste Bogenradien liegen in der Größenordnung von etwa 20 bis 30 m; gelegentlich etwas darunter, wie beispielsweise in Berlin mit 16 m [284].

Die Neigungswiderstandskraft kann berechnet werden aus:

$$F_{\mathrm{WN}} = m_{\mathrm{Fzg}} * \mathrm{g} * \sin(\varphi) \cong m_{\mathrm{Fzg}} * \mathrm{g} * \tan(\varphi) = m_{\mathrm{Fzg}} * \mathrm{g} * \frac{I_{\mathrm{S}}}{1000} \tag{A.12}$$

mit:

$$I_{\mathrm{S}} = \frac{\Delta h}{\Delta s'} * 1000 \tag{A.13}$$

wobei:

I_{S} ... die Steigung in ‰,
Δh ... die Höhendifferenz über $\Delta s'$ in m und
$\Delta s'$ ... die Projektion des Weges in die Horizontale in m

ist.

Die Neigung I_{S} kann bei Straßenbahnen nach [67] bis zu 90 ‰ betragen. Einige für Straßenbahnen zulässige und einige in ausgewählten Netzen bereits vorhandene maximale Steigungen sind beispielsweise:

50 ‰ ... zulässig bei Streckenneubau [316],
70 ‰ ... zulässig für Züge mit Achsen ohne Antrieb [316],
110 ‰ ... zulässig für Züge mit Antrieb aller Achsen [316],
77 ‰ ... maximale Steigung der Straßenbahn in Zürich [67],
80 ‰ ... maximale Steigung der Straßenbahn in Plauen (Sachsen) auf der Bahnhofstraße [315],
85 ‰ ... maximale Steigung der Straßenbahn in Stuttgart [284] und
94 ‰ ... maximale Steigung der Straßenbahn in Nordhausen (Harz) [80].

Die Weichenwiderstandskraft F_{WW} ist nur für das Rangieren relevant und wird im Fahrbetrieb bei Straßenbahnen nicht berücksichtigt.

A.2.5 Beschleunigungskraft

Bei der Berechnung der Beschleunigungkraft sind neben der Masse des Zuges m_{Fzg} die rotierenden Massen (Drehmasse) m_{D} des Zuges zu berücksichtigen:

$$F_{\mathrm{a}} = (m_{\mathrm{Fzg}} + m_{\mathrm{D}})\, a. \tag{A.14}$$

Dafür wird der Massefaktor ξ eingeführt mit:

$$\xi = \frac{m_{\mathrm{Fzg}} + m_{\mathrm{D}}}{m_{\mathrm{Fzg}}}. \tag{A.15}$$

Gemäß dieser Definition ist der Massefaktor stets größer als 1. In [67] wird er beispielsweise für elektrische Triebwagen mit ξ = 1,08 ... 1,22 angegeben. Eine Größenangabe speziell für Straßenbahnen ist dort jedoch nicht verzeichnet.

In [316] wird die experimentelle Bestimmung des Massefaktors ausführlich erläutert und dieser in einer Beispielrechnung für eine Straßenbahn (vermutlich ein Fahrzeug vom Typ Tatra T4D) zu ξ = 1,2315 berechnet. (Weiterhin wurde der spezifische Fahrzeugwiderstand des speziellen Fahrzeugs mit f_{WF} = 0,007983... 0,007985 bestimmt.)

Die anzusetzenden Beschleunigungen werden für Straßenbahnen im unteren Anfahrbereich üblicherweise mit a = 1,0... 1,3 $\frac{\mathrm{m}}{\mathrm{s}^2}$ angegeben; die üblichen Verzögerungen mit bis zu a= -1,0 $\frac{\mathrm{m}}{\mathrm{s}^2}$ und bei Einsatz der Schienenbremse mit bis zu a = -2... -3 $\frac{\mathrm{m}}{\mathrm{s}^2}$ [316].

Die Beschleunigungskraft ergibt sich zusammengefasst somit aus:

$$F_{\mathrm{a}} = m_{\mathrm{Fzg}} * \xi * a. \tag{A.16}$$

A.3 Arbeit der Nebenverbraucher

Eine Möglichkeit zur Berechnung der Arbeit der Nebenverbraucher W_{n} ergibt sich bei Kenntnis der Nebenverbraucherleistung P_{n} nach den physikalischen Grundgesetzen durch:

$$W_{\mathrm{n}} = \int_{t_1}^{t_2} P_{\mathrm{n}}(t)\,\mathrm{d}t. \tag{A.17}$$

Vereinfachend kann im Straßenbahnverkehr mit einer konstanten mittleren Leistung für die Hilfsbetriebe $\overline{P}_{\mathrm{n}} = konst.$ gerechnet werden. Damit ergibt sich aus Gleichung (A.17) für den Streckenabschnitt AB:

$$W_{\mathrm{n}} = \overline{P}_{\mathrm{n}}(t_{\mathrm{B}} - t_{\mathrm{A}}). \tag{A.18}$$

Somit ist die auf einem Streckenabschnitt AB für Nebenaggregate zu verrichtende Arbeit nur abhängig von der für die Bewegung benötigten Zeit. Dabei lässt sich das Zeitintervall [t_{B} t_{A}] durch einen Zeitanteil, während dessen das Fahrzeug (an der Haltestelle) steht t_{H} und einen Anteil, während dessen es fährt t_{Fahrt}, ausdrücken:

$$t_{\mathrm{B}} - t_{\mathrm{A}} = t_{\mathrm{H}} + t_{\mathrm{Fahrt}} \tag{A.19}$$

$$W_{\mathrm{n}} = \overline{P}_{\mathrm{n}}(t_{\mathrm{H}} + t_{\mathrm{Fahrt}}). \tag{A.20}$$

Die Zeit t_{Fahrt} ist wiederum abhängig von den Bewegungsparametern Haltestellenabstand s_{AB}, Höchstgeschwindigkeit $v_{\max}$, maximaler Anfahrbeschleunigung $a_{\max}$ und maximaler Bremsverzögerung $b_{\max}$:

$$t_{\mathrm{Fahrt}} = t_{\mathrm{Fahrt}}(s_{\mathrm{AB}}, v_{\max}, a_{\max}, b_{\max}). \tag{A.21}$$

A.4 Arbeit der Heizung

Unter dem Begriff Heizung soll sowohl die Beheizung als auch die Klimatisierung des Fahrzeugs verstanden werden.

Analog zur Arbeit der Nebenverbraucher kann bei Kenntnis der Heizverbraucherleistung P_{h} die Arbeit für Heizung mit

$$W_{\mathrm{h}} = \int_{t_1}^{t_2} P_{\mathrm{h}}(t)\,\mathrm{d}t \tag{A.22}$$

berechnet werden.

Auch für die Heizung kann im Straßenbahnverkehr vereinfachend von einer konstanten mittleren Leistung $\overline{P}_{\mathrm{h}} = konst.$ ausgegangen werden. Damit ergeben sich analog zu den Nebenverbrauchern im vorangegangenen Abschnitt die Gleichungen:

$$W_{\mathrm{h}} = \overline{P}_{\mathrm{h}}(t_{\mathrm{B}} - t_{\mathrm{A}}) \tag{A.23a}$$

$$W_{\mathrm{h}} = \overline{P}_{\mathrm{h}}(t_{\mathrm{H}} + t_{\mathrm{Fahrt}}) \tag{A.23b}$$

sowie der Zusammenhang zwischen der Zeit t_{Fahrt} und den Bewegungsparametern nach Gleichung (A.21).

Die Größe der Leistung für die Fahrzeugheizung P_{h} hängt stark von der Außentemperatur zur Einsatzzeit und der Ausrüstung des Fahrzeugs (mit oder ohne Klimaanlage) ab, siehe dazu Abschnitt 2.2.2.2.

B Energiebedarfsmessung an Straßenbahnen

Nr.	Fahrzeugtyp	Einsatzort	Linien-/ Test-betrieb	Quelle	Bemerkung ggf. Jahr der der Messung
1	B-Wagen/K4000 [a]	KVB	Linienb.	[85, 94]	vermutlich 2000 [b]
2	Lf 2000	EVAG	?	[184]	2006
3	NGT8F	Frankfurt/M.	Testb.	[29, 308]	2005 [c]
4	NGTD 12 DD	DVB AG	Linienb.	[148, 53, 55]	2007 [b]
5	NGTD 8 DD	DVB AG	Linienb.	[54]	2007 [d]
6	Tatra T4D MT [e]	DVB AG	Linienb.	[54, 53, 55]	1997-2005 [b]
7	Tatra T4D+B4D [e]	DVB AG	Linienb.	[54, 53, 55]	1997-2005 [b]
8	Tatra T4D+T4D [e]	DVB AG	Linienb.	[54, 53, 55]	1997-2005[b]
9	Tatra T4D+B4D	MVB AG	Linienb.	[95]	vermutlich 1995 [b]
10	Tatra T3D [e]	CVAG	?	[261, 44]	vermutlich 2004 [f]
11	Tatra T3D+T3D [e]	CVAG	?	[261, 44]	vermutlich 2004 [f]
12	Tatra T3D+T3D+B3D [e]	CVAG	?	[261, 44]	vermutlich 2004 [f]
13	TW6000/TW2000 [g]	üstra	Linienb.	[119, 295, 296]	vermutlich 2002 [b]
14	Variobahn	CVAG	?	[261, 44]	vermutlich 2004 [h]
15	Variobahn	CVAG	?	[261, 44]	vermutlich 2004 [h]
16	Combino Prototyp	Potsdam	Linienb.	[27]	1997 [i]
17	Combino Prototyp	Basel	Linienb.	[27]	1998 [d]

[a] Fahrzeuge in Doppeltraktion nicht näher bezeichnet. Zum vermutlichen Messzeitpunkt (2000) verkehrten Fahrzeugtypen DUEWAG B-Wagen und K4000.

[b] Messungen im Linienbetrieb – Fahrzeug mit durchschnittlicher Besetzung: für Nr. 1 ca. 16,5% [135]; für Nr. 4, 6, 7, 8 ca. 18% [55]; für Nr. 9 ca. 23% [301]; für Nr. 15 ca. 15% [298] und jeweils 75 kg je Person

[c] Fahrzeug mit Klimaanlage, Messung der Nebenverbraucher mit Klimaanlage jedoch ohne Heizung

[d] Messung im Frühjahr mit Heizbetrieb

[e] Fahrzeug ist modernisiert

[f] Fahrzeug ist nicht rückspeisefähig

[g] Die Angaben der Quelle erfolgen ab Unterwerk für das Gesamtnetz als Mittel über alle Fahrzeuge. Es verkehrten die Fahrzeugtypen TW6000 und TW2000. Unklar ist, ob sich die Energieverbrauchsangaben auf Einzelfahrzeuge oder auf eine praktizierte Doppeltraktion beziehen.

[h] Fahrzeug ist rückspeisefähig

[i] Messung im Sommer

Tabelle B.1: Energiebedarfsmessung an Straßenbahnen in der Literatur (1)

Nr.	Fahrzeugtyp	Energiebedarf in kWh/km				
		für Traktion aufgenommen	in OL zurückgespeist	für Traktion effektiv	für Nebenverbraucher	Gesamtfahrzeug effektiv
1	B-Wagen/K4000 [a]	**3,6...7,2**	0,4...2,4		**0,4...2,0**	**5,0...6,0**
2	Lf 2000			**2,8**		
3	NGT8F	**4,1**	**1,1**	**3**	**1**	4
4	NGTD 12 DD	**4,2...5,0**	**0,5...0,9**		**0,5...3,2**	**4,4...5,9**
5	NGTD 8 DD	**3,2...4,0**	**0,6...0,8**		**0,4...5,9**	**3,3...4,7**
6	Tatra T4D MT [e]	**1,5...1,8**	**0,5...0,6**	1,0...1,3	**0,5**	**1,5...1,8**
7	Tatra T4D+B4D [e]	2,0...2,5	**0,4**	1,5...1,7		**2,9**
8	Tatra T4D+T4D [e]					**3,8...5,3**
9	Tatra T4D+B4D		**0,5**			**1,9**
10	Tatra T3D [e]	2,4				
11	Tatra T3D+T3D [e]	**5,7**				
12	Tatra T3D+T3D+B3D [e]	**7,5**				
13	TW6000/TW2000 [g]	**3,2**	**1,2...1,3**	2	**1,2**	**3,1...3,2**
14	Variobahn	3,2			**0,6...5,3**	**3,8...8,5**
15	Variobahn	**5,1**			**0,6...5,3**	**5,7...10,4**
16	Combino Prototyp	**2,6**	**0,8**	**1,8**		
17	Combino Prototyp	**2,6**	**1,1**	**1,5**		

fett gedruckte Zahlenwerte sind Originalangaben der Quellen; normal gedruckte Zahlenwerte sind daraus errechnet. OL... Oberleitung

[a] Fahrzeuge in Doppeltraktion nicht näher bezeichnet. Zum vermutlichen Messzeitpunkt (2000) verkehrten Fahrzeugtypen DUEWAG B-Wagen und K4000.

[e] Fahrzeug ist modernisiert

[g] Die Angaben der Quelle erfolgen ab Unterwerk für das Gesamtnetz als Mittel über alle Fahrzeuge. Es verkehrten die Fahrzeugtypen TW6000 und TW2000. Unklar ist, ob sich die Energieverbrauchsangaben auf Einzelfahrzeuge oder auf eine praktizierte Doppeltraktion beziehen.

Tabelle B.2: Energiebedarfsmessung an Straßenbahnen in der Literatur (2)

Nr.	Fahrzeugmasse in t			Energiebedarf in Wh/(t·km)				
	leer	voll besetzt	bei Messung	für Traktion aufgenommen	in OL zurückgespeist	für Traktion effektiv	für Nebenverbraucher	Gesamtfahrzeug effektiv
1	75^{j}	100^{k}	80	45...90	5...30		5...25	63...75
2			**36**			78		
3	40	61	**61**	67	18	**49**	16	66
4	**56,7**	76,2	60,2	70...82	9...15		8...52	74...97
5	**39,5**	52,2	42^{l}	78...99				78...115
6	**17,2**	22,8	18,2	82...99	27...33	55...71	27	82...99
7	**30,1**	41,9	32,2	62...83	12	47...53		90
8	**34,4**	45,5	36,4					104...146
9	30,1	42,3	32,9		15			58
10	**18,5**	24,7	**18,5**	**130**				
11	**36,8**	49,3	49,3	116				
12	**49,1**	68,5	68,5	109				
13	39^{m}	51^{n}	41	78	29...32	49	29	76...78
14	**36**	51	**36**	**90**			16...147	
15	**36**	51	51	100			12...100	112...204
16	**28**	43	**33**	80	24	**55**		
17	**28**	43	**33**	79	33	**46**		

fett gedruckte Zahlenwerte sind Originalangaben der Quellen; normal gedruckte Zahlenwerte sind daraus errechnet. OL... Oberleitung

^{j} mittlere Leermasse geschätzt. Betreiberangabe der Leermasse für Fahrzeuge in Doppeltraktion je nach Fahrzeugtyp 71,0 t... 78,0 t

^{k} mittlere Masse des vollbesetzten Fahrzeugs geschätzt. Betreiberangabe für Masse des Fahrzeugs voll bestetzt in Doppeltraktion je nach Fahrzeugtyp 98,9 t... 105,5 t

^{l} Fahrzeugmasse individuell erhoben, hier Darstellung des Mittelwerts

^{m} mittlere Leermasse geschätzt. Betreiberangabe für Einfachtraktion je nach Fahrzeugtyp 38,8 t... 39,9 t

^{n} mittlere Masse des vollenbesetzten Fahrzeugs geschätzt. Betreiberangabe für Einfachtraktion je nach Fahrzeugtyp 50,1 t... 51,8 t

Tabelle B.3: Energiebedarfsmessung an Straßenbahnen in der Literatur (3)

C Durchschnittliche Länge von Bus- und Straßenbahnlinien in Deutschland

Stadt	Verkehrs-betrieb	Linien-anzahl	gesamte Linien-länge in km	mittlere Linien-länge in km	maximale Linien-länge in km	Quellen
Berlin	BVG	149	1675	11		[18]
Bielefeld	MoBiel	36	410	11		[178]
Bochum	BOGESTRA	65	1040	16		[28]
Braunschweig	BSVAG	38	489	13		[34]
Bremen	BSAG	37	467	13		[38]
Chemnitz	CVAG	32	343	11		[44]
Cottbus	CV	13	157	12		[46]
Dresden	DVB AG	28	299	11		[56]
Duisburg	DVG	34	516	15		[58]
Erfurt	EfVAG	24	220	9		[61]
Frankfurt/Main	VGF	15	153	10		[262]
Frankfurt/Oder	SVF	9	218	24		[260]
Freiburg i. B.	VAG Freiburg	27	273	10		[73]
Gera	GVB	20	235	12		[83]
Halberstadt	HVG	5	53	11		[97]
Hannover	üstra	59	700	12		[297]
Heidelberg	HBS	13	114	9		[218, 219]
Jena	Jenah	10	77	8		[117]
Karlsruhe	VBK	8	149	19		[305]
Köln	KVB	44	521	12		[135, 136]
Leipzig	LVB	61	1050	17	40,2	[156]
Ludwigshafen/Rhein	VBL	14	118	8		[218, 219]
Magdeburg	MVB	11	103	9	21,4	[166]
Mannheim	MVV	25	182	7		[218, 219]
Mülheim/Ruhr	MHVG	13	226	17		[181]
München	MVG	62	631	10		[143]
Nürnberg	VAG	70	760	11		[304]
Plauen	PSB	4	11	3	5,2	[212]
Potsdam	ViP	21	231	11	25,9	[307]
Rostock	RSAG	27	296	11		[228]
Saarbrücken		51	606	12		[309]
Schwerin	NVS	14	166	12	23,7	[182]
Stuttgart	SSB	56	688	12		[275]
Würzburg	WSB	32	439	14		[323]

Tabelle C.1: Linienlängen ausgewählter Busbetriebe in Deutschland

Stadt	Verkehrsbetrieb	Linienanzahl	gesamte Linienlänge in km	mittlere Linienlänge in km	maximale Linienlänge in km	Quellen
Berlin	BVG	22	294	13		[18]
Bielefeld	MoBiel	8	72	9		[178]
Bochum	BOGESTRA	9	126	14		[28]
Braunschweig	BSVAG	5	51	10		[34]
Bremen	BSAG	8	111	14		[38]
Chemnitz	CVAG	4	35	9		[44]
Cottbus	CV	4	29	7		[46]
Dresden	DVB AG	12	205	17		[56]
Duisburg	DVG	4	104	26		[58]
Erfurt	EfVAG	6	58	10		[61]
Essen	EVAG	7	83	12		[62]
Frankfurt/Main	VGF	9	96	11		[262]
Frankfurt/Oder	SVF	5	38	8		[260]
Freiburg i. B.	VAG Freiburg	4	35	9		[73]
Gera	GVB	3	20	7		[83]
Halberstadt	HVG	2	12	6		[97]
Hannover	üstra	12	179	15	27,8	[297]
Heidelberg	HBS	5	35	7		[218, 219]
Jena	Jenah	8	80	10	15,7	[117]
Köln	KVB	11	237	22		[135, 136]
Leipzig	LVB	14	209	15	22,1	[156]
Ludwigshafen/Rhein	VBL	12	205	17		[218, 219]
Magdeburg	MVB	9	103	11	14,5	[166]
Mannheim	MVV	8	133	17		[218, 219]
Mülheim/Ruhr	MHVG	4	36	9		[181]
München	MVG	10	98	10		[143]
Nordhausen	VBNH	3	19	6	11,4	[306]
Nürnberg	VAG	6	43	7		[304]
Plauen	PSB	5	30	6	7,6	[212]
Potsdam	ViP	7	80	11	14,4	[307]
Rostock	RSAG	6	87	15		[228]
Saarbrücken		1	30	30		[309]
Schöneiche/ Rüdersdorf	SRS	1	14	14		[243]
Schwerin	NVS	4	41	10	11,9	[182]
Stuttgart	SSB	16	213	13		[275]
Würzburg	WSB	5	42	8		[323]

Tabelle C.2: Linienlängen ausgewählter Straßenbahnbetriebe in Deutschland

D Koeffizienten des Gaver-Stehfest-Algorithmus

k	C_k^{10}	C_k^{12}	C_k^{14}	C_k^{16}
1	$0{,}08\overline{3}$	$-0{,}01\overline{6}$	$0{,}002\overline{7}$	−0,000397
2	$-32{,}08\overline{3}$	$16{,}01\overline{6}$	$-6{,}402\overline{7}$	2,13373
3	1279	−1247	924,05	$-551{,}01\overline{6}$
4	$-15623{,}\overline{6}$	$27554{,}\overline{3}$	$-34597{,}92\overline{7}$	$33500{,}16\overline{1}$
5	$84244{,}1\overline{6}$	$-263280{,}8\overline{3}$	$540321{,}\overline{1}$	$-812665{,}\overline{1}$
6	−236957,5	1324138,7	$-4398346{,}3\overline{6}$	$10076183{,}7\overline{6}$
7	$375911{,}\overline{6}$	$-3891705{,}5\overline{3}$	$21087591{,}\overline{7}$	$-73241382{,}9\overline{7}$
8	$-340071{,}\overline{6}$	$7053286{,}\overline{3}$	$-63944913{,}0\overline{4}$	339059632,073016
9	164062,5	−8005336,5	127597579,55	−1052539536,278572
10	−32812,5	5552830,5	$-170137188{,}08\overline{3}$	$2259013328{,}58\overline{3}$
11		−2155507,2	$150327467{,}0\overline{3}$	$-3399701984{,}4\overline{3}$
12		359251,2	−84592161,5	3582450461,7
13			$27478884{,}7\overline{6}$	$-2591494081{,}3\overline{6}$
14			$-3925554{,}9\overline{6}$	$1227049828{,}7\overline{6}$
15				−342734555,428571
16				42841819,428571

k	C_k^{18}	C_k^{20}
1	0,0000496	0,00000551
2	−0,609573	0,152386
3	274,594048	−117,465476
4	−26306,956746	17342,449339
5	957257,201389	−922806,928902
6	−17358694,845833	23774087,787103
7	182421222,647222	−349421166,195370
8	−1218533288,309127	3241369852,231879
9	5491680025,283035	−20276948307,237797
10	−17362131115,206844	89464829823,797226
11	39455096903,527374	−287020921147,10278
12	−65266516985,174995	682992010281,51135
13	78730068328,220840	−1219082330054,3735
14	−68556444196,120827	1637573800842,0132
15	41984343475,053566	−1647177486836,1172
16	−17160934711,839285	1221924554444,2253
17	4204550039,102678	−648806558817,53259
18	−467172226,566964	233316653213,70581
19		−50913800705,467377
20		5091380070,546738

Tabelle D.1: Koeffizienten für den Gaver-Stehfest-Algorithmus für $J = 10, 12, 14, 16, 18, 20$

E Haltezeit

E.1 Haltezeit im Straßenbahnnetz der DVB AG – 10 min-Zeitraum

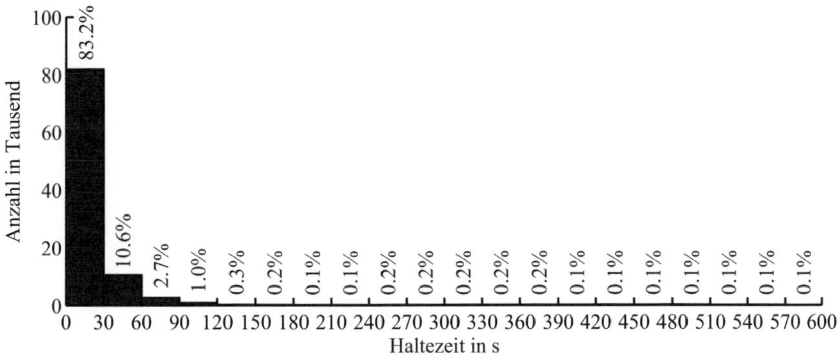

Abbildung E.1: Histogramm der Haltezeit im Netz der DVB AG für Zeiten kleiner 10 Minuten gemäß Messungen

E.2 Haltezeit an der Haltestelle Postplatz der DVB AG

Das Postplatztreffen, ein Spezifikum im Nachtverkehr der DVB AG, bei dem nahezu alle Straßenbahn-Nachtlinien einen Taktknoten am Postplatz bilden und mit mehreren Minuten Haltezeit ein Umsteigen zwischen allen Linien ermöglicht wird, beeinflusst die allgemeinen Betrachtungen zur Haltezeit von Straßenbahnen in Dresden nicht wesentlich. Die spezielle Haltezeitverteilung für die beim Postplatztreffen einbezogenen Einzelhaltestellen weist im Bereich kleiner zwei Minuten keine grundsätzlich andere Verteilung auf, als die anderer Knotenpunkt-Haltestellen (Abbildung E.3).

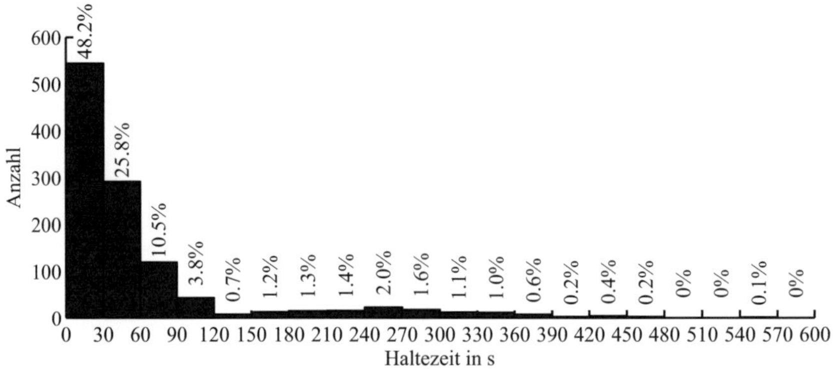

Abbildung E.2: Histogramm der Haltezeit an der Haltestelle Postplatz für Zeiten kleiner zehn Minuten gemäß Messungen

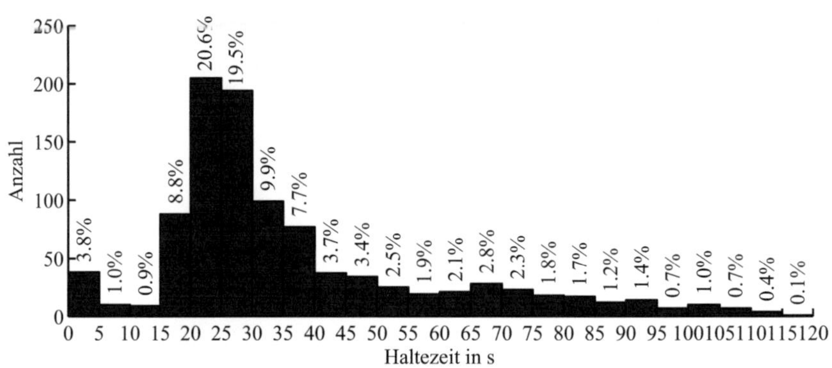

Abbildung E.3: Histogramm der Haltezeit an der Haltestelle Postplatz für Zeiten kleiner zwei Minuten gemäß Messungen

E.3 Haltezeit für die Linien 7 und 11 der DVB AG

Die Unterschiede in der Haltezeitverteilung zwischen großen Knotenpunkt-Haltestellen und kleineren Haltestellen dazwischen zeigen die nachfolgenden Abbildungen. Es wurden für die während der Messfahrten am häufigsten befahrenen Linien die Histogramme der Haltezeit für alle Haltestellen ermittelt und dargestellt – in den Abbildungen E.4 und E.5 für die Linie 7 und in den Abbildungen E.6 und E.7 für die Linie 11. Die Linie 11 verkehrte im Messzeitraum größtenteils als Umleitung von Hauptbahnhof Nord nach Plauen-Nöthnitzer Straße.

Es werden an jeder Haltestelle die Haltezeiten beider Richtungen gemeinsam betrachtet. Abweichungen in den Absolutzahlen der betrachteten Halte resultieren einerseits aus der Überlagerung mehrerer Linien auf Haltestellenabschnitten oder einer Bedienung der Haltestelle nur in einer Fahrtrichtung, andererseits auf Messdatenausfall aufgrund mangelnder GPS-Sicht o. ä. Zur besseren Übersicht sind in den Abbildungen zentrale Knotenpunkt-Haltestellen hellgrau gekennzeichnet.

Abbildung E.4: Histogramme der Haltezeit für die Haltestellen der Linie 7 für Zeiten kleiner zehn Minuten gemäß Messungen - Teil 1

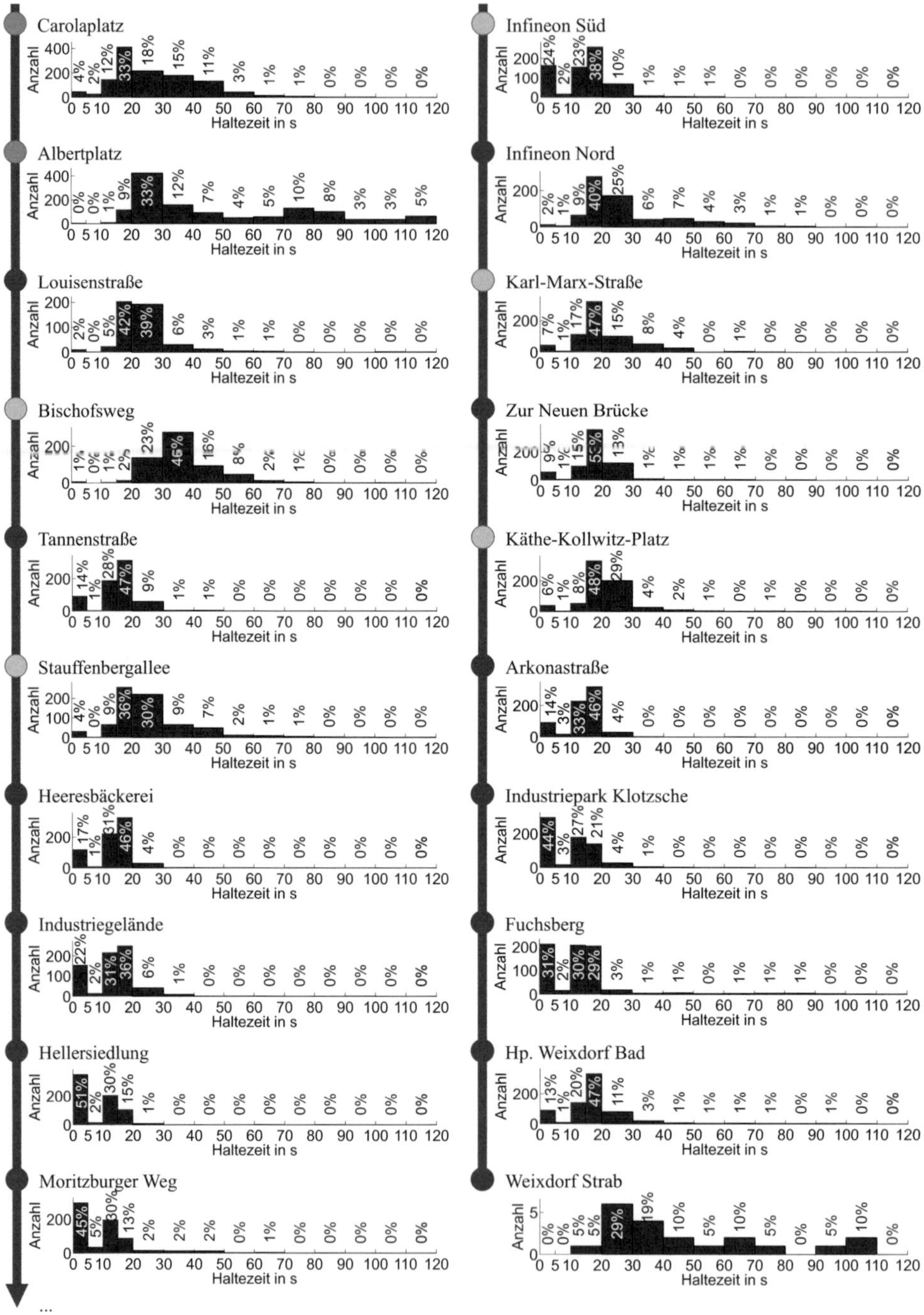

Abbildung E.5: Histogramme der Haltezeit für die Haltestellen der Linie 7 für Zeiten kleiner zehn Minuten gemäß Messungen - Teil 2

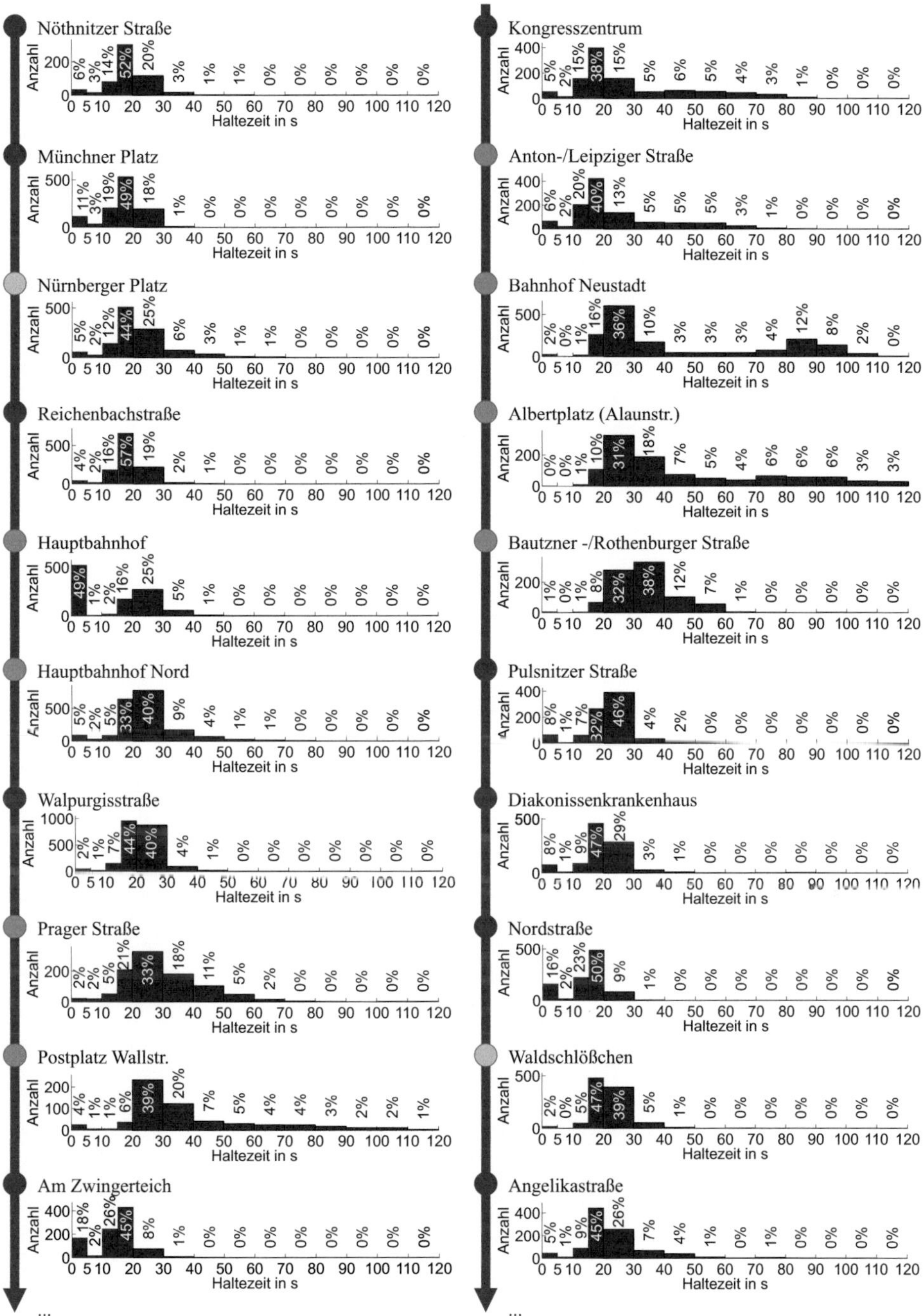

Abbildung E.6: Histogramme der Haltezeit für die Haltestellen der Linie 11 für Zeiten kleiner zehn Minuten gemäß Messungen - Teil 1

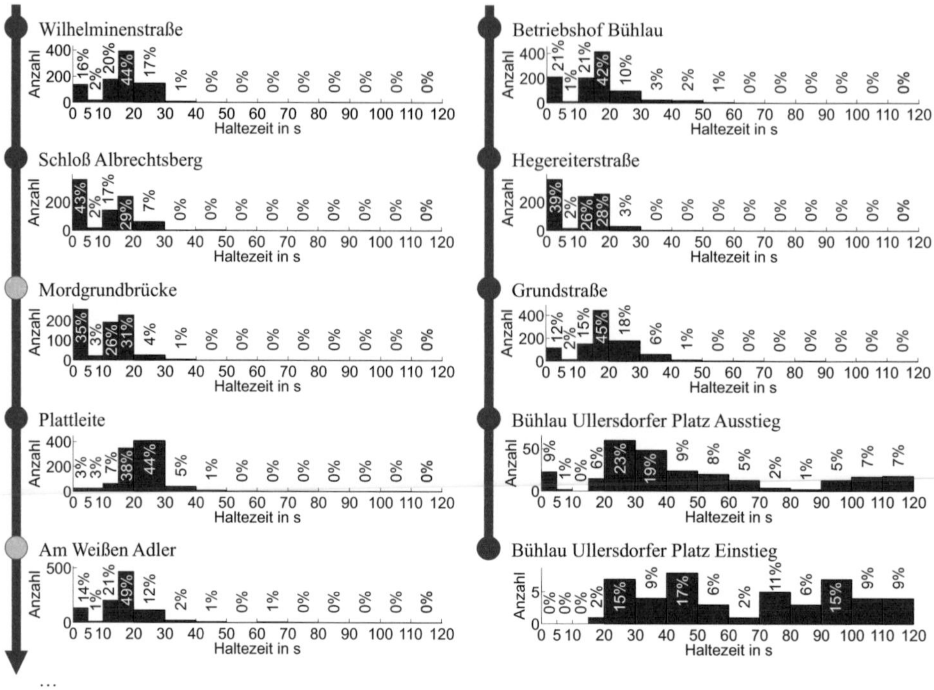

Abbildung E.7: Histogramme der Haltezeit für die Haltestellen der Linie 11 für Zeiten kleiner zehn Minuten gemäß Messungen - Teil 2

E.4 Haltezeit im Bus-Teilnetz bei der üstra – 10 min-Zeitraum

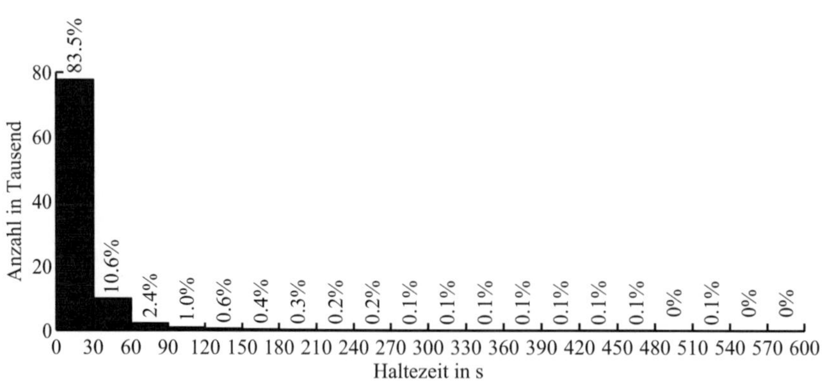

Abbildung E.8: Histogramm der Haltezeit im Bus-Teilnetz der üstra für Zeiten kleiner 10 Minuten gemäß Messungen

F Haltestellenabstand und Abstand von Knotenpunkt-Haltestellen

F.1 Vorgehen

Nachfolgend soll zuerst anhand der Literatur eine Abschätzung eines allgemeinen mittleren Haltestellenabstands vorgenommen werden. Danach wird basierend auf je einem beispielhaften Anwendungsfall für ein Straßenbahnnetz (Dresden) und ein Busnetz (Teilnetz Bus Hannover) eine Analyse der im Netz anzutreffenden Haltestellenabstände benachbarter Haltestellen vorgestellt. Aus diesen Messungen werden anschließend Abstände der Knotenpunkt-Haltestellen abgeleitet.

F.2 Haltestellenabstand in der Literatur

Die Lage von Haltestellen in einem Verkehrsnetz richtet sich nach der gewünschten Erschließungsdichte, der Intensität von Verkehrsquellen und -senken, der Sicherheit im gesamten Verkehrsablauf, der zügigen Fahrweise, dem baulichen Aufwand und nicht zuletzt nach stadtplanerischen und verkehrsraumgestalterischen Gesichtspunkten. Durch die Festlegung der konkreten örtlichen Lage der Haltestellen sind automatisch die Haltestellenabstände ebenfalls festgelegt. Die Größe der Haltestellenabstände in einem Netz sind somit messtechnisch sehr einfach zu erfassen und stehen oft bereits bei ersten Streckenplanungen schon fest.

In der Literatur werden Untersuchungen zu Haltestellenabständen als wichtiges Maß zur Charakterisierung von ÖPNV-Systemen schon sehr lange behandelt. Meist steht dabei die Angabe des mittleren Haltestellenabstands eines Netzes als wichtige Kennzahl im Vordergrund. Eine Auswahl dazu ist in Tabelle F.1 zusammengefasst. In dieser Zusammenstellung wird offensichtlich, dass sich der mittlere Haltestellenabstand in einem Gesamtnetz für Straßenbahnen, Obusse und Busse seit mehr als 30 Jahren nicht wesentlich verändert und bei rund 450 m bis 500 m liegt.

Umfangreiche Untersuchungen zur Verteilung und Streuung der Haltestellenabstände, beispielsweise bei WOLF [320], wurden durchgeführt. Die Streuung der einzelnen Haltestellenabstände ist bei ihm relativ groß und wird mit 70 m bis 3500 m angegeben. Die Verteilung erfasster Haltestellenabstände von Verkehrsunternehmen der DDR beschreibt er als Erlang-Verteilung.

Aufgegliedert auf die Bebauung und Erschließung kann folgende Einteilung für typische Haltestellenabstände aus der Tabelle abgelesen werden:

Bezug	Haltestellen-abstand in m	Quelle	Jahr der Messung oder Veröffentlichung
allgemeine Angabe			
Straßenbahn in Kleinstadt	250 ... 300	[116]	1929
Straßenbahn in Großstadt	350	[116]	1929
Stadtschnellbahn	800	[116]	1929
Straßenbahn, Obus, Bus	500	[231]	1978
Straßenbahn in Dresden	500	[229]	1978
Straßenbahn, Bus	480	[39]	1980
Bus	400	[140]	1986
Stadtbahn	400 ... 500	[140]	1986
Stadtbahn der üstra	500	[209]	1989
Straßenbahn	500	[134]	2002
Straßenbahn	500	[142]	2004
Bus in Nürnberg (Linie 36)	298	[122]	2005
Bus	450	[157]	2005
Straßenbahn der CVAG	450	[44]	2007
Straßenbahn der DVB AG	476	[55]	2007
Straßenbahn der MVB	495	[166]	2008
Angabe für Innenstadt und Stadtverkehr			
Straßenbahn	250 ... 550	[221]	1957
Straßenbahn, Obus, Bus	400	[320]	1970
Straßenbahn, Obus, Bus	300 ... 600	[230]	1974
Stadtschnellbahn	600	[140]	1986
Straßenbahn	350	[217]	2001
Angabe für Außenstrecken und Regionalverkehr			
Straßenbahn - Außenstrecken	550 ... 750	[221]	1957
Straßenbahn - Überlandverkehr	750 ... 1500	[221]	1957
Straßenbahn	800	[320]	1970
Obus	600	[320]	1970
Bus	1000 ... 1500	[320]	1970
Straßenbahn, Obus, Bus	600 ... 900	[230]	1974
Straßenbahn	750	[217]	2001
Bus	1200	[157]	2005

Tabelle F.1: Haltestellenabstände im ÖPNV

- 250 m ... 400 m in der Innenstadt-Kernzone,
- 300 m ... 600 m im sonstigen Innenstadtgebiet und
- 600 m ... 900 m auf Außenstrecken am Stadtrand.

F.3 Haltestellenabstand im Straßenbahnnetz der DVB AG gemäß Messungen

Anhand des Straßenbahnnetzes von Dresden sollen die in der Literatur angegebenen Haltestellenabstände durch Praxiswerte ergänzt werden. Aus den Messungen mit einem Straßenbahnfahrzeug (siehe dazu [151] bzw. Abschnitt 2.2.3.2) stehen Messdaten für die Haltestellenabstände im Netz der DVB AG zur Verfügung.

Für das Gesamtnetz der DVB AG beträgt der ermittelte mittlere Haltestellenabstand 471 m. Der maximale Abstand beträgt 1198 m, der minimale Abstand 45 m (getrennte Haltestellen für Ausstieg und Einstieg an den Endhaltestellen „Wilder Mann“ und „Bühlau“). Die Verteilung der einzelnen Haltestellenabstände ist für alle 604 betrachteten Werte in Abbildung F.1 in einem Histogramm dargestellt. Dazu ist die signifikante Schätzung einer stetigen Verteilungsdichte als Erlang-Verteilung (Parameter: k=6, $\lambda=1/82$, χ^2-Test bei Klassenbreite 50 m und Sicherheit 95 %) eingetragen. (In der Darstellung in Abbildung F.1 werden, wie bei allen weiteren ähnlichen Histogramm-Darstellungen in diesem Anhang, jeweils die unteren Intervallgrenzen zum Intervall eingeschlossen, die oberen Grenzen nicht.)

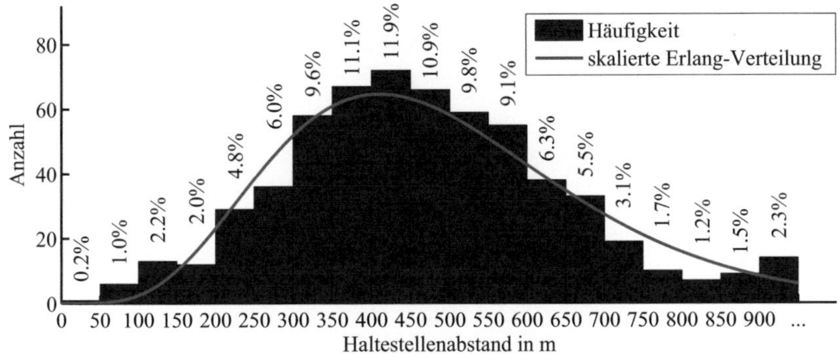

Abbildung F.1: Histogramm der Haltestellenabstände im Netz der DVB AG

In dieser Abbildung wird deutlich, dass etwa ein Drittel aller Haltestellenabstände zwischen 350 m und 500 m liegt. Im von RÜGER [230] angegebenen Intervall von 300 m bis 600 m für dicht bebautes Gebiet liegen knapp zwei Drittel der Abstände. Rund 79 % der Abstände sind maximal 600 m lang. Oberhalb von 750 m, als Maßzahl für den Überlandverkehr und Außenstrecken (siehe Tabelle F.1), befinden sich im Gesamtnetz nur 7 % der Haltestellenabstände.

F.4 Haltestellenabstand im Busnetz bei der Hannover üstra gemäß Messungen

Auch für Busanwendungen sollen die in der Literatur angegebenen Haltestellenabstände durch ein Beispiel ergänzt werden.

Im Rahmen von Untersuchungen zu Einsparpotentialen von Hybridbussen in Hannover [36, 290] waren am Fraunhofer IVI Messdaten aus einem Teil des Busnetzes der üstra in Hannover verfügbar. Davon wurden Messungen im Zeitraum 01.01.2009 - 15.07.2009 auf den Linien 120 - 125, 127, 133 und 581 bzw. Linienteilen davon ausgewertet. Eine Übersicht über die berücksichtigen Linienabschnitte kann der Abbildung F.5 entnommen werden.

Für die Gesamtheit des betrachteten Teilnetzes beträgt der aus den Messungen ermittelte mittlere Haltestellenabstand 408 m. Der maximale Abstand beträgt 1183 m, der minimale Abstand 106 m. Die Verteilung der einzelnen Haltestellenabstände ist für alle 318 betrachteten Werte in Abbildung F.2 in einem Histogramm dargestellt. Die Messwerte bis 900 m genügen hier einer Erlang-Verteilung mit den Parametern $k=7$ und $\lambda = 1/58$ (χ^2-Test bei Klassenbreite 50 m und Sicherheit 95 %). Diese stetige Verteilung ist in der Abbildung hellgrau eingetragen.

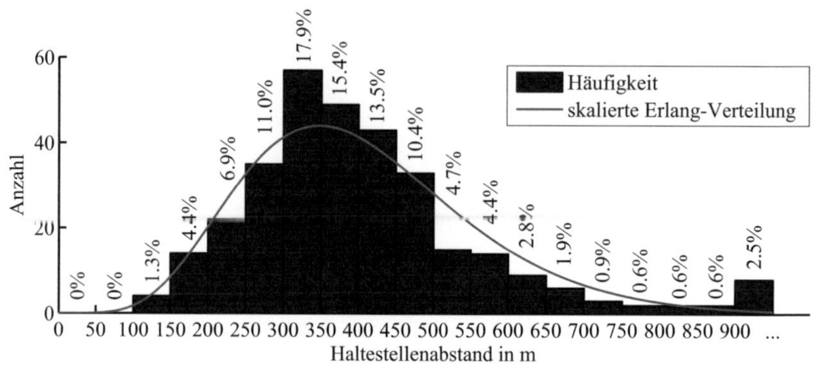

Abbildung F.2: Histogramm der Haltestellenabstände im Teilnetz der üstra

In diesem Bild wird deutlich, dass beim Busverkehr in Hannover die Haltestellenabstände tendenziell kürzer sind als bei der Straßenbahn in Dresden. Wiederum zwei Drittel aller Haltestellenabstände liegen im Intervall von 300 m bis 600 m. Jedoch 90 % der Abstände ist maximal 600 m lang. Das sind 10 % mehr als in Dresden. Oberhalb von 750 m, als Maßzahl für den Überlandverkehr und Außenstrecken, befinden sich im betrachteten Teilnetz nur 4 % der Haltestellenabstände.

F.5 Abstand von Knotenpunkt-Haltestellen

F.5.1 Allgemeine Betrachtung

Für die Umsetzung eines OFB nach dem *DockingPrinzip* ist der Abstand der Nachladepunkte und somit der Abstand von Knotenpunkt-Haltestellen wichtig.

In der Literatur sind unter diesem speziellen Gesichtspunkt keine Angaben zu finden. Für eine allgemeine Darstellung kann jedoch davon ausgegangen werden, dass etwa jede dritte bis fünfte Haltestelle als Knotenpunkt-Haltestelle angesehen werden kann [132]. Im Stadtzentrum liegen dabei die Knotenpunkt-Haltestellen etwas dichter, etwa alle drei bis vier Haltestellen, in den Stadtrandlagen erfahrungsgemäß weiter entfernt, etwa alle vier bis fünf Haltestellen.

Für eine konkrete Systemauslegung am Anwendungsfall ist jedoch in jedem Fall die Betrachtung des individuellen Netzes nötig. Für die zwei bereits vorgestellten Beispiele, Straßenbahnnetz in Dresden und Teil-Busnetz in Hannover, soll zur Veranschaulichung nachfolgend auch der Abstand potenzieller Knotenpunkt-Haltestellen ermittelt werden.

F.5.2 Abstand von Knotenpunkt-Haltestellen im Netz der DVB AG

Für das Streckennetz der Straßenbahn in Dresden (Stand 2007/2008) wurden mit Kenntnis der Netzstruktur und Linienbelastungen empirisch potenzielle Knotenpunkt-Haltestellen innerhalb der Stadtgrenzen definiert. Diese sind in Tabelle F.2 aufgelistet und in Abbildung F.3 dargestellt. In dieser Abbildung ist zur besseren Orientierung neben dem Streckennetz die Stadtgrenze und die Elbe eingezeichnet. Die Haltestellen sind richtungsrein durch Quadrate markiert. Die Knotenpunkt-Haltestellen sind durch Kreise hervorgehoben.

Abzweig nach Reick	Hauptbahnhof	Pirnaischer Platz
Albertplatz	Hauptbahnhof Nord	Pohlandplatz
Altmarkt	Hp. Dobritz	Postplatz
Altreick	Hp. Freiberger Straße	Prager Straße
Am weißen Adler	Infinion Süd	Rennplatzstraße
Amalie-Dietrich-Platz	Karl-Marx-Straße	Saarstraße
Anton-/Leipziger Straße	Käthe-Kollwitz-Platz	Sachsenallee
Bahnhof Mitte	Lennéplatz	Schillerplatz
Bahnhof Neustadt	Leubener Straße	Stauffenbergallee
Bautzener-/Rothenburger Straße	Liststraße	Straßburger Platz
Berthold-Haupt-Straße	Ludwig-Hartmann-Straße	Tharandter Straße
Bischofsweg	Mickten	Trachenberger Platz
Blasewitzer-/Fetscherstraße	Mordgrundbrücke	Waldschlösschen
Carolaplatz	Neustädter Markt	Wasaplatz
Cossebauder Straße	Nöthnitzer Straße	Zellescher Weg
Cottaer Straße	Nürnberger Platz	Zwinglistraße
Elbepark	Otto-Dix-Ring	
Fetscherplatz	Pennricher Straße	

Tabelle F.2: Liste potenzieller Knotenpunkt-Haltestellen für Straßenbahnen der DVB AG im Gesamtnetz

Aus den Messungen sind weiterhin die Abstände zwischen den potenziellen Knotenpunkt-Haltestellen bekannt und für die Haltestellen außerhalb des Innenstadtbereichs in der Abbildung angegeben.

Die Abstände zwischen den potenziellen Knotenpunkt-Haltestellen im Innenstadtbereich (innerhalb des „26er-Rings“ zuzüglich der Haltestelle Fetscherplatz) sind zur besseren Übersicht in Abbildung F.4 vergrößert dargestellt. Die dabei einbezogenen Haltestellen sind in Tabelle F.3 aufgelistet.

Anhand dieser Darstellung wird klar, dass selbst im Stadtzentrum Abstände der Knotenpunkt-Haltestellen von bis zu 1850 m zu verzeichnen sind. Damit kann anhand der Messdaten für das Beispiel Dresden überschlägig von 2000 m Maximalabstand von Knotenpunkten-Haltestellen im Innenstadtbereich ausgegangen werden.

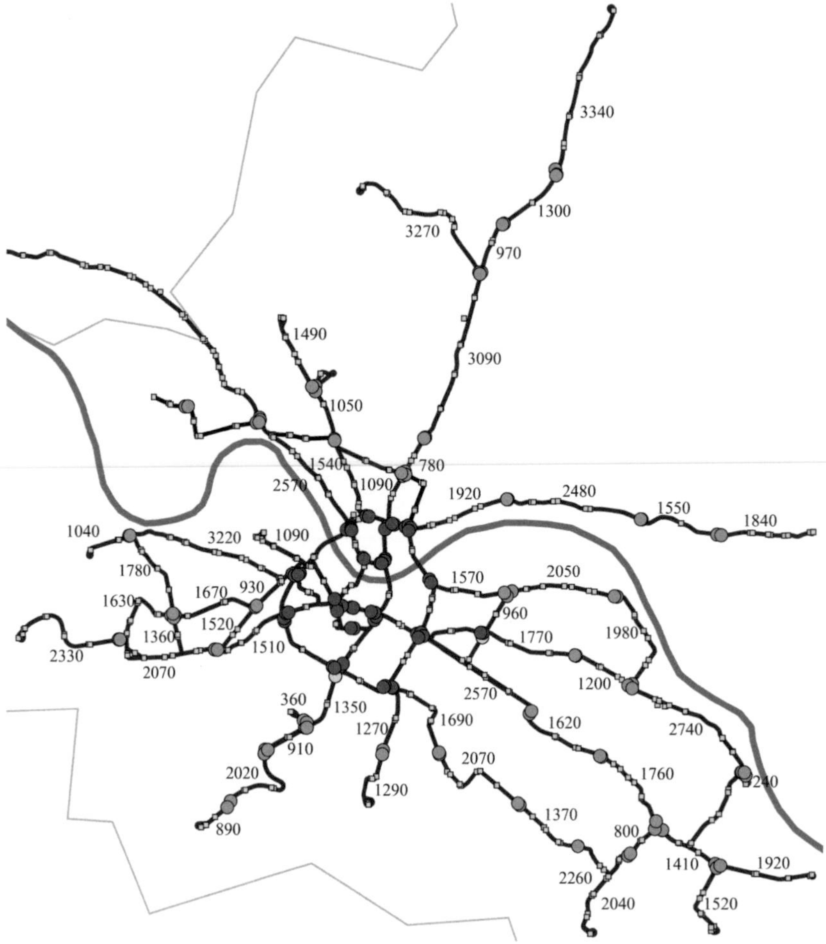

Abbildung F.3: Streckennetz der DVB AG mit potenziellen Knotenpunkt-Haltestellen (Kreise) und den Knotenpunktabständen in m

Albertplatz	Hauptbahnhof Nord
Altmarkt	Hp. Freiberger Straße
Anton-/Leipziger Straße	Lennéplatz
Bahnhof Mitte	Neustädter Markt
Bahnhof Neustadt	Pirnaischer Platz
Bautzener-/Rothenburger Straße	Postplatz
Carolaplatz	Prager Straße
Fetscherplatz	Sachsenallee
Hauptbahnhof	Straßburger Platz

Tabelle F.3: Liste potenzieller Knotenpunkt-Haltestellen für Straßenbahnen der DVB AG im Stadtzentrum

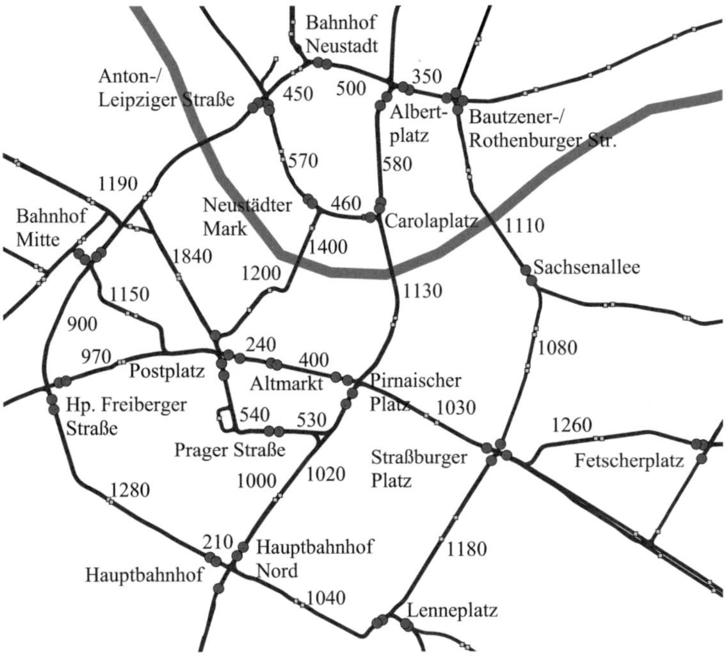

Abbildung F.4: Ausschnitt aus dem Streckennetz der DVB AG mit den in Tabelle F.3 ausgewählten Knotenpunkt-Haltestellen (Kreise) und den Knotenpunktabständen in m

F.5.3 Abstand von Knotenpunkt-Haltestellen im Teilnetz der üstra

Auch für das vorgestellte Bus-Teilnetz in Hannover wurden anhand der Linien-Netzstruktur empirisch potenzielle Knotenpunkt-Haltestellen definiert. Diese sind in Tabelle F.4 aufgelistet und in Abbildung F.5 dargestellt. In dieser Abbildung sind zur besseren Orientierung neben dem durch Messdaten erzeugten Streckenteilnetz die Eisenbahnlinien eingezeichnet. Die Haltestellen sind wiederum richtungsrein durch Quadrate markiert. Die Knotenpunkt-Haltestellen sind durch Kreise hervorgehoben.

Die Abstände zwischen den potenziellen Knotenpunkt-Haltestellen sind somit bekannt und in der Abbildung entsprechend angegeben. Dabei ist zu beachten, dass aufgrund der unzureichenden Ortskenntnis des Autors hier nur ein erster Entwurf der Lage potenzieller Knotenpunkt-Haltestellen anhand des Liniennetzplans umgesetzt wurde. Dieser Entwurf ist mit Hilfe zusätzlicher Informationen, beispielsweise zum Betrieb und Haltestellenfrequentierungen, künftig zu überarbeiten.

Ahlem	Emmichpl./Musikhochsch.	Meyers Garten
Alte Heide	Großer Hillen	Misburger Straße
Altes Dorf	Grundschule Ahlem	Mittelfeld
Am Küchengarten	Gundelrebe	Noltemeyerbrücke
Am Lindener Hafen	Hauptbahnhof	Nordstadt/Bf
Auf der Klappenburg	Humboldtstraße	Raschplatz ZOB
Bahnhof Anderten-Misburg	In der Steinbreite	Roderbruch
Bahnhof Bismarckstraße	Karl-Wiechert-Allee	Schwarzer Bär
Bemerode/Mitte	Letter / Kurze Wanne	Spannhagengarten
Bleekstraße	Lister Kirchweg	Strangriede
Dorfstraße	Lister Platz	Thielenplatz
Dragonerstraße	Marienstraße	Vier Grenzen

Tabelle F.4: Liste potenzieller Knotenpunkt-Haltestellen für das Bus-Teilnetz

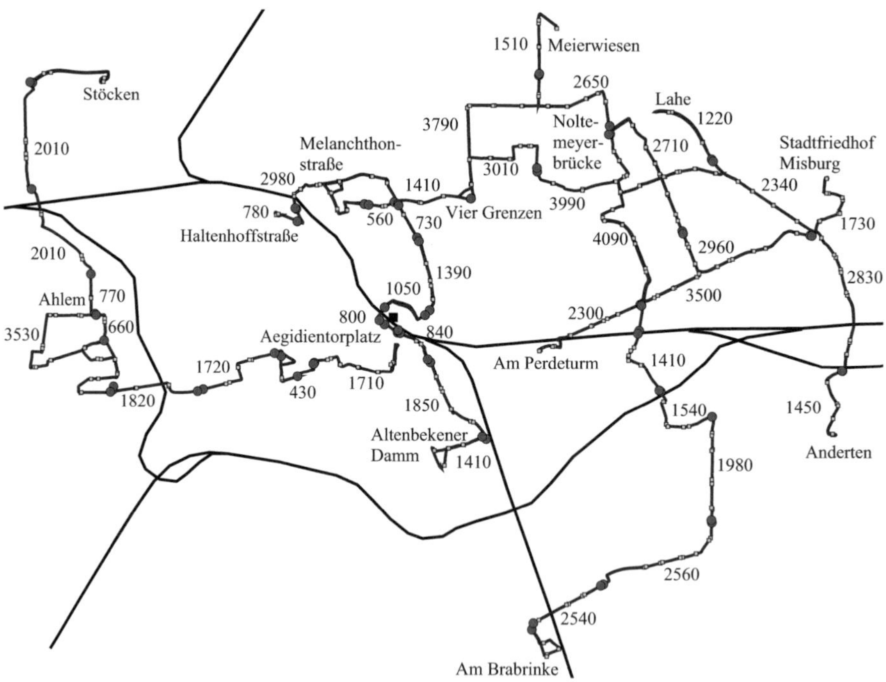

Abbildung F.5: Aus Messdaten erzeugtes Bus-Teilnetz der üstra mit potenziellen Knotenpunkt-Haltestellen (Kreise) und den Knotenpunktabständen in m

G Abbildungen und Tabellen zur Fallstudie im Abschnitt 4.3

G.1 Strecke 2

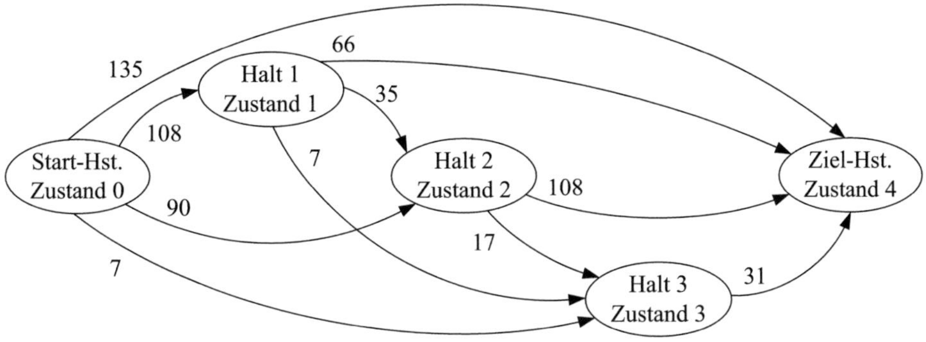

Abbildung G.1: Strecke 2: Zustandsgraph mit Anzahl Fahrten für jede Kante

Liste der insgesamt acht Pfade der Strecke 2:
'0 – 1 – 2 – 3 – 4', '0 – 1 – 4', '0 – 3 – 4', '0 – 1 – 2 – 4',
'0 – 2 – 3 – 4', '0 – 4', '0 – 1 – 3 – 4', '0 – 2 – 4'.

Kante $i\ j$	**Anzahl Fahrten**	E^*_{ij} **in Ws**	**Parameter gemäß Erlang-Verteilung** w_1	k_1	λ_1	k_2	λ_2	p_{ij}	**Bemerkung**
01	108	180000	1	3	1/450658	-	-	108/340	
02	90	2484000	1	4	1/1159769	-	-	90/340	
03	7	4968000	1	1	1/2091742	-	-	7/340	1)
04	135	4500000	1	5	1/1510018	-	-	135/340	
12	35	3492000	1	2	1/1601515	-	-	35/108	
13	7	7992000	1	3	1/1032979	-	-	7/108	1)
14	66	6768000	1	3	1/1842808	-	-	66/108	
23	17	2268000	1	2	1/1243113	-	-	17/125	1)
24	108	2700000	1	4	1/1030403	-	-	108/125	
34	31	792000	1	7	1/434623	-	-	1	

1) keine signifikante Schätzung aufgrund zu weniger Realisierungen

Tabelle G.1: Strecke 2: Parameter für Verteilungen auf den Kanten

G.2 Strecke 3

Kante $i\ j$	Anzahl Fahrten	E^*_{ij} in Ws	Parameter gemäß Erlang-Verteilung w_1	k_1	λ_1	k_2	λ_2	p_{ij}	Bemerkung
01	91	2700000	1	3	1/993396	-	-	91/366	
02	13	3996000	1	1	1/1601374	-	-	13/366	1)
03	21	1584000	1	2	1/2411879	-	-	21/366	1)
04	241	2484000	0.66	21	1/327000	3	1/1419000	241/366	
12	2	2484000	1	1	1/939878	-	-	2/91	1)
13	0	-	-	-	-	-	-	0	
14	89	3096000	1	3	1/1180508	-	-	89/91	
23	8	288000	1	2	1/539724	-	-	8/13	1)
24	7	1080000	1	1	1/1165859	-	-	7/13	1)
34	29	0	1	1	1/1306860	-	-	1	1)

1) keine signifikante Schätzung aufgrund zu weniger Realisierungen

Tabelle G.2: Strecke 3: Parameter für Verteilungen auf den Kanten

G.3 Strecke 4

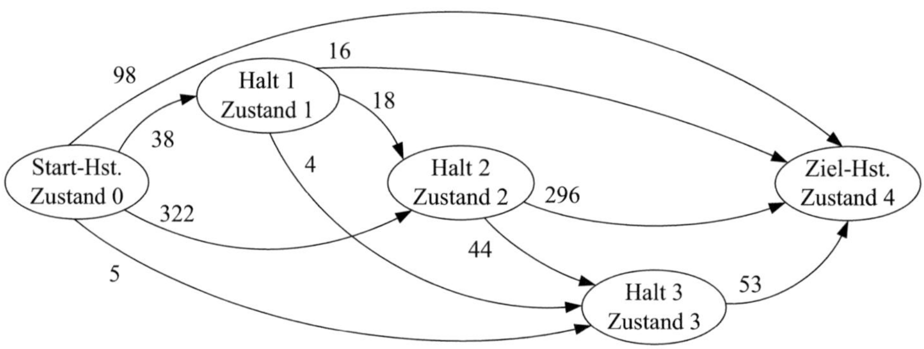

Abbildung G.2: Strecke 4: Zustandsgraph mit Anzahl Fahrten für jede Kante

Kante $i\ j$	Anzahl Fahrten	E^*_{ij} in Ws	Parameter gemäß Erlang-Verteilung w_1	k_1	λ_1	k_2	λ_2	p_{ij}	Bemer- kung
01	38	2592000	1	2	1/730428	-	-	38/463	
02	322	2412000	1	4	1/692990	-	-	322/463	
03	5	7272000	1	1	1/3016598	-	-	5/463	1)
04	98	7272000	1	3	1/2267852	-	-	98/463	
12	18	1296000	1	2	1/617285	-	-	18/38	1)
13	4	8784000	1	1	1/1247605	-	-	4/38	1)
14	16	5868000	1	1	1/3088743	-	-	16/38	1)
23	44	3672000	1	2	1/1518074	-	-	44/340	
24	296	5472000	1	3	1/1119985	-	-	296/340	
34	53	684000	1	2	1/907331	-	-	1	

1) keine signifikante Schätzung aufgrund zu weniger Realisierungen

Tabelle G.3: Strecke 4: Parameter für Verteilungen auf den Kanten

G.4 Strecke 5

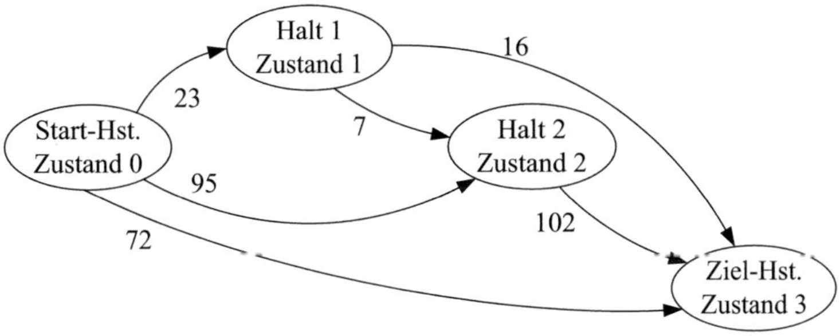

Abbildung G.3: Strecke 5: Zustandsgraph mit Anzahl Fahrten für jede Kante

Kante $i\ j$	Anzahl Fahrten	E^*_{ij} in Ws	Parameter gemäß Erlang-Verteilung w_1	k_1	λ_1	k_2	λ_2	p_{ij}	Bemer- kung
01	23	972000	1	2	1/1949325	-	-	23/190	1)
02	95	1080000	1	16	1/498222	-	-	95/190	
03	72	6480000	1	5	1/1011021	-	-	72/190	
12	7	1800000	1	1	1/5997970	-	-	7/23	1)
13	16	4896000	1	2	1/1966015	-	-	16/23	1)
23	102	2772000	1	3	1/486063	-	-	1	

1) keine signifikante Schätzung aufgrund zu weniger Realisierungen

Tabelle G.4: Strecke 5: Parameter für Verteilungen auf den Kanten

H Netzplan der Straßenbahn in Straßburg

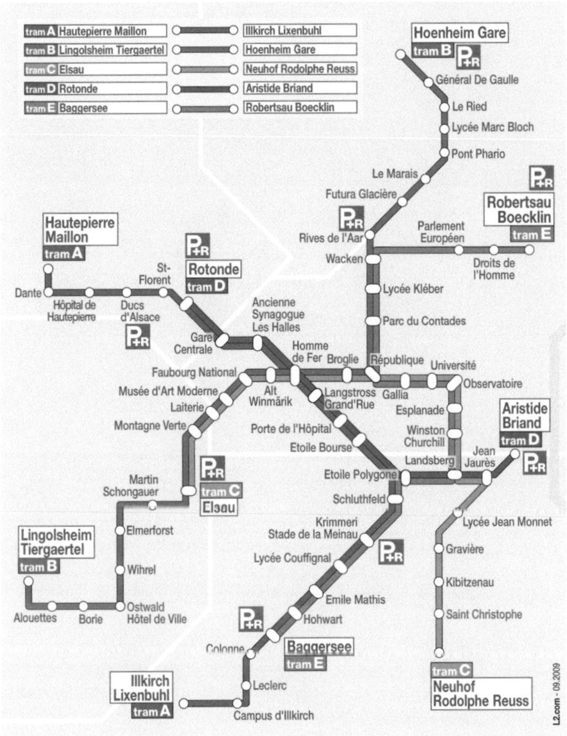

Abbildung H.1: Netzplan der Straßenbahnlinien in Straßburg aus [48]

I Linienbelegung und Halteplatzanzahl zentraler Haltestellen

Betrachtet werden die Linienbelegung und Halteplatzanzahl zentraler Haltestellen bei Verkehrsbetrieben in Deutschland mit Straßenbahnnetzen von mindestens 100 km Länge.

I.1 Berlin - BVG

Länge des Streckennetzes nach [302]: **189,4 km**

Haltestelle	**Tag/ Nacht**	**Anzahl benutzer Haltepos.**	**verkehrende Linien**	**dichtester Takt in min**	**Anzahl Fahrtrichtungen**	**max. Anz. Fzg. im 10 min-Interv.**
Hackescher Markt	T	4(?)	M1 M4 M5 M6	10 10 10 10	2 2 2 2	2 2 2 2
Summe/Schema:						**4 Strab | 4 Strab**
Alexanderplatz	T	max. 6	M2 M4 M5 M6	10 10 10 10	2 2 2 2	2 2 2 2
Summe/Schema:						**6 Strab | 2 Strab**
Landsberger Allee/ Petersburger Str.	T	max. 6	M5 M6 M8 M10	10 10 10 10	2 2 2 2	2 2 2 2
Summe/Schema:						**6 Strab | 2 Strab**

I.2 Leipzig - LVB

Länge des Streckennetzes nach [302]: **148,3 km**

Haltestelle	Tag/ Nacht	Anzahl benutzer Haltepos.	verkeh- rende Linien	dichtes- ter Takt in min	Anzahl Fahrtrich- tungen	max. Anz. Fzg. im 10 min-Interv.
Hauptbahnhof	T	8*	1	10	2	2
			3	20	2	2
			4	10	2	2
			7	10	2	2
			10	10	2	2
			11	10	2	2
			12	10	2	2
			13	20	2	2
			15	10	2	2
			16	10	2	2
			Bus 72	20	1	1
			Bus 73	20	1	1

* bei Benutzung der Haltestellen nur als Doppelhaltestellen

Summe/Schema: **8 Strab | 8 Strab | 4 Strab + 2 Bus**

Haltestelle	Tag/ Nacht	Anzahl benutzer Haltepos.	verkeh- rende Linien	dichtes- ter Takt in min	Anzahl Fahrtrich- tungen	max. Anz. Fzg. im 10 min-Interv.
Hauptbahnhof	N	10	N1...N10	ca. 30	10	10 Busse

Summe/Schema: **Nachttreffen**

I.3 Düsseldorf - Rheinbahn

Länge des Streckennetzes nach [302]: **146,5 km**

Haltestelle	Tag/ Nacht	Anzahl benutzer Haltepos.	verkeh- rende Linien	dichtes- ter Takt in min	Anzahl Fahrtrich- tungen	max. Anz. Fzg. im 10 min-Interv.
Hauptbahnhof	T	8	704	10	2	2
			707	10	2	2
			708	10	2	2
			709	10	2	2
			719	10	2	2
			Bus 721	20	2	2
			Bus 722	20	2	2
			Bus 725	10	2	2
			Bus 736	20	1	1
			Bus 737	20	1	1
			Bus 738	20	2	2
			Bus 752	60	1	1
			Bus 754	15	2	2
			Bus 834	10	1	1

Summe/Schema: **8 Strab | 2 Strab + 6 Bus | 8 Bus**

I.4 Köln - KVB

Länge des Streckennetzes nach [302]:						**142,3 km**
Haltestelle	**Tag/ Nacht**	**Anzahl benutzer Haltepos.**	**verkeh-rende Linien**	**dichtes-ter Takt in min**	**Anzahl Fahrtrich-tungen**	**max. Anz. Fzg. im 10 min-Interv.**
Neumarkt	T	max. 7 Strab + 2 Bus	1	5	2	4
			3	10	2	2
			4	10	2	2
			7	10	2	2
			9	5	2	4
			16	10	2	2
			18	5	2	4
			Bus 136	10	1	1
			Bus 146	10	1	1
Summe/Schema:				**7 Strab | 7 Strab | 6 Strab + 2 Bus**		
Neumarkt	N	s.o.	s.o.	ca. 30		
Summe/Schema:				**Nachttreffen (Rendezvous)**		

I.5 Dresden - DVB

Länge des Streckennetzes nach [302]:						**131,1 km**
Haltestelle	**Tag/ Nacht**	**Anzahl benutzer Haltepos.**	**verkeh-rende Linien**	**dichtes-ter Takt in min**	**Anzahl Fahrtrich-tungen**	**max. Anz. Fzg. im 10 min-Interv.**
Postplatz	T	8	1	10	2	2
			2	10	2	2
			4	10	2	2
			8	10	2	2
			9	10	2	2
			11	7,5	2	4
			12	10	2	2
			Bus 75	15	1	1
			Bus 75	10	1	1
			Bus 94	15	1	1
Summe/Schema:				**8 Strab | 6 Strab + 2 Bus | 2 Strab + 1 Bus**		
Postplatz	N	8 Strab + 4 Bus	1/2	ca. 30	2	2
			4	ca. 30	2	2
			11	ca. 30	2	2
			12	ca. 30	2	2
			Bus 82	ca. 30	2	2
			Bus 94	ca. 30	2	2
Summe/Schema:				**Nachttreffen (Postplatztreffen)**		

I.6 Frankfurt/Main - VGF

Länge des Streckennetzes nach [302]: **122,1 km**

Haltestelle	Tag/ Nacht	Anzahl benutzer Haltepos.	verkeh- rende Linien	dichtes- ter Takt in min	Anzahl Fahrtrich- tungen	max. Anz. Fzg. im 10 min-Interv.
Stresemannallee/ Gartenstraße	T	5 Strab + 2 Bus	12	10	2	2
			15	10	2	2
			16	10	2	2
			19	Verstärkerlinie Schulverkehr		
			20	Bedarfslinie f. Veranstaltungen		
			21	7,5	2	4
			Bus 35	15	2	2
			Bus 46	20	2	2

Summe/Schema: **5 Strab + 2 Bus | 5 Strab + 2 Bus**

Haltestelle	Tag/ Nacht	Anzahl benutzer Haltepos.	verkeh- rende Linien	dichtes- ter Takt in min	Anzahl Fahrtrich- tungen	max. Anz. Fzg. im 10 min-Interv.
Hauptbahnhof	T	5 Strab + 4 Bus	11	7,5	2	4
			16	10	2	2
			17	10	2	2
			20	Bedarfslinie f. Veranstaltungen		
			21	7,5	2	4
			Bus 33	15	1	1
			Bus 35	15	2	2
			Bus 37	3,75	1	3
			Bus 46	20	1	1

Summe/Schema: **5 Strab + 4 Bus | 5 Strab + 3 Bus | 2 Strab**

I.7 Stuttgart - SSB

Länge des Streckennetzes nach [302]: **122,9 km**

Haltestelle	Tag/ Nacht	Anzahl benutzer Haltepos.	verkeh-rende Linien	dichtes-ter Takt in min	Anzahl Fahrtrich-tungen	max. Anz. Fzg. im 10 min-Interv.
Hauptbahnhof (Arnulf-Klett-Platz)	T	4(?) Strab + 5 Bus	U5	10	1	1
			U5	7,5	1	2
			U6	10	2	2
			U7	10	2	2
			U9	10	2	2
			U11	7,5	1	2
			U14	10	2	2
			U15	10	2	2
			Bus 40	10	2	2
			Bus 42	7,5	2	4
			Bus 44	10	2	2
			Bus 92	30	1	1

Summe/Schema: **4 Strab + 5 Bus | 4 Strab + 4 Bus | 4 Strab | 3 Strab**
Summe/Schema (alternativ): **bei 8 Strab-Halteplätze: 8 Strab + 5 Bus | 7 Strab + 4 Bus**

Haltestelle	Tag/ Nacht	Anzahl benutzer Haltepos.	verkeh-rende Linien	dichtes-ter Takt in min	Anzahl Fahrtrich-tungen	max. Anz. Fzg. im 10 min-Interv.
Charlottenplatz	T	8(?) Strab + 5 Bus	U1	10	2	2
			U2	10	2	2
			U4	10	2	2
			U5	10	1	1
			U5	7,5	1	2
			U6	10	2	2
			U7	10	2	2
			U11	7,5	1	2
			U15	10	2	2
			Bus 42	7,5	2	4
			Bus 43	10	2	2
			Bus 44	10	2	3
			Bus 22	30	2	3

Summe/Schema: **8 Strab + 5 Bus | 8 Strab + 5 Bus | 1 Strab + 2 Bus**

I.8 Hannover - üstra

Länge des Streckennetzes nach [302]: **119,7 km**

Haltestelle	Tag/ Nacht	Anzahl benutzer Haltepos.	verkeh- rende Linien	dichtes- ter Takt in min	Anzahl Fahrtrich- tungen	max. Anz. Fzg. im 10 min-Interv.
Aegidientorplatz	T	?	1	10	2	2
			2	10	2	2
			4	10	2	2
			5	10	2	2
			6	10	2	2
			8	10	2	2
			10	7,5	1	2
			11	10	2	2
			16	Bedarfslinie		
			17	15	1	1
			18	Bedarfslinie		
			Bus 100	10	1	1
			Bus 120	20	1	1
			Bus 200	10	1	1
			Bus 267	Bedarfslinie		
Summe/Schema:			**17 Strab + 3 Bus - Schema nicht bestimmbar**			

Haltestelle	Tag/ Nacht	Anzahl benutzer Haltepos.	verkeh- rende Linien	dichtes- ter Takt in min	Anzahl Fahrtrich- tungen	max. Anz. Fzg. im 10 min-Interv.
Kröpcke	T	6 Strab + 2 Bus	1	10	2	2
			2	10	2	2
			3	10	2	2
			4	10	2	2
			5	10	2	2
			6	10	2	2
			7	10	2	2
			8	10	2	2
			9	10	1	1
			9	7,5	1	2
			11	10	2	2
			16	Bedarfslinie		
			Bus 100	10	1	1
			Bus 200	15	1	1
Summe/Schema:			**6 Strab + 2 Bus | 6 Strab | 6 Strab | 3 Strab**			

Haltestelle	Tag/ Nacht	Anzahl benutzer Haltepos.	verkeh-rende Linien	dichtes-ter Takt in min	Anzahl Fahrtrich-tungen	max. Anz. Fzg. im 10 min-Interv.
Hauptbahnhof	T	8(?) Strab + (?) Bus	1	10	2	2
			2	10	2	2
			3	10	2	2
			7	10	2	2
			8	10	1	1
			9	10	2	2
			10	7,5	2	4
			17	15	2	2
			18	Bedarfslinie		
			Bus 121	10	2	2
			Bus 134	20	2	2
			Bus 128	20	2	2
			Bus 300	7,5	2	4
			Bus 700	7,5	2	4
			Bus 500	15	2	2
Summe/Schema:			**17 Strab + 14 Bus - Schema nicht bestimmbar**			

I.9 Bochum - BOGESTRA

Länge des Streckennetzes nach [302]: **100,0 km**

Haltestelle	Tag/ Nacht	Anzahl benutzer Haltepos.	verkeh-rende Linien	dichtes-ter Takt in min	Anzahl Fahrtrich-tungen	max. Anz. Fzg. im 10 min-Interv.
Bochum Hbf	T	?	302	10	2	2
			306	5	1	2
			308	5	2	4
			310	10	2	2
			318	10	2	2
			Bus 336	20	1	1
			Bus 349	20	1	1
			Bus 353	20	1	1
			Bus 353	10	1	1
			Bus 354	60	2	2
			Bus 356	20	1	1
			Bus 365	30	1	1
			Bus 388	60	2	2
			Bus 394	60	2	2
			Bus CE31	20	1	1
			Bus SB37	60	1	1
Summe/Schema:			**12 Strab + 14 Bus - Schema nicht bestimmbar**			

I.10 Chemnitz - CVAG

Länge des Streckennetzes nach [302]: **54,4 km**

Haltestelle	Tag/ Nacht	Anzahl benutzer Haltepos.	verkehrende Linien	dichtester Takt in min	Anzahl Fahrtrichtungen	max. Anz. Fzg. im 10 min-Interv.
Zentralhaltestelle	T	9	2	10	4	4
			4	10	2	2
			5	10	2	2
			6/522	15	2	2
			Bus 21	10	2	2
			Bus 22	20	2	2
			Bus 23	20	2	2
			Bus 31	10	2	2
			Bus 32	30	2	2
			Bus 51	10	2	2
			Bus 62	20	2	2
			Bus 72	20	2	2
			Bus 76	60	2	2

Summe/Schema: **4 Strab + 5 Bus | 4 Strab + 5 Bus | 2 Strab + 7 Bus | 1 Bus**

Haltestelle	Tag/ Nacht	Anzahl benutzer Haltepos.	verkehrende Linien	dichtester Takt in min	Anzahl Fahrtrichtungen	max. Anz. Fzg. im 10 min-Interv.
Zentralhaltestelle	N	16	2	20	2	2
			4	20	2	2
			5	20	2	2
			6/522	20/40	2	2
			Bus 21	20	2	2
			Bus 22	20	2	2
			Bus 23	20/40	2	2
			Bus 31	20	2	2
			Bus 32	20	2	2
			Bus 51	20	2	2
			Bus 62	20/40	2	2
			Bus 72	20/40	2	2

Summe/Schema: **Nachttreffen (Rendezvous)**

J Minimale Taktzeiten im Stadtzentrum von Straßenbahn- und Light-Rail-Systemen in Frankreich

Die zusammengestellten Werte sind aus der Literatur [90, 91, 92] entnommen und stellen einen Überblick zum Stand während des Bearbeitungszeitraums der vorliegenden Arbeit dar. Aufgrund der raschen Entwicklung bei Neuerrichtung und Erweiterung von Straßenbahn-Systemen in Frankreich kann und soll diese Aufstellung nicht als vollständig und abschließend betrachtet werden.

Stadt	**System**	**Anzahl Linien**	**dichtester Takt auf Teilstrecke**	**Bemerkungen**
Bordeaux	Strab	3	2 min	Überlagerung je 2 Linien mit je 4-min-Takt
Cean	GLT	2	k. A.	in Innenstadt gemeinsamer Linienverlauf
Clermont-Ferrand	Translohr	1	k. A.	
Grenoble	Strab	4	ca. 2 min	Einzellinien im 3- bis 4-min-Takt
Le Mans	Strab	1	5 min	
Lille	Strab	2	4 min	Überlagerung 2 Linien mit je 8-min-Takt
Lyon	Strab	3	3 min	
	Metro	4	2 min	bei automatischem Betrieb 90 s machbar
Marseille	Strab	1	5 min	
	Metro	2	3:40 min	
Montpellier	Strab	1	5 min	
Mulhouse	Strab	2	6 min	
Nancy	GLT	1	k. A.	
Nantes	Strab	3	<3 min	Überlagerung von 2 Linien
Nizza	Strab	1	4 min	
Orléans	Strab	1	6 min	
Paris	Strab	3	5 min	
	Metro	14+2	1:45 min	
	RER		2 min	5 Stammstrecken mit Linienbündelung in Innenstadt, dort 2-min-Takt
Rouen	Strab	2	3 min	Überlagerung 2 Linien
Saint-Étienne	Strab	1	2 min	
Straßburg	Strab	5	ca. 2 min	Überlagerung bis zu 3 Linien mit je 5- bis 6-min-Takt
Valenciennes	Strab	1	5 min	

K Belastungsklassen für Stromrichter gemäß Normen

Belastungs-klasse	DIN EN 50328 Stand: 09/2003	DIN EN 60146 Stand: 03/1994	DIN IEC 60146 Stand: 07/2007	Strombelast-barkeit	Beispiel-Lastspiel
IV	n. e.	e. m. P.	e. m. P.	100 % dauernd 125 % 2 h 200 % 10 s	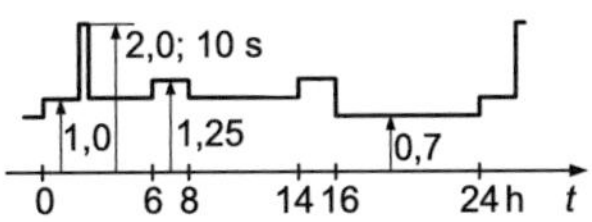
V	e. o. P.	e. m. P.	e. m. P.	100 % dauernd 150 % 2 h 200 % 1 min	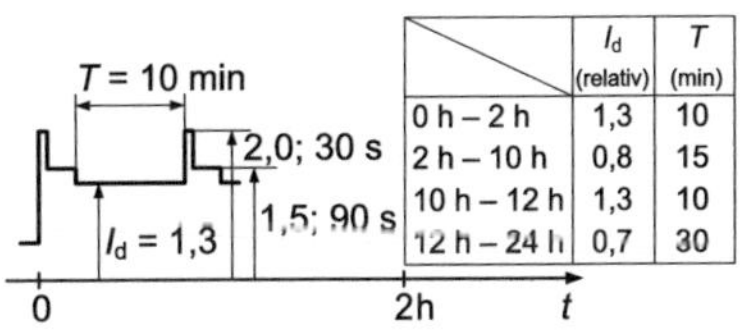
VI	e. o. P.	e. m. P.	e. m. P.	100 % dauernd 150 % 2 h 300 % 1 min	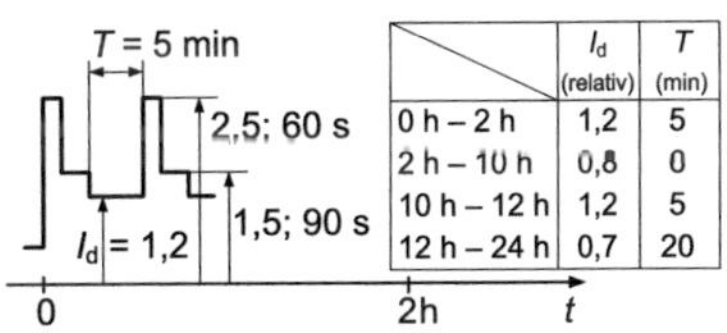
VII	e. o. P.	n. e.	n. e.	100 % dauernd 150 % 2 450 % 15 s	kein Profil
VIII	e. o. P.	n. e.	n. e.	100 % dauernd 150 % 2 h 200 % 1 min kumulativ	kein Profil
IX	e. o. P.	n. e.	n. e.	100 % dauernd 150 % 2 h 300 % 5 min kumulativ	kein Profil

n. e. ... Belastungsklasse in Norm nicht enthalten
e. o. P. ... Belastungsklasse in Norm enthalten, jedoch ohne Beispiel-Lastspiel
e. m. P. ... Belastungsklasse in Norm enthalten, mit Beispiel-Lastspiel

Tabelle K.1: Übersicht über Belastungsklassen für Stromrichter und Anforderungen gemäß Normen

L Entfernung von Nachladepunkten zu Umspannstationen

L.1 Berechnung für die Fläche

Für alle Punkte der Fläche außerhalb der Innenstadt ist die Verteilung der Entfernung zur Umspannstation in Abbildung L.1 dargestellt. Eine signifikante Verteilungsschätzung mittels Erlang-Verteilungen wurde nicht gefunden.

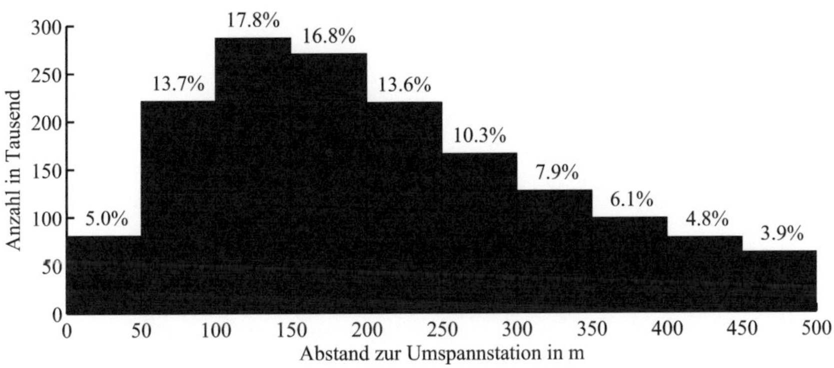

Abbildung L.1: Histogramm des Abstands zur nächsten Umspannstation außerhalb der Innenstadt für die versorgte Fläche in Dresden

Betrachtet man alle Punkte der Fläche in der Innenstadt, kann die Verteilung nach Abbildung L.2 aufgestellt werden. Zur Beschreibung dient hier die Verteilungsfunktion einer gemischten Erlang-Verteilung mit den Parametern $w = 0.4; k_1 = 2; \lambda_1 = 1/40; k_2 = 4; \lambda_2 = 1/36$.

L.2 Berechnung für alle Haltestellen der DVB AG

Die Verteilung für alle Haltestellen der DVB AG, die außerhalb der Innenstadt liegen, ist in der Abbildung L.3 dargestellt. Hier liegt keine signifikante Schätzung vor. Die gemischte Erlang-Verteilung mit den Parametern $w = 0.3; k_1 = 2; \lambda_1 = 1/49; k_2 = 3; \lambda_2 = 1/49$ ist in der Abbildung als Näherungslösung eingezeichnet.

Für Haltestellen in der Innenstadt ist die Häufigkeitsverteilung in der Abbildung L.4 eingetragen. Hier ist eine signifikante Schätzung die Erlang-Verteilung mit den Parametern $k = 3; \lambda = 1/40$.

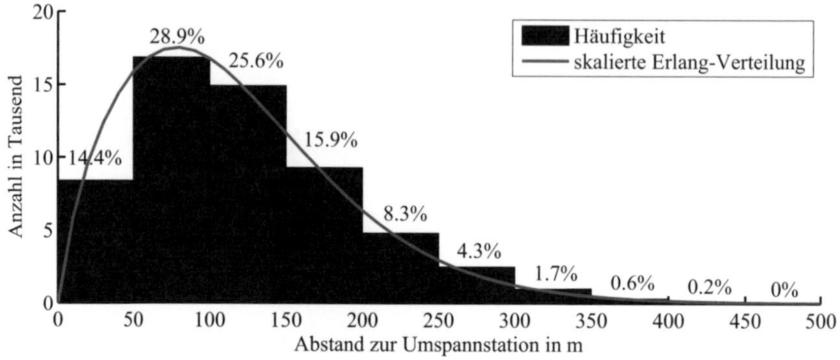

Abbildung L.2: Histogramm des Abstands zur nächsten Umspannstation in der Innenstadt für die versorgte Fläche in Dresden

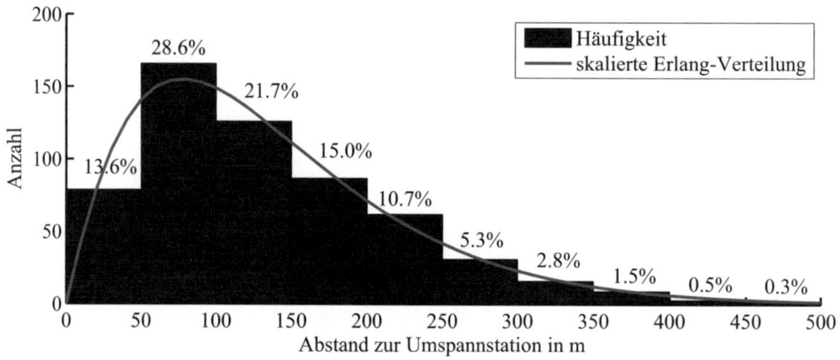

Abbildung L.3: Histogramm des Abstands zur nächsten Umspannstation für alle Haltestellen außerhalb des Innenstadtbereichs der versorgten Fläche in Dresden

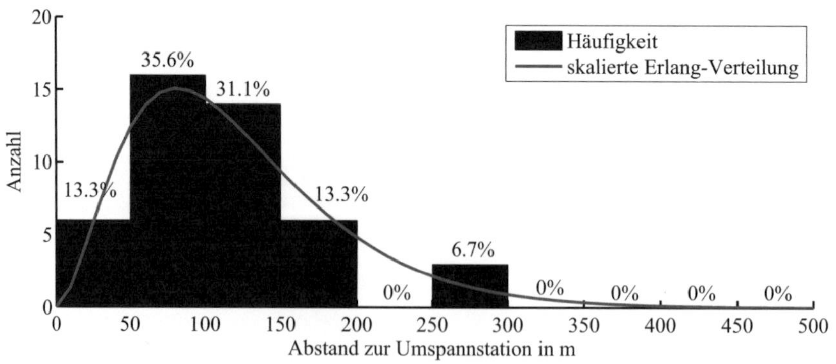

Abbildung L.4: Histogramm des Abstands zur nächsten Umspannstation für alle Haltestellen im Innenstadtbereich der versorgten Fläche in Dresden

L.3 Berechnung für Straßenbahnhaltestellen der DVB AG

Betrachtet man für die Ermittlung des Abstands zur nächsten Umspannstation ausschließlich Straßenbahnhaltestellen im Netz der DVB AG, erhält man die Häufigkeitsverteilung nach Abbildung L.5. Diese kann signifikant abgeschätzt werden durch eine Erlang-Verteilung mit den Parametern $k = 3; \lambda = 1/40$. Der Maximalabstand im Versorgungsgebiet beträgt 448 m, der Durchschnitt 120 m.

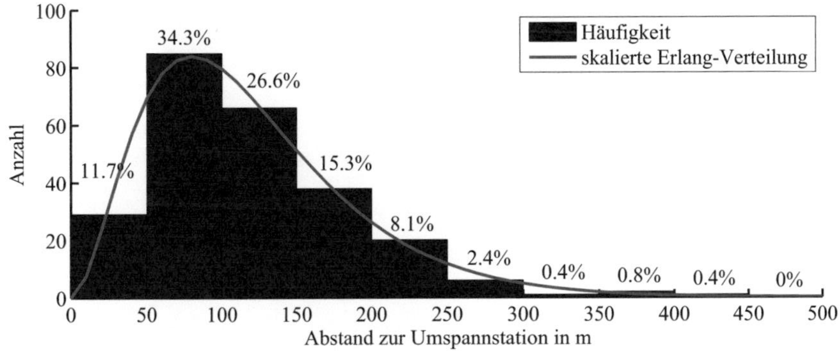

Abbildung L.5: Histogramm des Abstands zur nächsten Umspannstation für Straßenbahnhaltestellen der versorgten Fläche in Dresden

Für Straßenbahnhaltestellen außerhalb der Innenstadt ist die Häufigkeitsverteilung in Abbildung L.6 dargestellt. Hier hat die geschätzte Erlang-Verteilung die Parameter $k = 3; \lambda = 1/42$. Der mittlere Abstand beträgt außerhalb der Innenstadt durchschnittlich 122 m.

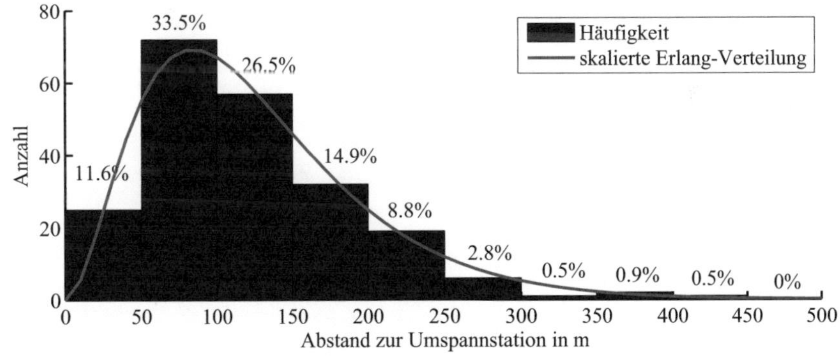

Abbildung L.6: Histogramm des Abstands zur nächsten Umspannstation für Straßenbahnhaltestellen außerhalb des Innenstadtbereichs der versorgten Fläche in Dresden

Im Innenstadtbereich sind die Abstände von Straßenbahnhaltestellen zu Umspannstationen in Abbildung L.7 zusammengestellt. Diese genügen einer Erlang-Verteilung mit den Parametern $k = 3; \lambda = 1/40$. Es sind maximal 240 m und durchschnittlich 105 m Haltestellenabstand zu verzeichnen.

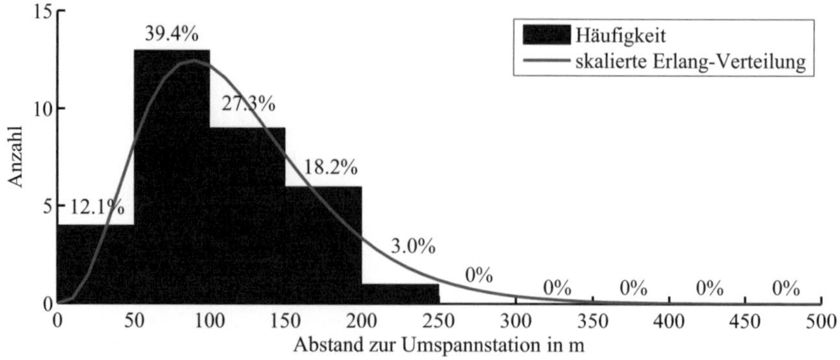

Abbildung L.7: Histogramm des Abstands zur nächsten Umspannstation für Straßenbahnhaltestellen im Innenstadtbereich der versorgten Fläche in Dresden

L.4 Berechnung für Bushaltestellen der DVB AG

Die Betrachtung der Bushaltestellen bringt für das Gesamtnetz eine Häufigkeitsverteilung nach Abbildung L.8. Hier konnte keine signifikante Schätzung mit einer gemischten Erlang-Verteilung gefunden werden. Der Maximalabstand im Versorgungsgebiet beträgt bei Bussen 530 m, der Durchschnitt 142 m.

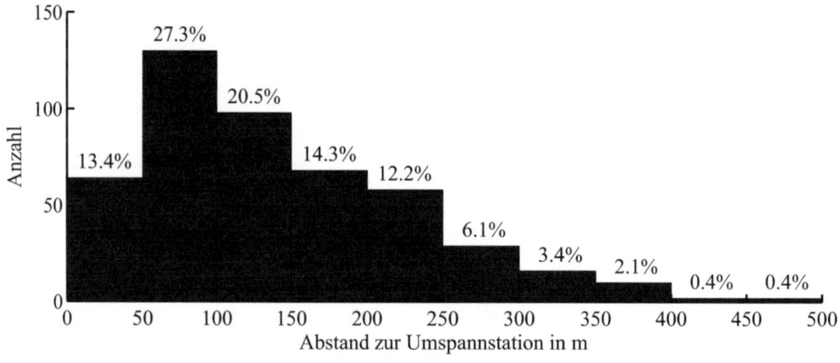

Abbildung L.8: Histogramm des Abstands zur nächsten Umspannstation für Bushaltestellen der versorgten Fläche in Dresden

Für Bushaltestellen außerhalb des Stadtzentrums ist die Verteilung in Abbildung L.9 dargestellt. Diese Verteilung genügt einer Erlang-Verteilung mit den Parametern $k = 2$; $\lambda = 1/68$. Der Mittelwert liegt bei 143 m.

Die Verteilung für Bushaltestellen im Innenstadtbereich ist in Abbildung L.10 dargestellt. Aufgrund der geringen Anzahl dabei zu berücksichtigender Haltestellen kann hier keine signifikante Schätzung aufgestellt werden. Im Innenstadtbereich sind maximal 196 m und durchschnittlich 100 m Haltestellenabstand zu verzeichnen.

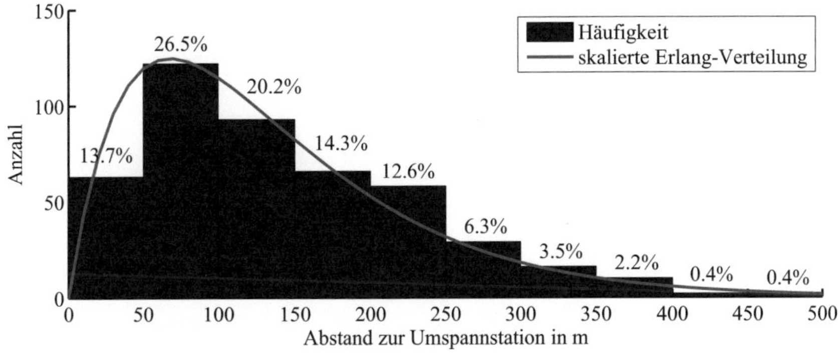

Abbildung L.9: Histogramm des Abstands zur nächsten Umspannstation für Bushaltestellen außerhalb des Innenstadtbereichs der versorgten Fläche in Dresden

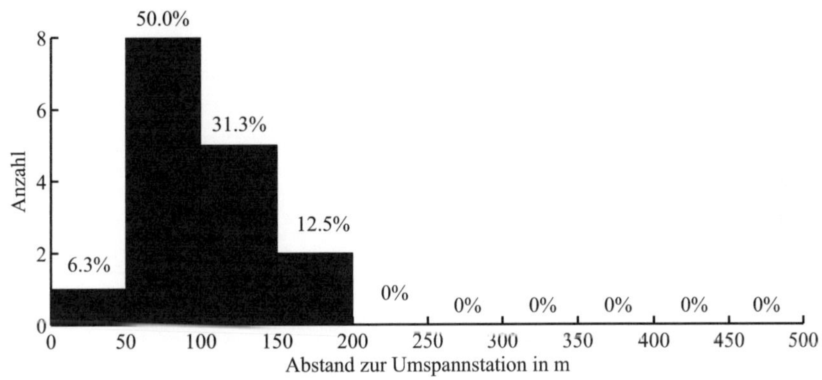

Abbildung L.10: Histogramm des Abstands zur nächsten Umspannstation für Bushaltestellen im Innenstadtbereich der versorgten Fläche in Dresden

L.5 Berechnung für Knotenpunkt-Haltestellen im Netz der DVB AG

Für Knotenpunkthaltestellen außerhalb der Innenstadt ist die Verteilung der Entferung zur nächstgelegenen Umspannstation in Abbildung L.11 dargestellt. Diese kann mit einer Erlang-Verteilung mit den Parametern $k = 4; \lambda = 1/31$ beschrieben werden.

Für die Innenstadt sind weitaus weniger Knotenpunkt-Haltestellen zu betrachten. Deshalb kann hier keine Verteilungsschätzung vorgenommen werden. Die Häufigkeitsverteilung ist in Abbildung L.12 dargestellt.

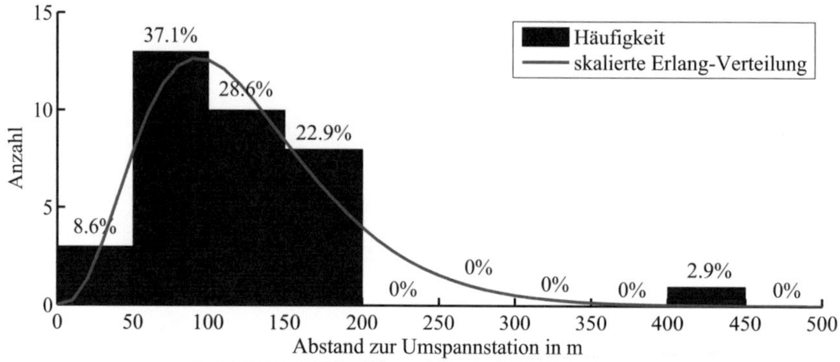

Abbildung L.11: Histogramm des Abstands zur nächsten Umspannstation für Knotenpunkt-Haltestellen außerhalb des Innenstadtbereichs der versorgten Fläche in Dresden

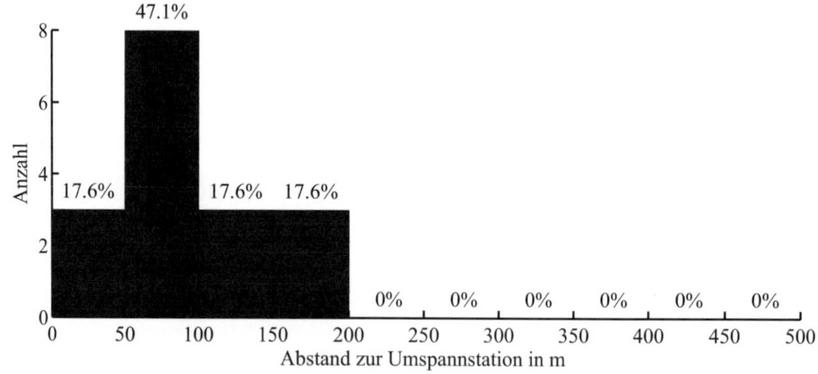

Abbildung L.12: Histogramm des Abstands zur nächsten Umspannstation für Knotenpunkt-Haltestellen im Innenstadtbereich der versorgten Fläche in Dresden